深远海工程装备与高技术丛书

海洋中的电磁场及其应用

吕俊军　陈　凯　苏建业　岳瑞永　闫　祎　**编著**

上海科学技术出版社

图书在版编目（CIP）数据

海洋中的电磁场及其应用 / 吕俊军等编著. -- 上海：
上海科学技术出版社，2020.9
（深远海工程装备与高技术丛书）
ISBN 978-7-5478-4945-3

Ⅰ．①海… Ⅱ．①吕… Ⅲ．①海洋电磁学 Ⅳ.
①P733.6

中国版本图书馆CIP数据核字（2020）第139254号

海洋中的电磁场及其应用
吕俊军　陈　凯　苏建业　岳瑞永　闫　祎　编著

上海世纪出版（集团）有限公司
上海科学技术出版社　出版、发行
（上海钦州南路71号　邮政编码200235　www.sstp.cn）
上海雅昌艺术印刷有限公司印刷
开本787×1092　1/16　印张20.5
字数 440 千字
2020 年 9 月第 1 版　2020 年 9 月第 1 次印刷
ISBN 978-7-5478-4945-3/U·101
定价：180.00 元

内 容 提 要

　　本书系统介绍了海洋电磁场基础理论、海洋电磁仪器及海洋电磁场在海底资源开发及军事国防中的应用。本书分为三部分：第一部分为第 1～4 章，介绍了基本方法与原理，包括海洋电磁场基本特性、电磁场在海洋中的传播规律、海洋电磁传感器等；第二部分为第 5～8 章，介绍了海洋电磁法在海底资源勘探和军事国防领域的应用原理及案例；第三部分为第 9 章，介绍了相关技术在其他领域应用的趋势展望。

　　本书可供电磁场工程、海底资源开发、水中兵器研制等相关专业的研究人员和技术人员阅读，也可作为理工科高等院校相关专业高年级本科生和研究生的参考资料。

学 术 顾 问

潘镜芙　中国工程院院士、中国船舶重工集团公司第七〇一研究所研究员

顾心怿　中国工程院院士、胜利石油管理局资深首席高级专家

徐德民　中国工程院院士、西北工业大学教授

马远良　中国工程院院士、西北工业大学教授

张仁和　中国科学院院士、中国科学院声学研究所研究员

俞宝均　中国船舶设计大师、中国船舶工业集团公司第七〇八研究所研究员

杨葆和　中国船舶设计大师、中国船舶工业集团公司第七〇八研究所研究员

丛书编委会

前　言

在国家"海洋强国"战略和"一带一路"倡议下,作为广大海洋科技工作者中的一员,时代赋予我们认识海洋、开发海洋、利用海洋的义务与责任。海洋中的低频电磁场携带了关于海洋本身及其中目标的信息,是极其重要的信息载体。基于物理学中的电磁学原理去研究海洋本身及海底以下的深部结构,广泛应用于物理海洋(海洋电磁环境、运动海水特征、海啸预警等)和海洋地质地球物理(油气勘探,水合物调查,多金属硫化物、地下水探测等资源勘查,洋脊、陆架、海底火山等构造地质)学科研究。海洋中的舰艇等目标也会产生电磁场,作为舰艇的一种重要水下物理场,也越来越广泛地应用于水雷引信、目标入侵防御警戒、航空探测等军事领域。了解和掌握海洋中的电磁场,驾驭和应用好海洋中的电磁场,对于推动海洋科技创新、维护国家海洋权益、提升海洋安全保障能力、深化海底资源开发具有重要的现实意义。

一般认为良导体的海水对电磁波衰减作用剧烈,在海洋环境下研究电磁方法不具备可行性,传统的海洋探测应用技术以水声(地震)方法为主。实际工作中发现海洋地震勘探在海底火山岩覆盖区、碳酸盐岩、珊瑚礁、泥底辟等分布区十分困难,同时声波速度对高油气饱和度变化不敏感;在检测超低噪声水下目标时,声呐技术作用距离变得有限。相比之下,利用导电性参数识别海底以下介质电性结构,电磁法却能得到很好的探测结果;利用水下目标的电磁特征信号,在目标检测领域发挥着独特的优势。近年来,在海底资源勘查和水下目标检测的需求引导下,在材料技术、传感器技术、计算机技术的推动下,海洋电磁法在地质地球物理、军事国防和物理海洋等领域取得显著成果,逐渐引起了业界关注。

越来越多的科技工作者应用海洋中的电磁场来解决实际工程问题,然而在工作过程中缺少一本系统阐述这方面理论基础和方法基础的参考资料,影响了海洋电磁场技术方法在有关工程技术领域的应用推广。与国内外已出版的同类书籍相比,本书试图给读者建立一个从理论基础、仪器基础到方法基础的整体概念框架,让读者对该领域有一个较为全面的理解和掌握,便于根据自己的专业选择合适的切入点和技术路径,从而能够较快地提升有关专业人员海洋电磁场技术的应用水平。

本书面向海洋科技创新需求,基于海洋电磁场基本方法原理,结合在海洋电磁技术方法上多年的研究成果,同时引入国外同行最新成果,是多年从事海洋电磁传感器和测试系统的开发、海洋电磁场的传播与测量、水下目标探测等多个研究项目的技术总结和经验思考。在推广海洋电磁方法技术成果的同时,本书也指出了海洋电磁方法技术的先天不足和现有技术状态的提升空间。

　　本书由吕俊军提出编写思路并组织编写,是水下测控技术国防科技重点实验室团队和中国地质大学(北京)地质过程与矿产资源国家重点实验室团队在海洋电磁场研究领域多年成果的总结和提炼。具体分工如下:第1章由吕俊军完成,第2章和第3章由岳瑞永、吴云超完成,第4章由陈凯、吕俊军完成,第5章和第7章由陈凯完成,第6章和第8章由苏建业、吕俊军完成,第9章由闫祎完成。特别感谢白春志为本书提供了大量俄语文献资料,感谢魏文博、邓明、景建恩、王猛、朱万华、闫彬、朱忠民提供的技术参考资料,也感谢邵军、崔培、赵哲、姜楷娜协助校正与整理本书部分章节。本书在撰写过程中得到了中国船舶重工集团公司第七六〇研究所在人力、物力上的大力支持。中国船舶重工集团公司第七〇四研究所编辑标情室田立群副主任为本书的出版给予了积极的指导和帮助。作者在撰写过程中参考或引用了国内外一些专家学者的论著,在此一并表示感谢。

　　由于作者水平所限,书中发生疏漏和错误之处在所难免,欢迎读者批评指正。

作　者

2020 年 5 月

目　录

第1章　绪论 ……………………………………………………………………… 1

1.1　海洋电磁场研究发展历程 ………………………………………………… 3

1.2　海洋电磁场频段范围 ……………………………………………………… 4

1.3　海洋电磁场一般性质 ……………………………………………………… 6

    1.3.1　似稳态近似表征 ……………………………………………………… 6

    1.3.2　分布与传播特性 ……………………………………………………… 7

    1.3.3　衰减特性 ……………………………………………………………… 8

    1.3.4　电性源与磁性源 ……………………………………………………… 9

1.4　主要环境参量 ……………………………………………………………… 9

    1.4.1　海水磁导率 …………………………………………………………… 10

    1.4.2　海水介电常数 ………………………………………………………… 10

    1.4.3　海水电导率 …………………………………………………………… 10

    1.4.4　地磁场 ………………………………………………………………… 12

    1.4.5　海洋生物 ……………………………………………………………… 14

    1.4.6　海水与海床分层 ……………………………………………………… 14

1.5　海洋环境电磁场 …………………………………………………………… 15

    1.5.1　天然电磁场 …………………………………………………………… 15

    1.5.2　人工电磁场 …………………………………………………………… 17

    1.5.3　海洋环境电磁场基本特性 …………………………………………… 18

    1.5.4　海洋环境电磁场典型示例 …………………………………………… 21

1.6　海洋电磁场应用 …………………………………………………………… 28

    1.6.1　物理海洋科学研究 …………………………………………………… 29

    1.6.2　海洋地质地球物理 …………………………………………………… 29

    1.6.3　军事国防 ……………………………………………………………… 29

参考文献 …………………………………………………………………………… 30

第2章　海洋中电磁场的传播 …………………………………………………… 31

2.1　电磁场在分层传导介质中的基本方程 …………………………………… 33

    2.1.1　基本方程 ……………………………………………………………… 33

　　　　2.1.2　电偶极子的电磁场 ‥‥‥‥‥‥‥‥‥‥‥‥‥‥‥‥‥‥‥　35

　　　　2.1.3　磁偶极子的电磁场 ‥‥‥‥‥‥‥‥‥‥‥‥‥‥‥‥‥‥‥　37

　　2.2　电磁波在海洋介质中的传播 ‥‥‥‥‥‥‥‥‥‥‥‥‥‥‥‥‥‥　40

　　　　2.2.1　深海自由场传播 ‥‥‥‥‥‥‥‥‥‥‥‥‥‥‥‥‥‥‥‥　40

　　　　2.2.2　浅海多路径传播 ‥‥‥‥‥‥‥‥‥‥‥‥‥‥‥‥‥‥‥‥　49

　　　　2.2.3　仿真算例 ‥‥‥‥‥‥‥‥‥‥‥‥‥‥‥‥‥‥‥‥‥‥‥　61

　　2.3　水下电磁场在浅海环境中的传播规律和衰减特性 ‥‥‥‥‥‥‥‥　66

　　　　2.3.1　浅海环境下的多路径传播 ‥‥‥‥‥‥‥‥‥‥‥‥‥‥‥‥　66

　　　　2.3.2　多路径各分量衰减特性 ‥‥‥‥‥‥‥‥‥‥‥‥‥‥‥‥‥　69

　　参考文献 ‥‥‥‥‥‥‥‥‥‥‥‥‥‥‥‥‥‥‥‥‥‥‥‥‥‥‥‥‥　74

第 3 章　界面对海洋电磁场传播的影响 ‥‥‥‥‥‥‥‥‥‥‥‥‥‥‥‥　77

　　3.1　界面影响物理机制 ‥‥‥‥‥‥‥‥‥‥‥‥‥‥‥‥‥‥‥‥‥‥　79

　　3.2　界面影响理论分析 ‥‥‥‥‥‥‥‥‥‥‥‥‥‥‥‥‥‥‥‥‥‥　80

　　3.3　界面影响数值仿真 ‥‥‥‥‥‥‥‥‥‥‥‥‥‥‥‥‥‥‥‥‥‥　81

　　　　3.3.1　空气-海水界面影响 ‥‥‥‥‥‥‥‥‥‥‥‥‥‥‥‥‥‥　82

　　　　3.3.2　海水-海床界面影响 ‥‥‥‥‥‥‥‥‥‥‥‥‥‥‥‥‥‥　86

　　3.4　界面影响试验验证 ‥‥‥‥‥‥‥‥‥‥‥‥‥‥‥‥‥‥‥‥‥‥　89

　　　　3.4.1　试验过程 ‥‥‥‥‥‥‥‥‥‥‥‥‥‥‥‥‥‥‥‥‥‥‥　89

　　　　3.4.2　验证结论 ‥‥‥‥‥‥‥‥‥‥‥‥‥‥‥‥‥‥‥‥‥‥‥　90

　　3.5　界面影响的修正 ‥‥‥‥‥‥‥‥‥‥‥‥‥‥‥‥‥‥‥‥‥‥‥　92

　　　　3.5.1　海床电导率的影响 ‥‥‥‥‥‥‥‥‥‥‥‥‥‥‥‥‥‥‥　92

　　　　3.5.2　基于海床电导率反演的界面修正方法 ‥‥‥‥‥‥‥‥‥‥‥　92

　　　　3.5.3　基于等效系数的界面影响修正方法 ‥‥‥‥‥‥‥‥‥‥‥‥　98

　　3.6　界面影响修正方法误差分析 ‥‥‥‥‥‥‥‥‥‥‥‥‥‥‥‥‥‥　100

　　　　3.6.1　界面影响修正试验验证方法 ‥‥‥‥‥‥‥‥‥‥‥‥‥‥‥　100

　　　　3.6.2　修正误差计算 ‥‥‥‥‥‥‥‥‥‥‥‥‥‥‥‥‥‥‥‥‥　101

　　参考文献 ‥‥‥‥‥‥‥‥‥‥‥‥‥‥‥‥‥‥‥‥‥‥‥‥‥‥‥‥‥　103

第 4 章　海洋电磁传感器 ‥‥‥‥‥‥‥‥‥‥‥‥‥‥‥‥‥‥‥‥‥‥‥　105

　　4.1　海洋电磁传感器指标技术体系 ‥‥‥‥‥‥‥‥‥‥‥‥‥‥‥‥‥　107

　　　　4.1.1　电场传感器指标体系 ‥‥‥‥‥‥‥‥‥‥‥‥‥‥‥‥‥‥　107

　　　　4.1.2　磁场传感器指标体系 ‥‥‥‥‥‥‥‥‥‥‥‥‥‥‥‥‥‥　114

　　4.2　海洋电场传感器 ‥‥‥‥‥‥‥‥‥‥‥‥‥‥‥‥‥‥‥‥‥‥‥　117

　　　　4.2.1　Ag/AgCl 电极 ‥‥‥‥‥‥‥‥‥‥‥‥‥‥‥‥‥‥‥‥‥　117

　　　　4.2.2　其他类型电极 ‥‥‥‥‥‥‥‥‥‥‥‥‥‥‥‥‥‥‥‥‥　122

　　　　4.2.3　水下电场传感器的结构 ‥‥‥‥‥‥‥‥‥‥‥‥‥‥‥‥‥　125

4.3　海洋磁场传感器 ……………………………………………… 128
　　4.3.1　磁场传感器的主要类型 …………………………… 128
　　4.3.2　感应式磁场传感器 …………………………………… 129
　　4.3.3　磁通门传感器 ………………………………………… 136
　参考文献 …………………………………………………………… 144

第5章　海洋电磁法在地球物理勘探中的应用 ……………………… 147
5.1　应用简介 …………………………………………………………… 149
5.2　海底大地电磁测深法 …………………………………………… 151
　　5.2.1　方法简介 ……………………………………………… 151
　　5.2.2　方法原理 ……………………………………………… 151
　　5.2.3　应用案例 ……………………………………………… 157
5.3　海洋可控源电磁法 ……………………………………………… 164
　　5.3.1　方法简介 ……………………………………………… 164
　　5.3.2　方法原理 ……………………………………………… 164
　　5.3.3　应用案例 ……………………………………………… 171
5.4　海底自然电位法 ………………………………………………… 179
　　5.4.1　方法简介 ……………………………………………… 179
　　5.4.2　方法原理 ……………………………………………… 180
　　5.4.3　应用案例 ……………………………………………… 182
5.5　海底直流电阻率法 ……………………………………………… 188
　　5.5.1　方法简介 ……………………………………………… 188
　　5.5.2　方法原理 ……………………………………………… 188
　　5.5.3　应用案例 ……………………………………………… 189
5.6　海洋多通道瞬变电磁法 ………………………………………… 192
　　5.6.1　方法简介 ……………………………………………… 192
　　5.6.2　海上数据采集 ………………………………………… 192
　　5.6.3　应用案例 ……………………………………………… 193
5.7　海底瞬变电磁法 ………………………………………………… 195
　　5.7.1　方法简介 ……………………………………………… 195
　　5.7.2　方法原理 ……………………………………………… 196
　　5.7.3　应用案例 ……………………………………………… 197
　参考文献 …………………………………………………………… 201

第6章　目标海洋电磁场在军事中的应用 …………………………… 205
6.1　水中目标电磁场的概念 ………………………………………… 207
　　6.1.1　水中目标电磁场的定义 ……………………………… 207

      6.1.2   水中目标电磁场的分类 ···················· 207

  6.2 水中目标电磁场的产生 ····························· 208

      6.2.1   静电场 ·································· 208

      6.2.2   静磁场 ·································· 211

      6.2.3   交变电磁场 ······························ 213

  6.3 水中目标电磁场特性 ······························· 214

      6.3.1   电磁场源的数学表征模型 ·················· 214

      6.3.2   基本特性 ································ 219

  6.4 水中目标电磁场的模拟 ····························· 225

      6.4.1   模拟方法 ································ 225

      6.4.2   相似准则 ································ 227

  6.5 海床基水下电磁场探测 ····························· 229

      6.5.1   回线式探测装置 ·························· 229

      6.5.2   基于传感器阵列的电磁栅栏 ················ 231

      6.5.3   水下电磁探测网络 ························ 232

  6.6 水下电磁场浮标 ································· 233

      6.6.1   应用场景 ································ 233

      6.6.2   基本组成 ································ 233

      6.6.3   工作原理 ································ 235

  6.7 航空磁异常探测 ································· 235

      6.7.1   多平台组网探测 ·························· 236

      6.7.2   低频电磁场探测 ·························· 236

  6.8 综合物理场引信 ································· 236

  6.9 海战场电磁环境 ································· 237

  参考文献 ······································· 237

第7章 海洋电磁法仪器 ······························· 239

  7.1 海底电磁接收机 ································· 241

      7.1.1   简介 ··································· 241

      7.1.2   斩波放大器 ······························ 242

      7.1.3   采集电路 ································ 245

      7.1.4   姿态测量模块 ···························· 246

      7.1.5   释放回收系统 ···························· 246

      7.1.6   高可靠性设计 ···························· 247

      7.1.7   主要技术指标 ···························· 247

  7.2 拖曳电磁发射机 ································· 248

      7.2.1   简介 ··································· 248

　　　7.2.2　甲板监控单元 ·· 249

　　　7.2.3　控制单元 ·· 251

　　　7.2.4　发射天线 ·· 253

　　　7.2.5　主要技术指标 ·· 254

　7.3　拖曳电磁接收机 ·· 255

　　　7.3.1　简介 ·· 255

　　　7.3.2　甲板终端 ·· 256

　　　7.3.3　主节点 ·· 257

　　　7.3.4　从节点 ·· 258

　　　7.3.5　主要技术指标 ·· 259

　参考文献 ·· 260

第8章　舰船水下电磁场的测量 ·· 263

　8.1　舰船物理场性能测量体系 ·· 265

　　　8.1.1　环境背景干扰场特性 ···································· 266

　　　8.1.2　舰船物理场特性 ·· 267

　　　8.1.3　舰船物理场的应用与危害 ································ 269

　　　8.1.4　测量传感器 ·· 271

　　　8.1.5　舰船测量条件与环境 ···································· 272

　　　8.1.6　测量系统设计 ·· 272

　　　8.1.7　测量参数的规范化 ······································ 274

　　　8.1.8　测量数据的处理 ·· 275

　8.2　海洋环境电磁场 ·· 276

　　　8.2.1　地磁场的异变特性 ······································ 276

　　　8.2.2　海浪磁场特性 ·· 278

　　　8.2.3　静电场环境背景的干扰特性 ······························ 280

　　　8.2.4　低频电磁场环境背景的干扰特性 ·························· 280

　　　8.2.5　背景场的抵消 ·· 281

　8.3　测量传感器 ·· 284

　　　8.3.1　磁场传感器 ·· 284

　　　8.3.2　电场传感器 ·· 284

　8.4　测量条件与环境 ·· 286

　　　8.4.1　测量环境要求 ·· 286

　　　8.4.2　测量船要求 ·· 286

　　　8.4.3　被测船要求 ·· 287

　8.5　水下电磁场测量系统 ·· 287

　　　8.5.1　测量方式 ·· 287

8.5.2 水下电磁场测量系统组成 ································· 292

8.6 电磁场测量参数的规范化 ································· 295

8.7 测量系统校准 ································· 296

8.7.1 壳体引起的电场畸变 ································· 297

8.7.2 水下测量体系数校准 ································· 297

8.7.3 海上动态校准 ································· 298

8.8 系统测量误差分析 ································· 301

8.8.1 系统测量误差 ································· 302

8.8.2 定位误差 ································· 303

8.8.3 深度偏差 ································· 303

8.8.4 正横偏差 ································· 304

8.8.5 水下传感器姿态引起的误差 ································· 304

8.8.6 降低误差的方法 ································· 305

参考文献 ································· 305

第9章 海洋电磁场应用展望 ································· 307

9.1 海洋电磁传感器的进展 ································· 309

9.2 海洋电磁场的拓展应用 ································· 310

9.2.1 水下通信 ································· 310

9.2.2 目标跟踪定位 ································· 310

9.2.3 海洋地震海啸预报 ································· 311

9.2.4 海洋污染监测 ································· 311

9.2.5 船舶腐蚀监测 ································· 311

9.2.6 陆地油、水勘探 ································· 312

参考文献 ································· 312

第1章 绪 论

海洋是人类生存的第二环境，是人类科技和生活发展的重要空间。对海洋空间信息的全面掌控和有效利用，是海洋工程领域工作者持之以恒的奋斗目标。长期以来，学者们都有这样一个认识：迄今为止熟知的各种能量形式中，在水中以声波的传播性能为最好。在混浊、含盐的海水中，无论是光波还是无线电波，它们的传播衰减都非常大，因而在海水中的传播距离有限，远不能满足人类海洋活动如水下目标探测、通信、导航等方面的需要，所以水声一直是人类在海洋活动中应用的主要信息载体。

事实上，在海洋开发活动中有一类无线电波得到了广泛关注，并发展迅猛。这类无线电波具有衰减弱、穿透力强等特点，可以广泛应用于导航、通信、矿产勘探及水下军事目标探测等领域。这类电磁波主要借助海水的导电性而在海洋中存在和传播，人们把它称为海洋电磁场。

海洋电磁场是指由于天然场源或人工场源而在海水中存在的电磁场，包括在海水中存在的磁场成分、电场成分，一般统称为海洋电磁场。相应地也发展了一门专门研究海洋电磁场的学科——海洋电磁学。海洋电磁学主要研究海洋的电磁特性，海洋中的电磁场和电磁波的传播形态、分布规律，及其在海洋科学、海洋开发和军事海洋中的应用。

人类社会的发展历史表明，一门学科的诞生和发展总是基于社会的需要，以及经济、技术的发达程度。海洋电磁学的发展也不外乎于此。海洋电磁场几乎携带了海洋的所有信息，其中不但蕴含了海水的信息如海水成分、盐分、海水分层结构、内波等，也蕴含了海洋的动力学信息如海流、海浪、潮汐等，还蕴含了大量海底信息如海底分层、矿产储层、存量等信息；相关理论和技术的发展，尤其是低噪声电场、磁场传感器技术的发展，有力地促进了海洋电磁学的推广和应用。由于海洋中发生、存在的许多科学现象与电磁学密切相关，海洋电磁场理论和应用已逐渐成为海洋科学的主导性研究工作之一。

1.1 海洋电磁场研究发展历程

虽然海洋电磁场的大规模研究应用距今不超过几十年的时间，但海洋电磁场的研究几乎是与电磁学的研究同时起步的。1831 年，法拉第发现了电磁感应原理，随即在 1832 年就指出，在地磁场中流动的海水就如同在磁场中运动的金属导体一样，也会产生感应电动势。虽然法拉第在泰晤士河做的测试试验没有得到预期的结果，但他明确指出，在英吉利海峡能测出感应电磁信号。直至 1851 年，渥拉斯顿在横过英吉利海峡的海底电缆上检测到了和海水潮汐周期相同的电位变化，从而证实了法拉第的预言。但是对海洋电磁场的广泛研究实际开始于 20 世纪 50 年代。

早期的海洋电磁场研究主要是围绕海洋环境中自然产生的电磁场展开的。苏联学者吉洪诺夫(А. Н. Тихонов)在 1950 年提出大地电磁测深理论;1953 年,法国学者卡尼亚尔(L. Cagniard)完成了大地电磁测深理论体系的建立,并提出了在海洋领域应用的可能性。自此,海洋电磁场应用研究进入了蓬勃发展的阶段。基于海洋电磁场理论,物理海洋学家 20 世纪 60 年代以来观测海底电磁场用于研究波浪、洋流和内波等,而后在 80 年代将该方法技术引申至海洋地质与地球物理领域,研究海底以下介质电性结构,至今在海底构造地质和资源勘查领域取得了显著成果。

随着潜艇水下通信的需求,电磁波在海洋中的传播成为海洋电磁场研究的重点。自 1958 年始,美国开始研制北极星核潜艇,同时开始组织研究利用电磁波与深水核潜艇进行指挥通信的问题。同样为了应对核潜艇远程战略通信需求,自 1968 年始,苏联也独自开始了这方面的研究。

20 世纪 80 年代以来,西方地球物理工作者把海洋电磁法视为海底资源勘探研究的一项高新技术,海洋电磁场研究又重新升温,各种分支方法各显神通,这一时期的发展主要归功于与时俱进的电磁传感器技术的发展与计算机信息处理技术的进步。同时,主动源电磁法的研究大大提升了浅部地层探测的精度和分辨率。

进入 21 世纪,海洋电磁场研究发展还与军事国防需求密切相关。随着舰艇减振降噪技术的发展,舰艇声隐身性能得到极大提高,各国纷纷探寻可用于海战场的非声探测技术,其中舰艇目标由于自身腐蚀等原因产生的电磁场特征信号识别得到了广泛关注。许多国家构建了基于海洋电磁场的海上军事目标探测、识别体系。军事国防方面的需求极大地促进了海洋电磁场测量技术和精细化建模技术的发展。

1.2　海洋电磁场频段范围

根据趋肤效应,电磁波在海水中传播时激发的传导电流会使得电磁波的能量急剧衰减,并且随着频率的升高,衰减幅度显著增加,通常无线电所用的兆赫以上的电磁波在海水中的穿透深度小于 25 cm,对这种电磁波海水就成为很强的电磁屏蔽层,如此高频率的电磁波基本不可在海水中利用。但频率低到一定程度,海水对电磁波的屏蔽作用逐渐减弱甚至可以忽略,如频率为 1 MHz 左右的电磁波在海水中的穿透深度可达数千米,海洋就成为几乎完全可穿透的。这种极低频的电磁波就可用于对大洋深处核潜艇通信和海底以下介质导电性研究等方面。因此海洋电磁场的研究主要以直流、至低频、极低频和超低频段电磁场为主要对象。

按照《中华人民共和国无线电频率划分规定》,我国无线电频率从 0.03 Hz 至 3 000 GHz 共划分为 14 个频带,见表 1.1。

表 1.1　中华人民共和国无线电频率划分规定

带　号	频带名称	频率范围	波段名称	空气中波长范围
−1	至低频(TLF)	0.03~0.3 Hz	至长波	1 000~10 000 mm
0	至低频(TLF)	0.3~3 Hz	至长波	100~1 000 mm
1	极低频(ELF)	3~30 Hz	极长波	10~100 mm
2	超低频(SLF)	30~300 Hz	超长波	1~10 mm
3	特低频(ULF)	300~3 000 Hz	特长波	100~1 000 km
4	甚低频(VLF)	3~30 kHz	甚长波	10~100 km
5	低频(LF)	30~300 kHz	长　波	1~10 km
6	中频(MF)	300~3 000 kHz	中　波	100~1 000 m
7	高频(HF)	3~30 MHz	短　波	10~100 m
8	甚高频(VHF)	30~300 MHz	米　波	1~10 m
9	特高频(UHF)	300~3 000 MHz	分米波	1~10 dm
10	超高频(SHF)	3~30 GHz	厘米波	1~10 cm
11	极高频(EHF)	30~300 GHz	毫米波	1~10 mm
12	至高频(THF)	300~3 000 GHz	丝米波/亚毫米波	1~10 dmm

我国无线电频率划分的方法与国际电信联盟(ITU)标准是相同的。海洋电磁场涉及的范围一般包括其中最低的四个频带。值得注意的是,我国对无线电频率的划分与国际学术性文章中通常引用的 IEEE 无线电频段(表 1.2)划分规定是不同的,在阅读相关文献时要明确其含义。本书频段划分和表示方法均按照《中华人民共和国无线电频率划分规定》引用。

表 1.2　IEEE 的无线电频率划分规定

名　　称	频率范围
ELF (extremely-low frequencies)	3~30 Hz
SLF (super-low frequencies)	30~300 Hz
ULF (ultra-low frequencies)	300~3 000 Hz
VLF (very-low frequencies)	3~30 kHz
LF (low frequencies)	30~300 kHz
MF (medium frequencies)	300 kHz~3 MHz
HF (high frequencies)	3~30 MHz
VHF (very-high frequencies)	30~300 MHz
UHF (ultra-high frequencies)	300 MHz~3 GHz
SHF (super-high frequencies)	3~30 GHz

由上述频段划分可见,在海洋环境中研究的电磁场主要集中在 TLF、ELF、SLF、ULF,包含了至低频、极低频、超低频多个频段,为方便起见,在不引起混淆的情况下,一般

把海洋电磁场研究的频段范围统称为低频电磁场。

1.3 海洋电磁场一般性质

1.3.1 似稳态近似表征

众所周知，电场和磁场的表征一般用麦克斯韦方程组描述，对于谐波过程（相对于时间）有

$$
\left.
\begin{aligned}
\nabla \times \boldsymbol{H} &= \boldsymbol{E}(\sigma + \mathrm{j}\omega\varepsilon) \\
\nabla \times \boldsymbol{E} &= -\mathrm{j}\omega\mu\boldsymbol{H} \\
\nabla \cdot \boldsymbol{E} &= 0
\end{aligned}
\right\}
\tag{1.1}
$$

式中 σ ——媒质电导率；

      ω ——圆频率；

      ε ——媒质介电常数；

      μ ——媒质磁导率；

      $\boldsymbol{E}$ ——电场强度矢量；

      $\boldsymbol{H}$ ——磁场强度矢量。

在海洋电磁场研究领域，海洋环境中海水为中等导电体，电导率 σ 一般在 $1\sim5\,\mathrm{S/m}$ 变化，相对介电常数 ε_{r} 约为 80，也就是说 $\omega\varepsilon \ll 1$，位移电流可忽略，麦克斯韦方程组得以简化，因而海洋电磁场可以用似稳态场来近似表征：

$$
\left.
\begin{aligned}
\nabla \times \boldsymbol{H} &= \sigma\boldsymbol{E} \\
\nabla \times \boldsymbol{E} &= -\mathrm{j}\omega\mu\boldsymbol{H} \\
\nabla \cdot \boldsymbol{E} &= 0
\end{aligned}
\right\}
\tag{1.2}
$$

其中，$\boldsymbol{E} = \boldsymbol{E}_0 \mathrm{e}^{\mathrm{j}\omega t}$，$\boldsymbol{H} = \boldsymbol{H}_0 \mathrm{e}^{\mathrm{j}\omega t}$。

在近似法表示的式（1.2）中，由于位移电流远小于传导电流，可以忽略，这样海洋中电磁场研究可以只考虑在海水媒质中存在的传导电流。

洛伦兹规范中引入了矢量位 $\boldsymbol{A}$ 和标量位 φ，电磁场可以表示为具有矢量和标量势的函数方程，并引入

$$
\varphi = -\frac{1}{\sigma} \nabla \cdot \boldsymbol{A}
$$

矢量位 $\boldsymbol{A}$ 和标量位 φ 遵循亥姆霍兹方程：

$$\left.\begin{array}{l} \Delta \boldsymbol{A} + k^2 \boldsymbol{A} = 0 \\ \Delta \varphi + k^2 \varphi = 0 \end{array}\right\} \qquad (1.3)$$

式中　k^2 —— 波数，$k^2 = -\mathrm{j}\omega\mu_0\sigma$。

在给定场源的情况下，基于方程组[式(1.3)]并引入相应的边界条件，能够确定海洋电磁场在空间的分布。

通常情况下，无法直接测量矢量位 $\boldsymbol{A}$，所以被测量的参数是磁场场强的分量 H_x、H_y、H_z 或者磁感应强度的分量 B_x、B_y、B_z。

标量位 φ 可以被直接测量，但是需要满足一个条件，即构成测量系统两个电极的连线应该垂直于等势面。此时被探测的信号电势将直接等于两个标量势之差：

$$U = \varphi(a) - \varphi(b)$$

因此，如果能测量磁场场强的三个分量和标量位(或者电场场强的三个分量)，则低频电磁场就能够被完全确定。但实际上由于目标运动等原因，很难将测线始终垂直于等势面，因此实践上还是多采取测量三分量磁感应强度和三分量电场强度的方式测量一个目标的电磁场。

1.3.2　分布与传播特性

海水作为一种导电介质，通过它可以传输电磁场的能量。但值得注意的是，对于 ULF 以下频段，传导电流远大于位移电流。正是由于海水具有相对而言较大的电导率(σ 在空气中和在真空中实际上等于 0)，与广泛熟知的无线电波相比，海洋电磁场传播的特性发生了显著改变。

对于空气中的无线电波，空气为非导电媒质，不存在传导电流，位移电流占主导地位，电磁场按波动规律进行传播，满足式(1.4)的方程；对于海洋电磁场，海水具有良好的导电性能，属于有耗媒质，传导电流远远大于位移电流，电磁场在近场主要按扩散规律进行分布，满足式(1.5)的方程。

$$\text{空气中：}\left.\begin{array}{l} \dfrac{\sigma}{\omega\varepsilon} << 1 \\ \nabla^2 \boldsymbol{E} - \mu\varepsilon\,\dfrac{\partial^2 \boldsymbol{E}}{\partial t^2} = 0,\ \nabla^2 \boldsymbol{H} - \mu\varepsilon\,\dfrac{\partial^2 \boldsymbol{H}}{\partial t^2} = 0 \end{array}\right\} \qquad (1.4)$$

$$\text{海水中：}\left.\begin{array}{l} \dfrac{\sigma}{\omega\varepsilon} >> 1 \\ \nabla^2 \boldsymbol{E} - \mu\sigma\,\dfrac{\partial \boldsymbol{E}}{\partial t} = 0,\ \nabla^2 \boldsymbol{H} - \mu\sigma\,\dfrac{\partial \boldsymbol{H}}{\partial t} = 0 \end{array}\right\} \qquad (1.5)$$

海洋中电磁场的产生和传播研究还要注意海水的分层结构。海洋环境中存在明显的物性界面和分层现象。一般的海洋环境由空气、海水、海床等多种媒质组成，由于海水与空气在电导率和介电常数等物性参数上存在很大差别，水下电磁场在界面上会发生反射和折射,同时界面的存在导致水下电磁场在空气-海水、海水-海床界面上存在沿表面传播的现象,从而使海洋环境下水下电磁场分布、传播与自由空间或均匀无限大空间存在较大差异。

不同海域由于温度、盐度、压力、海流等因素的差异而具有不同的电磁参数,使得水下电磁场的分布规律和传播特性更复杂。

总之,海洋环境所具有的分层、有耗媒质特点,导致海洋电磁场具有与空气中的电磁波不同的分布规律和传播特性。

1.3.3 衰减特性

对于从海表面透入海水中的平面电磁波,场的幅度是以指数规律衰减的。相位变化 2π 的距离,被称为波长 λ。电磁场在海水中的波长与它的电参数有关,并可按以下公式算出:

$$\lambda = 2\pi\sqrt{\frac{2}{\omega\mu\sigma}} \tag{1.6}$$

其中,$\mu = \mu_0 = 4\pi \times 10^{-7}$ H/m。

电磁场对于介质有一定的穿透能力,一般用趋肤深度 δ 的概念表示穿透深度,它表示电场或者磁场幅度衰减到原值的 $1/\mathrm{e}$(36.8%)的距离,一定程度表征了该频率电磁场在海水中的传播能力:

$$\delta = \frac{1}{\sqrt{\pi\mu f\sigma}} = \frac{1}{2\pi}\sqrt{\frac{\lambda}{30\sigma}}$$

式中 f ——频率;

λ ——波长。

表 1.3 中列出了一定电导率条件下不同频率的电磁波在海水中的波长值、波速值和趋肤深度。

表 1.3 海水中电磁场的传播参数(海水电导率 3.7 S/m)

频率/Hz	波长/m	波速/(m·s⁻¹)	趋肤深度/m
0.1	5 199	519.8	827
0.5	2 325	1 162.5	370
1	1 644	1 644	261.7
5	735.2	3 676.1	117.0
10	519.9	5 198.8	82.7
50	232.5	11 625	37.0
100	164.4	16 440	26.2
200	116.3	23 250	18.5

（续表）

频率/Hz	波长/m	波速/(m·s^{-1})	趋肤深度/m
500	73.5	36 761	11.7
1 000	52.0	51 988	8.3

从表 1.3 中可以看出，在 1 Hz 时，电磁场在海水中的传播速度大约为 1 600 m/s，与水中声速接近。随着频率的增加，传播速度逐渐增大。频率扩大 2 个数量级，波长缩小至 1/10，而波速扩大 10 倍。在平面假设下，海洋中电磁场传播距离等于波长时，衰减会大于 500 倍（e$^{-2\pi}\approx 0.001\,85$）。同时从表 1.3 中可以看出，衰减较弱的低频电磁场可以在海水中传播 300 m 甚至更远的距离。正是由于低频电磁场衰减弱，对海水的穿透力强，海洋电磁场研究才把 TLF、ELF 这几个频段的电磁波作为研究重点。

1.3.4 电性源与磁性源

在海水介质中，按照场源的激励类型，水下电磁场场源可以划分为磁类型的源（当场是由与海水绝缘的闭合回路电流产生，简称磁性源）和电类型的源（当场是由在海水中流过的传导电流产生，简称电性源）。

在关注的海洋电磁场频段内，磁性源如通电的导电线圈，在海水介质中优先激励低频磁场，感应电场分量的值相对较小。电性源如船体腐蚀产生的电流，在海水媒质中既激励低频电场，又激励低频磁场，而且在这种情况下，电场分量和磁场分量具有同样的重要性。依上述特征可以从观测的电磁场数据反演场源的类型。

电磁场有几种基本类型的源，把它们称为基础源。常见的基础源类型有偶极子型源、有限长度导线、点电源、电流辐射线圈等，其中偶极子型源对于海水介质中电磁场的研究有较大而广泛的意义。简单地理解，一个电偶极子源是在媒质中相距为 L 的两个点电源，点电源之间电流幅值为 I，强度用电偶极矩 P 表示，$P=IL$，单位是 A·m。如果电流围绕封闭的圆形路径流动，其封闭的面积为 a，则产生磁偶极矩 M，$M=Ia$，单位是 A·m^2。如果被研究电磁场离开激励源足够远的距离，那么源可以看作偶极子，否则要把它看作带电流的导体（导线）或辐射线圈等其他类型源来处理。

根据叠加原理，借助于多个电（磁）偶极子的场可以构建复杂场源的目标。偶极子源趋向无限远之后，可以得到平面波的电磁场。

1.4 主要环境参量

海洋水下电磁场的场源众多，形成机理复杂，影响场源强度的参数因素也很多，并且这些参数往往不是一成不变的,因此研究和利用海洋电磁场首先要明确这些参数及其特点。与场源分布相关的主要环境参数包括磁导率、介电常数、电导率、地磁场、海流流速、流向、水深、海浪波高、海水盐度、温度、风速、风向、潮汐、密度、季节、地理位置等。其中前三个量是反映海洋电磁场主要特性的物性参数,也是麦克斯韦方程组中和电磁场幅度、分布密切相关的参数,与电磁场传输中的反射、折射、透射及衰减等有直接关系,而其他的参数则是反映研究对象所处的边界条件和外界影响因素。

1.4.1 海水磁导率

磁导率是表征磁介质磁性的物理量。设磁性材料的磁感应强度大小为 B(Wb/m^2),外界磁场的强度大小为 H(A/m),则磁导率计算如下:

$$\mu = \frac{B}{H} = \mu_0 + \mu_0 \kappa \tag{1.7}$$

其中磁导率 μ 与真空磁导率 μ_0 之比 $\frac{\mu}{\mu_0} = \mu_s$,被称为相对磁导率,$\kappa$ 被称为磁化率。$\mu = \mu_0 \mu_s$,$\mu_s = 1 + \kappa$。海水中:

$$\mu \approx \mu_0 = 4\pi \times 10^{-7}(\text{H/m})$$

$$M_s = 1,\ \kappa = 0$$

一般磁性材料的相对磁导率 μ_s 比 1 略大,而像铁这样的强磁性材料的相对磁导率能够达到 200~10 000。海水中的相对磁导率可以认为等于空气中的相对磁导率,即等于 1,因此工程界有"海水是磁透明的"说法。

1.4.2 海水介电常数

真空条件下两块板状导体平行竖立,则这两块板状导体间的电容为 C_0,当两极板间充满电解质时,其电容为 C_s,两者相比,即 $\frac{C_0}{C_s} = \varepsilon_r$,定义为相对介电常数。若真空中的介电常数为 ε_0,$\varepsilon_0 = 8.855 \times 10^{-12}$(F/m)。媒质介电常数表示为真空中的介电常数与相对介电常数的乘积,它是表示介质特性的一个重要参数:

$$\varepsilon = \varepsilon_0 \varepsilon_r$$

介电常数的变化影响电磁波的传播特性。电磁波的传播速度与其所处的电介质中的介电常数的平方根成反比,介电常数变大会使电磁波传播速度减小。海水的相对介电常数大约是 80。

1.4.3 海水电导率

线状导体单位横截面积、单位长度的电阻就称作该导体的电阻率,以 ρ 表示,单位为 $\Omega \cdot \text{m}$。其倒数为单位横截面积的电导,叫作电导率,以 σ 表示,单位为 S/m。通常而言,

横截面积为 A、长为 l 的导电介质的直流电阻 R 为

$$R = \rho \frac{l}{A}$$

海水电导率的定义与固体电导率一样,但影响海水电导率的因素要复杂得多。因温度、盐度,以及组成其各种粒子的比例不同,海水电导率值的范围在 $1 \sim 5$ S/m。盐度对电导率的影响极大。纯水电导率的值比较低,一般在 10^{-5} S/m 的量级上,若将一定的食盐溶解于纯水中,则其电导率会显著变大,浓度为 5% 的溶液,其电导率值为 6.45 S/m。

众所周知,不同区域中海水的盐度不同。如某些接近大陆的海水盐度为 $0.9\% \sim 2.8\%$(由于有河水汇入而盐度变小),在太平洋和大西洋,盐度在 $3.4\% \sim 3.8\%$ 范围内变化。大洋中盐的主要成分及相对占比见表 1.4。

表 1.4 大洋中盐的主要成分及相对占比

主 要 成 分	占比/%	主 要 成 分	占比/%
NaCl	77.8	K_2SO_4	2.5
$MgCl_2$	10.9	$CaCO_2$	0.3
$MgSO_4$	4.7	$MgBr_2$	0.2
$CaSO_4$	3.6		

从表 1.4 给出的数据可以知道,海水中盐的主要成分是氯化物,还有部分镁、钙硫酸盐。海水中氯离子的成分占 55%。对于不同的海区来说,氢离子的浓度是相对恒定的,pH 值变化范围为 $7.2 \sim 8.6$。由于海水和大气层大面积接触并且充分混合,所以海水被认为是氧气饱和的。

海水中很容易分解出氯离子,盐的浓度很大,其电导率也很高。大洋或海水的电导率可以看成是盐度和温度的单值函数。Accerboni 和 Mosettic(1967)总结出海水电导率的半经验公式:

$$\sigma = \left(A + B\frac{T^{1+k}}{1+T^k}\right) \frac{S}{1+S^h} e^{-\varepsilon S} e^{-\varsigma(S-S_0)(T-T_0)} \tag{1.8}$$

其中 $A = 0.219\,3$, $B = 0.012\,842$, $k = 0.032$, $h = 0.124\,3$, $\varepsilon = 0.009\,78$, $T_0 = 20$, $\varsigma = 0.000\,165$, $S_0 = 0.035$。

图 1.1 绘出了随着海水盐度的变化而变化的电导率值。横坐标是海水的盐度,纵坐标是电导率。列出的关系曲线分别为海水温度在 0℃、4℃、8℃、12℃、16℃、20℃ 和 24℃ 时的七个值。

从给出的曲线图可以看出,当温度从 0℃ 到 24℃、盐度从 0.6% 到 4% 变化时,海水电导率的变化大约为 $0.6 \sim 6$ S/m。可见海水电导率远远超过构成地球坚硬外壳的岩石电

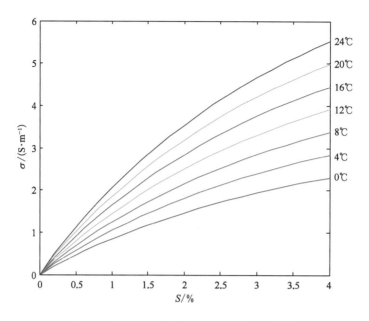

图 1.1 不同温度和盐度条件下的海水电导率

导率。正常温度下海床的电导率不超过 0.1 S/m,石灰岩电导率的变化范围为 $10^{-3} \sim 10^{-2}$ S/m,火山岩的电导率甚至更小。

1.4.4 地磁场

在海洋电磁场研究中,地磁场是一个不容忽视的重要因素。地球是一个天然磁石,它的两极各自在地理的两极附近,因而把地球上的磁场叫作地磁场。地磁场成因有地球自转、内部电流等多种学说,但目前还没有确定的论据。地磁场是一个弱磁场,在全球各处有明确分布,平均磁感应强度为 0.5×10^{-4} T,在广阔的海洋中也不例外。地磁场是由各种不同来源的磁场叠加构成的。按其性质可把地磁场 B_T 区分为两大部分:一部分是主要来源于地球内部的稳定磁场 B_T^0,另一部分是主要起源于地球外部的变化磁场 γB_T,即

$$B_T = B_T^0 + \gamma B_T$$

其中变化磁场比稳定磁场弱得多,最大变化也只占地磁场感应强度的 $2\% \sim 4\%$,因此稳定磁场是地磁场的主要部分。地磁场主要来源分类如图 1.2 所示。

前文提及,作为一定程度的导体,海水的不断运动势必不断切割地磁磁力线,从而产生电流和相关磁场、电场、电荷等,也就造成了所谓的水动力磁场(HM)效应,这种效应的发生是借助电磁场理论研究海洋的重要基础。因此在海洋中,除了上述提到的地球稳定磁场和变化磁场,还存在由于水动力磁场效应产生的不同于陆地磁场的成分——海洋磁场(B_{OM})。这里稍作解释,详细内容请参阅有关文献。

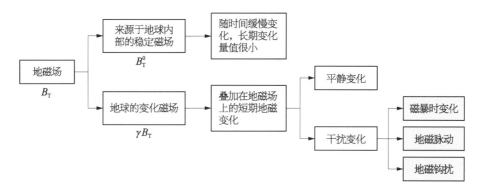

图 1.2　地磁场主要来源及产生机理

海水运动切割地球磁场的磁力线,产生感应电场,考虑流体介质的类型和外部磁场的幅值,这里不考虑压力波的磁阻尼,得到如下公式:

$$\left(\nabla^2 - \mu\sigma\frac{\partial}{\partial t}\right)\boldsymbol{B} = -\mu\sigma\nabla\times(v_0\times\boldsymbol{B}_{\mathrm{T}}) \tag{1.9}$$

式中　v_0——海水介质流速,$\nabla\cdot\boldsymbol{B}=0$,$\boldsymbol{B}$ 在边界处连续。

感应电流密度 $\boldsymbol{J}$ 可以表示为

$$\boldsymbol{J} = \frac{\nabla\times\boldsymbol{B}}{\mu} + \sigma(\boldsymbol{v}_0\times\boldsymbol{B}) \tag{1.10}$$

式中　σ——海洋海水电导率。

对于低频来说,式(1.9)和式(1.10)中的时间导数可以忽略,由于海水运动产生的感应电流密度可以描述为

$$\boldsymbol{J} = \sigma(\boldsymbol{v}_0\times\boldsymbol{B}_\perp) \tag{1.11}$$

式中　$\boldsymbol{B}_\perp$——地磁场垂直分量。

计算表明,海流、海浪诱发的海水中的电流密度最大可以达到 $6\sim10\ \mathrm{mA/m^2}$。由此可见,运动的海水切割地磁场,产生了感应电流,感应电流作为场源,会产生新的磁场和电场。

注意到由于海流的运动客观上造成了磁源的运动,使得磁场随着流体机械波的扩散似乎具有了向远处传播的性质,这类水动力磁场的传播又被称为伪传播。之所以称为伪传播,是因为这种磁场的传播实际上并非磁源发出的电磁信号在空间的扩散,而是由于引发电磁场的场源以机械波形式向远处运动而造成的。

由于这部分磁场主要是海水以各种形式不断运动切割地球磁力线引起的,这种磁场被定义为海洋磁场(ocean magnetic field,OM)。海洋磁场的存在事实上构成了海洋电磁场的大部分海洋环境自然场源,如海流电磁场、海浪电磁场、内波电磁场等。因此在海洋

中磁场可表示为

$$B_T = B_T^0 + \gamma B_T + B_{OM}$$

理论分析和实测表明,海洋磁场量值较小,因此由这部分磁场造成的二次感应场效应在研究中可以忽略。但海洋磁场是研究海洋的主要信息源,也构成了在海洋中开展目标探测和识别的主要干扰源。

1.4.5 海洋生物

海水的电导率与海水的温度有关,与海水中溶解态的离子总量、离子的种类有关,也与海水中存在的带电胶体粒子及浮游生物的含量、种类有关。天然海水是个多相体系,海水中溶存多种溶解态的阴阳离子成分,使海水成为一种强电解质溶液。海水中除了含有溶解态带电荷的阴阳离子外,还存在着带有电荷的胶体粒子。海水中胶体粒子主要可以分为无机胶体粒子和有机胶体粒子。电镜分析发现,海水中许多胶体是 $2\sim5$ nm 的聚集体,显示有痕量金属如铁、铝、钴的存在。此外,海水中约 5% 的胶体粒子为生物体,包括细菌和活体微型浮游生物。天然海水中的大部分胶体颗粒(黏粒矿物、水合氧化铝、腐殖质、有机胶体等)带负电荷,还有一部分是两性胶体,这些胶体颗粒在不同条件下可能解离出 OH^-,也可能解离出 H^+。

胶体粒子由于其具有巨大的比表面,能够强烈地吸附水中各种分子和离子,或者由于粒子表面基团的电离、水解等因素,使胶体粒子表面总呈带电状态。吸附在胶体微粒表面的离子决定着表面带电性质,它们与胶体表面结合很紧,与胶体粒子一起移动。与此同时,离子的热运动又促使这些离子在界面上建立起具有一定分布规律的双电层。海水中带电粒子的运动必然会受到其周围离子氛中异号粒子的吸引,使它的运动受到牵制。牵制作用与溶液中全部离子电荷所形成的静电场的强度有关,从而也影响了海洋电磁场的分布,因此真实海水情况的海水中胶体粒子和浮游生物对海洋电磁场的影响不可忽视。

1.4.6 海水与海床分层

海水根据温度、深度特性可以分为混合层、温跃层等不同结构。事实上即便在相对较薄(几十厘米到几十米)的范围内,宏观上看似基本特性恒定的海水也不是均质的,海水的温度、盐度、密度随时空变化很大。因此从电磁物性参数来说,海水存在分层结构,按不同划分模式,这样的层会有很多。此外,大洋中还存在大洋环流、潮余流及内波湍流等复杂结构,海水的温度、盐度、密度会在层与层之间的过渡区域形成跳跃式变化。特别是在浅海海洋环境下,海床与海水分界面之间可能有一层软沉积物,其与海水形成饱和物,电导率和海水、海床等有明显不同。另外,由于季节性变化,夏季海水表层温度较高,其电导率高于中间层和底层海水的电导率。因此海水和海床按电导率不同可以构建不同物性参数的分层模型,这种分层不均匀结构对海洋电磁场的产生、分布和传播也有显著的影响(图1.3)。

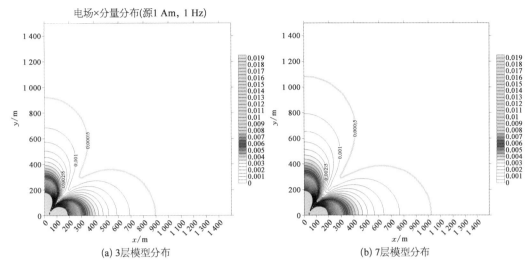

图 1.3 采用 3 层模型和采用 7 层模型等强线分布范围对比

1.5 海洋环境电磁场

海洋中存在多种电磁效应,根据场源的形式可分为天然电磁场和人为因素形成的电磁场。

1.5.1 天然电磁场

天然电磁场主要包括大地电磁场、运动海水感应电磁场、内源地磁场、物理化学成因的电磁场及生物电效应五类。其中运动海水感应电磁场又包括海洋表面波浪和涌浪运动感应电磁场、海流(包含潮汐)运动感应电磁场、海洋内波运动感应电磁场等。在滩海地区,海水流动产生的电磁场具有固定的极化方向,不论何种场源,电场的水平分量都远高于垂直分量。

1.5.1.1 大地电磁场

大地电磁场场源来自太阳风引起高空电离层的电流运动及地球表面持续发生的雷电现象。由于太阳辐射变化和本身潮汐现象,电离层会出现一定的气压差,使得导电的离子发生流动,在地磁场作用下形成磁流体波。磁流体波以 $25\sim90$ km/s 的速度(称为开尔芬速度)传播开去,并通过中性大气层转换成电磁波,从而形成了一类天然电磁场。大地电磁场极化方向是随机的,其频谱成分较为丰富,频率范围为 0.001 Hz~10 kHz。由于海水对高频电磁波有较大衰减,海洋大地电磁场能量主要在 $0.001\sim10$ Hz 频段。

雷电产生的电磁异常呈短暂的脉动形式,具有强烈的地域性和季节性,存在许多共振频率并具有一个较宽的谱峰,其中心频率随时间、昼夜不停变化,幅值的大小与闪电活动的剧烈程度有关。

对闪电某些特定频点的电磁波能量放大的现象称为 Schumann 谐振现象。Schumann 谐振基频以 7.8 Hz 为中心,并存在其他倍频谐波。这些谐振频率加强了来自闪电相应频率成分的能量。这些能量足以透射进海水中,构成海洋环境电磁场的一部分。这种成因的电磁场强度与远处闪电能量有关,其量级可达每米几纳伏,在近岸浅水环境甚至可到每米几十至几百微伏。

海洋大地电磁场具有明显的空间和时间分布规律性,高纬度和中纬度强而低纬度弱,夏季强而冬季弱,白天强而夜间弱。

1.5.1.2 运动海水感应电磁场

1) 海洋表面波浪和涌浪运动感应电磁场

海浪感应电磁场是海洋环境电磁场场源中的主要天然电磁场,在高海况下具有较强的幅值和明显的线谱特征。海水是一种导电介质,当海水在地磁场中运动时,在其内部和周围空间激发感应电磁场。海面波浪感应产生电磁场的周期与波浪的周期一致,其频率范围主要集中在 0.08~0.5 Hz。

海浪可视为由许多随机的正弦波叠加而成,利用观测得到波高和周期,可以推导半理论、半经验形式的海浪谱公式,进而可以计算得到电磁场分布。有文献给出了海洋中的测量结果,周期 3~9 s、波幅 0.5~1 m 的海面波浪产生的磁感应强度为 1 nT 左右。而高海况下(波高 3 m),在水下 100 m 深度产生的磁感应强度约为 0.3 nT。

2) 海流(包含潮汐)运动感应电磁场

海流是海洋中发生的一种有速度且相对稳定的非周期性流动,宽度从几十千米到几百千米,深度从几百米到几千米,在一定的区域内一致性较强。

潮汐是天体引潮力引起的海水运动,波面起伏缓慢,固定点会出现每天一次或两次的周期性升降。

海水在地磁场中流动会感应出电磁场,既有水平分量,也有垂直分量。感应电场的垂直分量与海水流速、地磁场的水平分量成正比;感应电场的水平分量与海水流速、地磁场的垂直分量成正比。

均匀海流感应电磁场信号的频率一般很低,当潮汐流速度较快,潮汐流会在大陆架区域产生幅度较大的水平电场。该水平电场幅度与地磁场垂直分量、海流的水平速度呈正相关,周期约为 12 h,由海潮涨落产生的磁感应强度为几纳特,电场强度幅度最大可达 $100\,\mu\text{V/m}$。

3) 海洋内波运动感应电磁场

海洋内波的形成类似海洋的表面波浪,海洋内波的周期从 1 min 到数十小时,波速慢但振幅很大,能达到上百米。因为内波比表面波有更大的振幅,它也可能产生可观测的电磁场。理论结果显示,尽管这些电磁场一般非常小,但在一些特定条件下,这种电磁场的大小能与海浪产生的电磁场相比较。

内波隐匿在水中,随时间和空间随机变化。常见的波长为几十米至几十千米,周期为几分钟至几十小时,振幅一般为几米至几十米。在稳定层化海洋中都可能存在内波。

内波产生的电场幅度可达每米数十微伏。另外,波长可达 20 km、周期约为 100 s 的长周期重力波也可产生频率低于 10 mHz 的电磁场。

1.5.2 人工电磁场

人为因素形成的电磁场主要包括沿海工业设施产生的工频干扰、海上石油平台或海底管道等安装的用于防腐目的的阴极保护系统、测试场附近沉船(或较大金属)引起的电磁场异常及海洋电磁法勘探中采用的大功率人工场源等。

1.5.2.1 工频干扰

在海域附近的土地上测试大功率发电、输电和转换设施及电气设备,如发电厂、高压线路、变电站等,是电磁场中电力频率干扰的主要来源。以上设施会产生较强能量的 50 Hz 工频及其倍频电磁场。特别是在近岸区域,码头上的各种维护工作(例如电焊)会引起电场干扰,这些工作常常存在接地不良的问题,会使一部分电流流入海水中。还存在诸如陆基电车和火车车辆引起的电场扰动,这种扰动更加可变,并且更难以移除或抵消。

1.5.2.2 海上石油平台或海底管道

以海上石油平台为例,其阴极保护电流在某些情况下可达 10 000 A,如此大的保护电流会在海水中产生较强的干扰电磁场。

此外,海底石油管道一般长达数百千米,管道各部分的腐蚀程度不同,导致海洋环境的不同部分具有不同电位,从而形成腐蚀电流并产生腐蚀性电场。

1.5.2.3 船体或较大金属腐蚀

某些区域存在沉船或较大金属体,由于构成这些沉船或者金属体的金属材料不止一种,根据电化学腐蚀理论,在海水环境中会产生腐蚀电场。

舰船处于水中的部分,还有船体外壳、龙骨、螺旋桨、船尾的凸出部分,以及吃水线上部、常被海水打湿的部分和舰船的上部建筑,尤其是货仓的底部和双层底等其他或多或少被海水打湿的地方都是受腐蚀程度大的部分。腐蚀就会产生腐蚀电流,进而产生腐蚀电磁场。此外,舰船电力系统的供电电流波动也会造成海水中产生交流电磁场。

1.5.2.4 海洋电磁法勘探

近年来,人类开发海洋资源进程加速,海洋电磁法勘探成为国内外研究热点。海洋主动源电磁法一般采用水平电偶极子或共轴水平磁偶极子作为激励源,激发谐波信号或脉冲信号,其发射电流强度可达 100 A 至数千安,是现代海洋环境电磁场的重要组成部分,这部分场源是作为电磁法勘探作业的人工场源信号。

1.5.2.5 运动体电磁场

船舶和潜艇等海上航行的运动体,除了由于本身腐蚀原因和防腐措施产生的腐蚀相关电磁场外,还有一类电磁场不可忽视,这就是由于其运动对海水和地磁场造成的扰动而在海水中形成的电磁场。这类扰动主要产生于四个方面：

（1）舰船本身是金属体建造而成，在壳体表面不完全绝缘的情况下，运动金属体切割地磁场产生的感应电动势将在船体内形成体电流，并通过不绝缘船体表面在海水中形成传导电流，从而产生感应电磁场。

（2）舰船本身是磁性材料建造而成，铁磁性船体和船体内部件受地磁场磁化而产生磁性，当运动体航行时或者其内部金属运动部件(曲轴、螺旋桨等)运行时会引起空间磁通的变化而引起周边地磁环境的扰动，进而引发产生感应电场。

（3）船体运动引发海水的扰动，进而造成了类似于自然海水流动产生的感应电磁场，如1.4.4节所述。这类扰动又可分为围绕壳体的势流、湍流、涡流、表面流、内波等情况，不同情形造成的场源类型不同，衰减特性也有所差异。

（4）船体辐射的声场也会引发海水带电粒子的扰动，进而引发电磁场。声场在传播过程中对海水中带电荷粒子产生推力造成其运动，运动的带电粒子在地磁场中受洛伦兹力作用产生感应磁场；声场传播造成的质点运动还会破坏海水中中性离子云稳定状态，使得粒子呈现带电特性，当带有不同电荷的离子相对移动时，也会产生感应电场和磁场。

需要强调的是，运动体产生的电磁场强度大小虽然有限，但也超出了高灵敏度传感器的检测门限。由于这类电磁场和目标的运动联系密切，无论是作为背景噪声还是目标信源，都在弱低电磁场信号处理中扮演主要的角色。关于这方面的详细论述超出了本书范围，有兴趣的读者可阅读相关文献。

1.5.3 海洋环境电磁场基本特性

海洋环境电磁场场源中首先应该关注的激励源包括大地电磁场、海浪运动感应电磁场和海流运动感应电磁场。它们的环境影响参数见表1.5。

表1.5 海洋环境水下电磁场主要场源和环境影响参数

主要场源	环境影响参数
大地电磁场	太阳风活动、季节、地理位置、海洋表面磁场强度、海水电导率、海底电导率、水深、磁导率
海浪运动感应电磁场	海洋表面磁场强度、海水电导率、波幅、周期、水深、磁导率、海水介电常数、海底介电常数、磁偏角、磁倾角
海流运动感应电磁场	海洋表面磁场强度、流速、上层海流水层高度、过渡层海流水层高度、无海流水层高度

可见，每一种环境电磁场源的影响参数均较多，然而并不是所有参数都需要考虑，其中在一定海域内变化极小且对环境电磁场特征信息影响也较弱的参数在研究时可忽略。

我国近海海域主要水文参数的变化范围见表1.6。

表 1.6 我国近海海域主要水文参数变化范围

序 号	环境参数	变 化 范 围	备 注
1	海洋表面地磁场	$42\sim58\,\mu\mathrm{T}$	
2	海浪波幅	$0\sim20\,\mathrm{m}$	
3	海水电导率	$3\sim5\,\mathrm{S/m}$	
4	海浪运动周期	$1\sim30\,\mathrm{s}$	基本覆盖我国 近海海域
5	海水水深	$10\sim300\,\mathrm{m}$	
6	磁倾角	$10°\sim70°$	
7	磁偏角	$-1°\sim-10°$	

海洋环境水下电磁场各场源的差异较大,场强大小、覆盖频带及影响因素等均不同,从而表现出各自的独有特性。基本特性汇总见表 1.7,供读者研究相关问题时参考。

表 1.7 海洋环境水下电磁场主要场源的基本特性

场 源		基 本 特 性	频带及幅值范围
天然 电磁场	地磁场扰动及太阳风引起的电磁场	分为平静变化和干扰变化。平静变化又可以分为日变化和季节性变化等,规律性较强。干扰变化主要指磁暴、地磁脉动和磁扰等,属于随机性变化	电场:$0.001\sim10\,\mathrm{Hz}$,幅值每米几微伏 磁场:$0.001\sim10\,\mathrm{Hz}$,幅值可达几纳特
	海洋表面波浪和涌浪运动感应电磁场	可视为由许多随机的正弦波叠加而成,利用观测得到波高和周期,可以推导半理论、半经验形式的海浪谱公式,进而可以计算得到电磁场分布	电场:$0.08\sim0.5\,\mathrm{Hz}$,幅值可达每米几到几十微伏 磁场:$0.08\sim0.5\,\mathrm{Hz}$,幅值为零点几到几纳特
	海流(包含潮汐)运动感应电磁场	海流是海洋中发生的一种有相对稳定速度的非周期性流动,宽度从几十千米到几百千米,深度几百米到几千米,在一定区域内一致性较强 潮汐是天体引潮力引起的海水运动。波面起伏缓慢,固定点会出现每天一次或两次的周期性升降	电场:周期约 $12\,\mathrm{h}$ 或 $24\,\mathrm{h}$,可达 $100\,\mu\mathrm{V/m}$ 磁场:周期约 $12\,\mathrm{h}$ 或 $24\,\mathrm{h}$,幅值约为几纳特
	海洋内波运动感应电磁场	隐匿于水中,随时间和空间随机变化。常见的波长为几十米至几十千米,周期为几分钟至几十小时,振幅一般为几米至几十米。在稳定层化海洋中都可能存在内波	电场:频率介于惯性频率和浮力频率之间,周期从 $1\,\mathrm{min}$ 至 $24\,\mathrm{h}$,可达每米几十微伏 磁场:频率介于惯性频率和浮力频率之间,周期从 $1\,\mathrm{min}$ 至 $24\,\mathrm{h}$,幅值可达几纳特

（续表）

场　源		基　本　特　性	频带及幅值范围
天然电磁场	雷电产生的电磁场	为一脉冲信号,持续时间较短,存在许多共振频率并具有一个较宽的谱峰,其中心频率随时间、昼夜不停变化,幅值大小与闪电活动的剧烈程度有关	电场:线谱特征明显,几赫兹至几十赫兹,可达每米几纳伏,近岸浅水幅值更大 磁场:线谱特征明显,几赫兹至几十赫兹,可达几皮特,近岸浅水幅值更大
人工电磁场	工频干扰	干扰源较多,但频率固定并存在较多谐波,随与海岸线的距离变化急剧衰减	电场:50 Hz及谐波,幅值可达每米几微伏到十几微伏 磁场:50 Hz及谐波,幅值可达几纳特
	航行舰船	船体不同材料的电化学腐蚀、舰船运动感应、船体内部电力系统、船体运动引起海水扰动及螺旋桨旋转等产生的电磁场信号	电场:直流、几赫兹、50 Hz及谐波,可达每米几百微伏 磁场:直流、几赫兹、50 Hz及谐波;直流磁场可达几百到上千纳特
	勘探人工场源	分为电性源及磁性源,与源偶极矩、频率、收发距、海水电导率、海底电导率、水深等因素有关	频带0.01~100 Hz,电场动态范围 $10^{-7} \sim 10^{-16}$ V/(A·m²),磁场动态范围 $10^{-9} \sim 10^{-18}$ T/(A·m)

其中大地电磁场变化较平缓,海浪、海流、内波产生的感应电磁场变化较为明显,属于随机性变化,可以通过开展陆地同时观测加以分辨。

海浪运动感应电磁场的频带较窄,一般具有明显的线谱特性,可以通过环境观测设备如波潮仪记录海浪的周期和振幅,与海洋环境电磁场的频谱分析结果进行比较以分辨场源。

海流、潮汐运动感应电磁场波及的范围广,运动速度稳定,在一定区域内一致性较强,参考海流计、波高仪等测试结果可以辨析。

海洋内波的运动和能量传播过程非常复杂,偶发性较强,振幅较大但衰减较快,不容易被捕捉到,可以利用温度链等测量不同深度的海水温度、盐度、流速和流向等参数。另外还可以利用卫星上搭载的合成孔径雷达(SAR)观测海面是否有辐射和辐射条纹来判断内波的存在,这样能够大大提高捕捉到内波电磁场的概率。

工频干扰与海岸线附近的大功率发电设备息息相关,干扰源众多,较难分辨场源的具体位置,但频率稳定,能量较强;可以在离海岸线不同距离的位置布放电磁场传感器,以此研究工频电磁场的空间分布规律。

舰船产生的电磁场频率成分丰富,包括直流、低频、工频线谱及连续谱。直流成分可以观测到其通过特性;可以在时频图中观测到低频成分线谱由强到弱的过程;与自然界中产生的工频成分相对稳定不同,舰船产生的工频成分也会出现有规律的强弱变化趋势,因此航行舰船产生的电磁场较易分辨,海上观测环境电磁场时应详细记录舰船通过情况以剔除影响。

1.5.4　海洋环境电磁场典型示例

1) 不同季节的电磁场

季节的变化可以对海洋环境电磁场的低频信号产生影响,图 1.4、图 1.5 是在 2~3 级海况下,选取四个季节的典型样本对比分析的结果。数据取自黄海海域定点观测设备,夏季典型样本选用 2010 年 8 月 20 日的测量数据,海况 2~3 级;秋季典型样本选用 2010 年 11 月 6 日的测量数据,海况 2 级;冬季典型样本选用 2010 年 12 月 29 日的测量数据,海况 2 级;春季典型样本选用 2011 年 3 月 12 日的测量数据,海况 3 级。

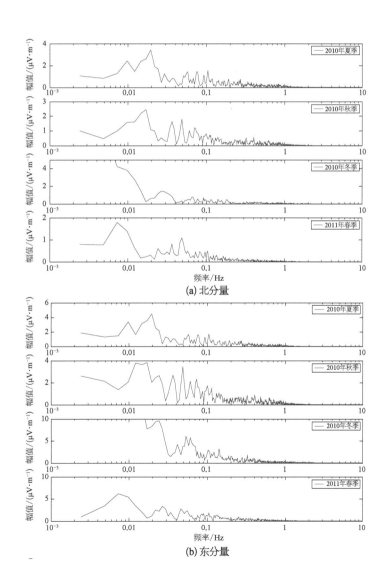

(a) 北分量

(b) 东分量

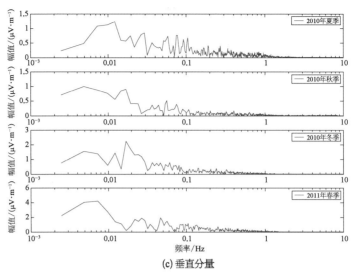

(c) 垂直分量

图 1.4 不同季节海洋环境电场频谱图

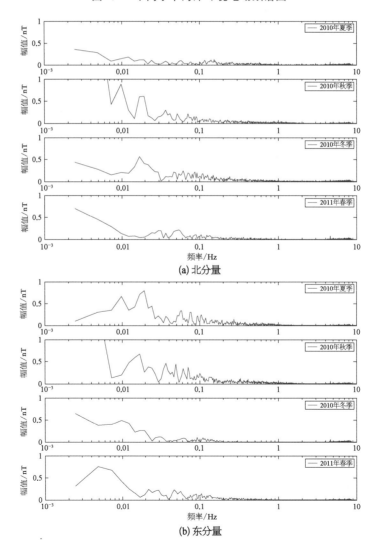

(a) 北分量

(b) 东分量

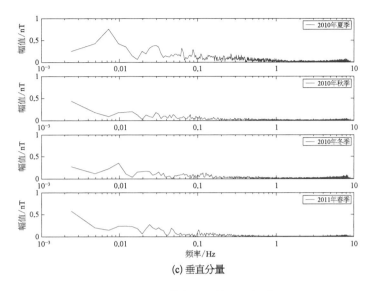

(c) 垂直分量

图 1.5　不同季节海洋环境磁场频谱图

　　海水运动的周期主要集中在几秒到几十秒的范围内,所以在海洋中环境电磁场低频信号频谱能量主要集中在 1 Hz 以下。由图 1.4 和图 1.5 可见,在分析频段(0.02~1 Hz)内,不同季节变化对于环境电磁场频谱的影响并不明显,幅值一直比较稳定,频点也没有明显的规律性,由此说明海洋环境电磁场的低频信号对四季变化并不敏感,主要仍是海水运动的情况主导了低频信号频谱的强弱。当然,四季变化对海洋环境电磁场的影响还是存在的,主要体现在磁场的垂直分量上,从图 1.5 可以看出,夏季垂直磁场最强,秋季和春季垂直磁场分布情况类似,冬季最弱。其原因是垂直分量的场源主要与电离层感应产生的磁流体波有关,其规律与空中电磁场观测结果一致。

2) 不同海况的电磁场

不同海况主要体现在波浪的波高,表 1.8 给出了海浪波高与海况之间的关系。

表 1.8　海浪波高与海况关系

海　况	波高/m	风力/级
1	0~0.1	1
2	0.1~0.5	2
3	0.5~1.25	3~4
4	1.25~2.5	5
5	2.5~4.0	6

绘出不同海况下海洋环境水下电场时域曲线和频谱特性曲线,数据仍然取自黄海海

域定点观测设备(图1.6、图1.7)。通过频谱分析可发现,高海况下的海洋环境水下电场在0.1 Hz以下频段能量整体上要大于低海况,垂直分量表现尤为明显;高海况下海洋环境水下电场在0.029 Hz和0.054 Hz频点附近处存在明显谱峰,而低海况水下电场谱峰呈现向高频移动的特征,幅值要小于高海况。由1.4.4节所述可知,海水运动产生的电场幅值与海水速度呈正相关,并且在相同海水深度情况下,海浪谱的峰值频率随着风速的增加向低频方向移动。高海况下海水运动速度较快,因此该情况下水下电场幅值相对较大,且频谱峰值频率较低。

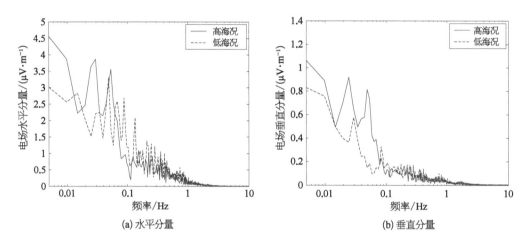

图1.6　不同海况下海洋环境水下电场幅频曲线

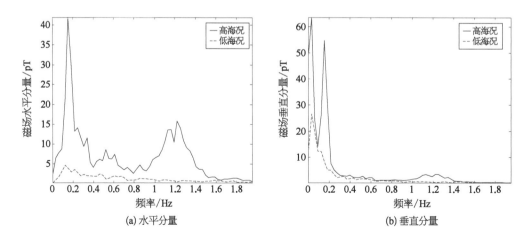

图1.7　不同海况下海洋环境低频磁场幅频曲线

3）工频干扰

图 1.8 是不同时间段的海洋环境水下电场信号时频谱图。从图中可发现，海洋环境水下电场在工频 50 Hz 及其高阶谐波能量最强，其次是 2 Hz 以下的低频带，该频段信号主要是海水运动产生的感应电场。工频电场在整个时间段内能量分布较为平稳，表明该时段工频干扰较为稳定；而 2 Hz 以下低频部分能量则随时间发生一定的变化，表明海水运动产生的电场存在一定的时变性。由图 1.8b 还可发现，环境电场的时频谱图在某些时间段还存在类似人字形的条纹。

在排除了仪器设备本身存在的问题后，说明测试数据中存在频率时变的场源，分析认为该现象应是岸上工业设施由于接地不良泄漏到海水中的多个电流相位差造成的。海水中存在大量工业用电的泄漏电流，泄漏电流相位的波动造成海洋环境水下电场出现周期性调频现象。为了验证上述假设的合理性，设计一个简单的模型，假设接地点 A 和接地点 B 的电势如下：

$$U_A = A_1 \cos(2\pi f t) \tag{1.12}$$

$$U_B = A_2 \cos\left[2\pi f t + \sin(t^2) + \sin(t^3)\right] \tag{1.13}$$

式中　U_A——接地点 A 的电势；

U_B——接地点 B 的电势；

A_1——接地点 A 电势幅值；

A_2——接地点 B 电势幅值；

f——信号频率。

接地点 B 电势信号在相位上存在一定的扰动，则泄漏到海水的电流为

$$I = \frac{U_A - U_B}{R} \tag{1.14}$$

式中　R——两点之间的散流电阻。

由于工业设备电流频率一般为 50 Hz，令 $f = 50$ Hz，R 为常数，利用式（1.14）可计算出接地电势差产生的泄漏电流。采样频率为 1 000 Hz，模拟信号时间长度为 4 000 s，模拟信号的时频谱图如图 1.9 所示。观察图 1.9 可发现，模拟信号频谱图与实测信号频谱图较为相似，均存在人字形条纹，表明工业干扰产生的频率范围远超 50 Hz，产生了很宽的频率成分。

4）雷电产生的水下电场

图 1.10 是在海水中的观测点附近雷电产生的电场时域曲线。由图可看出雷电产生的水下电场信号在时域上呈短暂脉动形式，持续时间长度约为 0.6 s。图 1.11 是雷电产生的水下电场信号时频谱图，雷电产生的水下电场信号频带较宽，覆盖 1 Hz～1 kHz，但是能量主要集中在 100 Hz 以下低频频段。

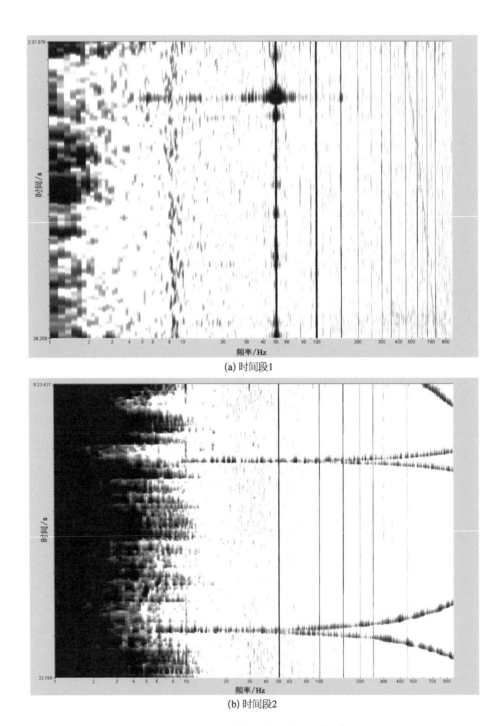

(a) 时间段1

(b) 时间段2

图 1.8 海洋环境水下电场信号时频谱图

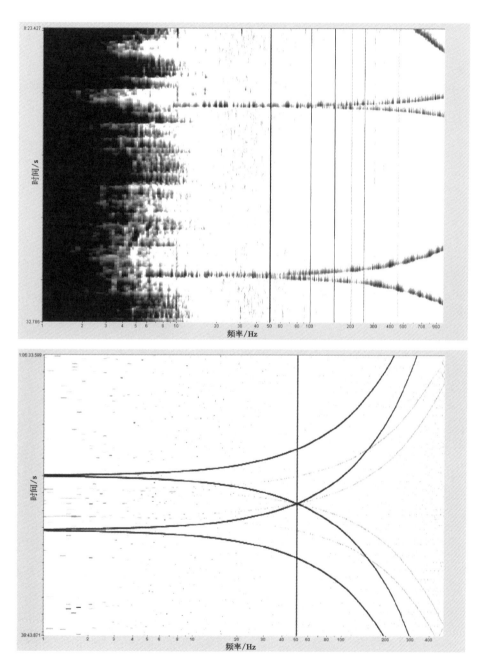

图 1.9　实测信号与仿真信号时频谱图

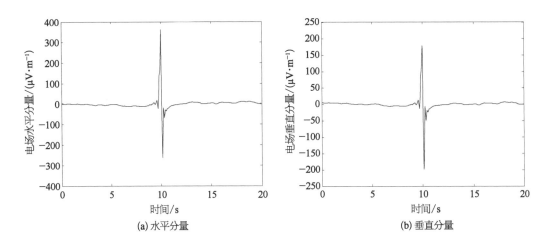

图 1.10　雷电产生的水下电场时域曲线

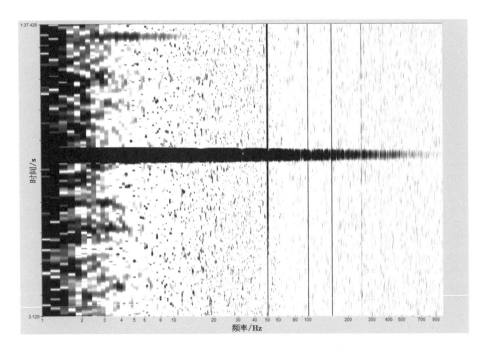

图 1.11　雷电产生的水下电场时频谱图

1.6　海洋电磁场应用

海洋电磁场研究具有重要的科学价值,海洋电磁场的有效应用也可产生显著的经济效益和军事社会效益。海洋电磁场的应用主要体现在物理海洋、海洋地质地球物理及军事国防三个方面。

1.6.1　物理海洋科学研究

在物理海洋领域,主要面向海啸预警、海洋大尺度运动等应用,借助海底、水面等不同平台观测运动海水引起的电磁信号,为研究海洋水体运动提供技术支撑。

1.6.2　海洋地质地球物理

海洋电磁方法是一种重要的海洋地球物理方法,具有不可替代的特点。当碳酸盐、岩丘、火成岩、冻土带等地震波成像效果较差时,当地震波速对含油饱和灵敏度不灵敏时,当构造圈闭内难以判断含油还是含水时,电磁方法发挥着独特优势。此外,大地电磁方法还是少有的探测深度达百千米以上的方法技术。

(1) 在海洋地质领域,主要面向海底地层深部探测需求,如洋中脊扩展、海底火山、俯冲带、大陆架调查的地质需求,通过海底大地电磁方法获取海底以下介质电性结构,为洋壳、地幔深部构造划定提供电性依据。

(2) 在地球物理领域,主要通过可控源电磁方法、大地电磁方法、自然电位、直流电阻率法等方法提取海底以下电性异常,面向海底油气勘探、天然气水合物调查、热液硫化物调查等资源调查,海岸带海水入侵、冻土带等环境调查领域的应用。

1.6.3　军事国防

1) 岸对潜通信

潜艇水下通信的手段是水声通信声呐。但是要在岸上基地指挥遍布全球各大洋的水下战略潜艇,则水声通信就无能为力。低频电磁场在海水中衰减小,传播高度稳定,是岸上指挥中心对远洋、深潜状态下水下平台通信的唯一有效手段。

2) 导弹制导

反舰导弹一般采用无线电高度表提供飞行高度信号。当海面有波浪起伏时,产生的电磁场会成为测高信号的背景干扰源,对无线电高度表的测高产生影响,造成导弹飞行容易坠海。由于海水的动力学十分复杂,海浪产生的电磁场也比较复杂,这时必须要深入研究海洋电磁场,才能更好地消除其对反舰导弹无线电测高的影响,保证导弹的命中率。

3) 水雷引信

目前水雷主要是采用声、磁、水压等水下物理场的非触发引信及其组合。鉴于目标电磁场良好的传播特性和识别特性,世界各国越来越多的水雷采用了基于电磁场的复合引信技术。

4) 电磁探测

舰艇电场、磁场受海洋声环境影响小,非常适合于浅水探测。在浅海高混响、强负声速梯度的水域,声呐探测受到限制时,电磁场探测可以作为有效的弥补手段。舰艇电磁场探测就是利用舰艇在海洋环境中产生的电场、磁场异常来探测、识别、跟踪舰艇。

实际上海洋电磁场涉及的超低频和极低频电磁波技术理论在大陆、大气层、电离层、磁层、生物体的研究也有其特殊功用,相信这一领域的科学技术研究还会有更大发展。跨学科的学术交叉融合也必将会给海洋电磁场技术应用带来新领域的开拓和创新。

参考文献

[1] Bird J F. Hydromagnetism induced by submerged acoustic sources: sonomagnetic pseudoradiation [J]. The Journal of the Acoustical Society of America,1977,62(5):1291.

[2] Bostick Jr F X,Smith H W,Boehl J E. The detection of ULF-ELF emissions from moving ships [R]. ADA037830,1977.

[3] Зимин Е Ф,Кочанов Э С. Измерение параметров электрических и магнитных полей в проводящих средахэ[R]. Москва Энергоатомиздт,1985.

[4] Daya Z A,Hutt D L,Richards T C. Maritime electromagnetism and DRDC signature management research[R]. Defence R&D Canada,2005.

[5] Holmes J J. Exploitation of a ship's magnetic field signatures[M]. San Rafael:Morgan & Claypool Publishers,2006.

[6] Peddell J B,Leach P D. Sonomagnetic field characterisation from induced,radial current waves [J]. IEEE Transactions on Magnetics,1996,32(3):1022 - 1025.

[7] 陈芸. 海洋电磁学[J]. 物理,1990,19(9):531 - 534.

[8] 崔培. 海洋环境水下电磁场激励源综述[J]. 装备环境工程,2014,11(2):69 - 72.

[9] 费栋宇. 海洋中的天然电磁场及其在海洋地质中的应用[J]. 海洋地质与第四纪地质,1985(1):99 - 108.

[10] 何继善,鲍力知. 海洋电磁法研究的现状和进展[J]. 地球物理学进展,1999(1):7 - 39.

[11] 雷衍之. 养殖水环境化学[M]. 北京:中国农业出版社,2004.

[12] 李凯. 分层介质中的电磁场与电磁波[M]. 杭州:浙江大学出版社,2010.

[13] 李桐林,林君,王东坡,等. 海陆电磁噪声与滩海大地电磁测深研究[M]. 北京:地质出版社,2001.

[14] 林春生,龚沈光. 舰船物理场[M]. 北京:兵器工业出版社,2007.

[15] 刘伯胜,雷家煜. 水声学原理[M]. 哈尔滨:哈尔滨工程大学出版社,2010.

[16] 陆建勋. 极低频和超低频无线电技术[M]. 哈尔滨:哈尔滨工程大学出版社,2012.

[17] 吕华庆. 物理海洋学基础[M]. 北京:海洋出版社,2012.

[18] 袁翙. 超低频和极低频电磁波的传播及噪声[M]. 北京:国防工业出版社,2011.

[19] 曾凡辉. 海洋学基础[M]. 北京:中国石油大学出版社,2015.

[20] 张自力. 海洋电磁场的理论及应用研究[D]. 北京:中国地质大学,2009.

第 2 章　海洋中电磁场的传播

海洋中电磁场按照扩散规律进行传播,与空气介质中电磁波相比,其具有色散和高损耗的特点,是一种具有条件性质的电磁波。海洋中电磁场的传播研究一般将海洋环境按海水深度分为浅海和深海两类模型。深海为空气-海水两层模型,浅海为空气-海水-海床三层模型。本章介绍了均匀分层海洋环境下电磁场在海洋中的传播模型,给出了以电偶极子场源、磁偶极子场源为代表产生的电磁场在海水中及界面上的分布规律和衰减特性。

2.1　电磁场在分层传导介质中的基本方程

2.1.1　基本方程

电磁场在任意介质中的传播所体现的特征都符合麦克斯韦方程:

$$
\begin{cases}
\nabla \times \boldsymbol{H} = \boldsymbol{J} + \dfrac{\partial \boldsymbol{D}}{\partial t} \\[2mm]
\nabla \times \boldsymbol{E} = -\dfrac{\partial \boldsymbol{B}}{\partial t} \\[2mm]
\nabla \cdot \boldsymbol{D} = \rho \\[1mm]
\boldsymbol{B} = \mu \boldsymbol{H} \\[1mm]
\boldsymbol{D} = \varepsilon \boldsymbol{E} \\[1mm]
\boldsymbol{J} = \sigma \boldsymbol{E}
\end{cases}
$$

式中　$\boldsymbol{D}$ ——电位移矢量;

　　　ρ ——电荷密度;

　　　$\boldsymbol{E}$ ——电场强度矢量;

　　　$\boldsymbol{H}$ ——磁场强度矢量;

　　　$\boldsymbol{B}$ ——磁感应强度。

麦克斯韦方程的正确性已经被很多计算结果和它所导出的结论所证明,并且通过了试验检验。从这些方程中很容易得出一系列有重大价值的定律,其中包括电流密度连续性方程 $\nabla \cdot \boldsymbol{J} = -\dfrac{\partial \rho}{\partial t}$ 和磁通量散度定律 $\nabla \cdot \boldsymbol{B} = 0$。如果电磁场的参数 $\boldsymbol{E}$ 和 $\boldsymbol{H}$ 随着时间按正弦规律发生改变,而介质参数是稳定的,那么利用复数形式的公式描述就得到如下方程:

$$\left.\begin{array}{l} \nabla \times \boldsymbol{H} = (\sigma + \mathrm{j}\omega\varepsilon)\boldsymbol{E} \\ \nabla \times \boldsymbol{E} = -\mathrm{j}\omega\mu\boldsymbol{H} \\ \nabla \cdot \boldsymbol{E} = \dfrac{\rho}{\varepsilon} \end{array}\right\} \tag{2.1}$$

如 1.3.1 节所述,在海水中位移电流辐射的作用微乎其微,也就是电磁场离开源远离的过程仅仅发生在存在位移电流的区域。

由上述方程得到电场强度矢量的微分方程:

$$\nabla^2 \boldsymbol{E} + k^2 \boldsymbol{E} = 0$$

对磁分量进行分析推导,得到

$$\nabla^2 \boldsymbol{H} + k^2 \boldsymbol{H} = 0$$

这样一来,在传导介质中无论是电性源还是磁性源都服从亥姆霍兹方程。如果令矢量位 $\boldsymbol{A}$ 满足方程 $\boldsymbol{H} = \nabla \times \boldsymbol{A}$,那么有

$$\nabla \times \boldsymbol{E} = -\mathrm{j}\omega\mu \ \nabla \times \boldsymbol{A}$$

写成如下形式:

$$\boldsymbol{E} = -\nabla U - \mathrm{j}\omega\mu\boldsymbol{A} \tag{2.2}$$

式中 U——标量位。

很容易证明,对于矢量位和标量位的方程有如下形式:

$$\nabla^2 \boldsymbol{A} + k^2 \boldsymbol{A} = 0 \tag{2.3}$$

$$\nabla \cdot \nabla U - k^2 U = 0 \tag{2.4}$$

这样一来可以利用两个电动势方程代替两个电场和磁场强度的矢量微分方程,即可用一个矢量和一个标量来表示电磁场。在导电介质中电磁场可以借助一个赫兹矢量 $\boldsymbol{\Gamma}$ 来描述,它和 U 及 $\boldsymbol{A}$ 有如下形式的关系:

$$U = -\nabla \cdot \boldsymbol{\Gamma}, \ \boldsymbol{A} = \sigma\boldsymbol{\Gamma}$$

容易确定赫兹矢量符合如下关系式:

$$\nabla^2 \boldsymbol{\Gamma} + k^2 \boldsymbol{\Gamma} = 0 \tag{2.5}$$

电场和磁场的强度矢量用赫兹矢量表示为

$$\boldsymbol{H} = \sigma \ \nabla \times \boldsymbol{\Gamma}, \ \boldsymbol{E} = \nabla \ \nabla \cdot \boldsymbol{\Gamma}$$

矢量方程[式(2.3)、式(2.5)]只有在直角坐标系下矢量的各分量才能转换成标量。在其他坐标系中,可以利用旋度再求旋度的方法转化为标量方程。

所有导出的方程在确定的边界条件下都有唯一解。这些条件包括:① 激励电磁场电流源的特性;② 在介质分层表面上 $\boldsymbol{E}$ 和 $\boldsymbol{H}$ 的转换关系;③ 无限区域情况下场的特征

状态。

边界条件①和③根据所解决的问题类型来确定,和场源类型、它的构成情况有关。

边界条件②给定特定条件就可以得到,在存在电流源的条件下,在两种不同电导率的分层介质表面,电场强度应该符合的边界条件是:① 电流密度的法向分量 $\boldsymbol{J}_{n1} = \boldsymbol{J}_{n2}$ 或 $\boldsymbol{E}_{n1} = \dfrac{\sigma_2}{\sigma_1} \boldsymbol{E}_{n2}$ 连续;② 切向分量 $\boldsymbol{E}_{t1} = \boldsymbol{E}_{t2}$ 或 $\boldsymbol{J}_{t1} = \dfrac{\sigma_1}{\sigma_2} \boldsymbol{J}_{t2}$ 连续。

如果介质磁导率有不同的 μ 值,那么对于磁场分量来说也同样有类似的两层介质分界的边界条件。

2.1.2 电偶极子的电磁场

在第 1 章简单介绍了偶极子的概念,这里进一步给出电偶极子的完整定义。用导线连接的相互间的距离为无限小 Δl 的两个电流源系统被称为电偶极子,其中电流 $\boldsymbol{I} = I e^{j\omega t}$ 和 Δl 间的相互关系为 $\lim\limits_{\Delta l \to 0} \boldsymbol{I} \Delta l = \mathrm{const} = \boldsymbol{M}_э$。$\boldsymbol{M}_э$ 的值被称为偶极子矩,它是矢量,单位为 A·m。在椭球坐标系中,偶极子所产生的电磁场关于坐标 φ 轴对称,所以仅有一个磁分量 $\boldsymbol{H} = H_\varphi$ 和两个电场分量 E_r、E_θ。解单分量 $\boldsymbol{H} = H_\varphi$ 的标量方程可以确定磁场分量参数,而电场分量参数可以通过对 H_φ 求微分得到。因为采用的是椭球坐标系(而不是直角坐标系),矢量方程 $\nabla^2 \boldsymbol{H} + k^2 \boldsymbol{H} = 0$ 不能直接投影到椭球体坐标系,需要利用旋度把公式展开成如下形式:

$$\nabla_\varphi \times \nabla \times \boldsymbol{H} = -\frac{1}{r^2} \frac{\mathrm{d}}{\mathrm{d}\theta} \left[\frac{1}{\sin\theta} \frac{\mathrm{d}}{\mathrm{d}\theta} (H_\varphi \sin\theta) \right] - \frac{1}{r} \frac{\mathrm{d}^2}{\mathrm{d}r^2} (r H_\varphi) = -k^2 H_\varphi$$

$$(2.6)$$

假设有 $Q = r H_\varphi$,代入式(2.6),得到

$$\frac{\mathrm{d}^2 Q}{\mathrm{d}r^2} + \frac{1}{r^2} \frac{\mathrm{d}}{\mathrm{d}\theta} \left[\frac{1}{\sin\theta} \frac{\mathrm{d}}{\mathrm{d}\theta} (Q \sin\theta) \right] - k^2 Q = 0$$

引入函数关系式 $Q = V(r) \sin\theta$,容易证明函数 $V(r)$ 符合第二类微分方程的一般形式,如下所示:

$$\frac{\mathrm{d}^2 V}{\mathrm{d}r^2} - \left(\frac{2}{r^2} + k^2 \right) V = 0 \qquad (2.7)$$

磁场与函数 $V(r)$ 的关系为

$$H_\varphi = \frac{V(r) \sin\theta}{r}$$

式(2.7)的边界条件为:① 当 $k \to 0$ 时,电偶极子磁场强度可表示为 $H_\varphi = \dfrac{M_э \sin\theta}{4\pi r^2}$,那么 $V(r) \to \dfrac{M_э}{4\pi r}$;② 函数 $V(r)$ 在无限远处有 $\lim\limits_{r \to \infty} V(r) \to 0$。

式(2.7)的解由两部分叠加而成：$V(r)=(Ar^{-1}+B)\mathrm{e}^{\alpha r}$。此处 A、B 和 α 为任意常数。把 $V(r)$ 代入式(2.7)，并比较零次自由项和 r^{-1}、r^{-2} 的因子项，得到几个常数的关系如下：

$$a^2+k^2=0;\ A\alpha+B=0$$

因为当 $r\to\infty$ 的过程中磁场是随着距离减小的，那么 α 应该带"一"号，$\alpha=-k=-(1-\mathrm{j})k_0$，$k_0=\left(\dfrac{\omega\mu\sigma}{2}\right)^{\frac{1}{2}}$。这时，

$$B=-\alpha A=(1-\mathrm{j})k_0 A$$

利用边界条件①，很容易确定常数 $A=\dfrac{M_{\ni}}{4\pi}$ 的值。这样函数 $V(r)$ 最终有如下形式：

$$V(r)=\frac{M_{\ni}}{4\pi r}(1+k_0 r-\mathrm{j}k_0 r)\mathrm{e}^{-(1-\mathrm{j})k_0 r}$$

磁场强度的形式为

$$H_{\varphi}=\frac{M_{\ni}\sin\theta}{4\pi r^2}(1+k_0 r-\mathrm{j}k_0 r)\mathrm{e}^{-(1-\mathrm{j})k_0 r}$$

直接求解矢量势可以得到

$$\boldsymbol{A}(r,\theta)=\frac{M_{\ni}\mathrm{e}^{-kr}}{4\pi r}$$

将特征方程写成含有时间参数的形式，令 $\mathrm{j}=\mathrm{e}^{\frac{\mathrm{j}\pi}{2}}$，最终得到磁场分量的解：

$$H_{\varphi}(t)=\frac{M_{\ni}\sin\theta\,\mathrm{e}^{-k_0 r}}{4\pi r^2}\left[(1+k_0 r)\sin(\omega t+k_0 r)+k_0 r\cos(\omega t+k_0 r)\right] \quad (2.8)$$

接下来可以确定 E_r 和 E_θ，如下所示：

$$E_r(t)=\frac{-2M_{\ni}\cos\theta\,\mathrm{e}^{-k_0 r}}{4\pi r^3\sigma}\left[(1+k_0 r)\sin(\omega t+k_0 r)+k_0 r\cos(\omega t+k_0 r)\right] \quad (2.9)$$

$$E_\theta(t)=\frac{-M_{\ni}\sin\theta\,\mathrm{e}^{-k_0 r}}{4\pi\sigma r^3}\left[(1+k_0 r)\sin(wt+k_0 r)+(2k_0^2 r^2+k_0 r)\cos(\omega t+k_0 r)\right]$$

$$(2.10)$$

得到的式(2.8)～式(2.10)表明，电场和磁场的所有分量随着距偶极子距离增加及频率的增加而呈指数性减小。对于 H_{φ} 来说，在近距离区域内(或者在低频的情况下)，随着距离的变化，衰减速度最小。这样一来，当 $k_0 r<<1$ 时，

$$
\left.\begin{array}{l}
H_{\varphi}(t) = \dfrac{M_{\mathrm{э}}\sin\theta}{4\pi r^2}\sin\omega t \\[3mm]
E_r(t) = \dfrac{-2M_{\mathrm{э}}\cos\theta}{4\pi\sigma r^3}\sin\omega t \\[3mm]
E_\theta(t) = \dfrac{-M_{\mathrm{э}}\sin\theta}{4\pi\sigma r^3}\sin\omega t
\end{array}\right\}
\tag{2.11}
$$

在高频或远距离情况下（$k_0 r \gg 1$），可以表示为

$$
\left.\begin{array}{l}
H_{\varphi}(t) = \dfrac{k_0 M_{\mathrm{э}}\sin\theta\,\mathrm{e}^{-k_0 r}}{4\pi r}\left[\sin(\omega t + k_0 r) + \cos(\omega t + k_0 r)\right] \\[3mm]
E_r(t) = \dfrac{2k_0 M_{\mathrm{э}}\cos\theta\,\mathrm{e}^{-k_0 r}}{4\pi\sigma r^2}\left[\sin(\omega t + k_0 r) + \cos(\omega t + k_0 r)\right] \\[3mm]
E_\theta(t) = \dfrac{-2k_0{}^2 M_{\mathrm{э}}\sin\theta\,\mathrm{e}^{-k_0 r}\cos(\omega t + k_0 r)}{4\pi\sigma r}
\end{array}\right\}
\tag{2.12}
$$

式(2.11)和式(2.12)给出了一般情况下电偶极子各分量的计算表达式。电偶极子电磁场分量的相位变化特性有如下特点：在近场所有的分量随着激励电流一起发生同相改变；在远场相位的偏移不只是随着偶极子供电电流发生改变，而且在分量之间也发生相位的偏移。

在小波数的条件下，因为 $k_0 = \dfrac{2\pi}{\lambda}$，那么 $k_0 r = \dfrac{2\pi r}{\lambda} \ll 1$，就意味着在传导介质中接收点相对源的距离远小于波长。在这个距离上场的空间变化不取决于频率，它通常被认为是稳恒场。因此在直角坐标系和稳恒条件下电偶极子电磁场的强度表示成如下形式：

$$
\left.\begin{array}{l}
H_x = \dfrac{-M_{\mathrm{э}}y}{4\pi(x^2 + y^2 + z^2)^{\frac{3}{2}}} \\[4mm]
H_y = \dfrac{M_{\mathrm{э}}x}{4\pi(x^2 + y^2 + z^2)^{\frac{3}{2}}} \\[4mm]
E_x = \dfrac{3M_{\mathrm{э}}xz}{4\pi\sigma(x^2 + y^2 + z^2)^{\frac{5}{2}}} \\[4mm]
E_y = \dfrac{3M_{\mathrm{э}}xz}{4\pi\sigma(x^2 + y^2 + z^2)^{\frac{5}{2}}} \\[4mm]
E_z = \dfrac{M_{\mathrm{э}}(2z^2 - x^2 - y^2)}{4\pi\sigma(x^2 + y^2 + z^2)^{\frac{5}{2}}}
\end{array}\right\}
\tag{2.13}
$$

式(2.11)～式(2.13)分别给出了不同条件下电偶极子源的电磁场表达式。

2.1.3　磁偶极子的电磁场

设电流元回路电流 $I = I\mathrm{e}^{j\omega t}$，被电流元回路包围的面积为 ΔS，若电流元回路足够小并存在可积边界，可以认为是磁偶极子，表示为 $\lim\limits_{\Delta S \to 0} I\Delta S = \mathrm{const} = \boldsymbol{M}_{\mathrm{m}}$，变量 $\boldsymbol{M}_{\mathrm{m}}$ 被称为磁

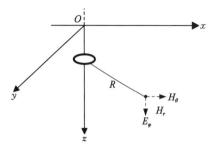

图 2.1 磁偶极子坐标示意图

偶极矩。以上即为磁偶极子的完整定义。磁偶极矩的方向是指向面积元 ΔS 的法线方向,也就是按右手法则环绕这个面积的电流矢量方向。为了方便表述磁偶极子的电磁场,令磁矩的方向沿 z 轴方向如图 2.1 所示,同样具备轴对称性(与 φ 无关),并且它的成分仅仅有一个电分量 E_φ 和两个磁分量 H_r、H_θ。按照在 2.1.1 节中已经分析的基本方程等基础理论,电场强度分量 E_φ 满足如下形式:

$$\frac{1}{r^2}\frac{\mathrm{d}}{\mathrm{d}\theta}\left[\frac{1}{\sin\theta}\frac{\mathrm{d}}{\mathrm{d}\theta}(E_\varphi\sin\theta)\right]+\frac{1}{r}\frac{\mathrm{d}^2}{\mathrm{d}r^2}(rE_\varphi)=k^2E_\varphi \tag{2.14}$$

引入函数

$$E_\varphi=\frac{V_1(r)\sin\theta}{r}$$

将上式代入式(2.14),可得

$$\frac{\mathrm{d}^2V_1}{\mathrm{d}r^2}-\left(\frac{2}{r^2}+k^2\right)V_1=0 \tag{2.15}$$

式(2.15)与 2.1.1 节中所描述的边界条件类似,在 $k\to 0$ 时,不存在电场分量 E_φ,磁场分量的值 H_r 可表示为如下形式:

$$H_r=\frac{M_\mathrm{m}\cos\theta}{2\pi r^3} \tag{2.16}$$

应用第一个边界条件,当 $k\to 0$ 时,函数 $V_1(r)=\dfrac{\mathrm{j}\omega M_\mathrm{m}}{4\pi r}$。

当 $r\to\infty$,有 $V_1(r)\to 0$。

综合上述边界条件,得到

$$V_1(r)=\frac{\mathrm{j}\omega u M_\mathrm{m}\left[\dfrac{1}{r}+(1-\mathrm{j})k_0\right]\mathrm{e}^{-(1-\mathrm{j})k_0 r}}{4\pi}$$

则它的电磁场表达式为

$$E_\varphi(t)=\frac{\omega\mu M_\mathrm{m}\sin\theta\mathrm{e}^{-k_0 r}\left[-k_0 r\sin(\omega t+k_0 r)+(1+k_0 r)\cos(\omega t+k_0 r)\right]}{4\pi r^2}$$

$$H_r(t)=\frac{M_\mathrm{m}\cos\theta\mathrm{e}^{-k_0 r}\left[(1+k_0 r)\sin(\omega t+k_0 r)+k_0 r\cos(\omega t+k_0 r)\right]}{2\pi r^3}$$

$$H_\theta(t)=\frac{M_\mathrm{m}\sin\theta\mathrm{e}^{-k_0 r}\left[(1+k_0 r)\sin(\omega t+k_0 r)+(2k_0^2 r^2+k_0 r)\cos(\omega t+k_0 r)\right]}{4\pi r^3}$$

$$\tag{2.17}$$

从式(2.17)可以得到除了反映偶极子特性的空间衰减之外,随着相对于源的距离和频率的增加呈指数衰减。在近似的条件下,当 $k_0 r \ll 1$(介质中的波长 λ 很小时)可以简化为下式:

$$
\left.
\begin{aligned}
E_\varphi(t) &= \frac{\omega \mu M_m \sin\theta \cos\omega t}{4\pi r^2} \\
H_r(t) &= \frac{M_m \cos\theta \sin\omega t}{2\pi r^3} \\
H_\theta(t) &= \frac{M_m \cos\theta \sin\omega t}{4\pi r^3}
\end{aligned}
\right\}
\tag{2.18}
$$

在波数很大的条件下若满足条件 $k_0 r \gg 1$, 可得到下列的近似公式:

$$
\left.
\begin{aligned}
E_\varphi(t) &= \frac{k_0 \omega \mu M_m \sin\theta \, \mathrm{e}^{-k_0 r} \left[\sin(\omega t + k_0 r) - \cos(\omega t + k_0 r) \right]}{4\pi r} \\
H_r(t) &= \frac{k_0 M_m \cos\theta \, \mathrm{e}^{-k_0 r} \left[\sin(\omega t + k_0 r) + \cos(\omega t + k_0 r) + \cos(\omega t + k_0 r) \right]}{2\pi r^2} \\
H_\theta(t) &= \frac{k_0^2 M_m \sin\theta \, \mathrm{e}^{-k_0 r} \cos(\omega t + k_0 r)}{2\pi r}
\end{aligned}
\right\}
\tag{2.19}
$$

无论是在近场区域还是在满足法拉第感应定律的远场区域,场强分量之间都存在相移。

式(2.17)~式(2.19)分别给出了不同条件下的磁偶极子源的电磁场表达式。

改变对空间和时间的微分顺序,式(2.1)能重写为

$$
\nabla^2 \boldsymbol{E} = \mu \frac{\partial}{\partial t} \left[\nabla \times \boldsymbol{H} \right]
$$

将 $\nabla \times \boldsymbol{H} = \boldsymbol{J} + \dfrac{\partial \boldsymbol{D}}{\partial t}$ 代入上式,得到

$$
\nabla^2 \boldsymbol{E} = \mu\sigma \frac{\partial \boldsymbol{E}}{\partial t} + \mu\varepsilon \frac{\partial^2 \boldsymbol{E}}{\partial t^2}
\tag{2.20}
$$

这是导电媒质中电场分量 $\boldsymbol{E}$ 的表达式。同理也能得出磁场分量 $\boldsymbol{H}$ 的表达式:

$$
\nabla^2 \boldsymbol{H} = \mu\sigma \frac{\partial \boldsymbol{H}}{\partial t} + \mu\varepsilon \frac{\partial^2 \boldsymbol{H}}{\partial t^2}
\tag{2.21}
$$

式(2.20)和式(2.21)称为时间域中的一般波动方程,无源均匀导电媒质中电磁场满足一般波动方程。在二阶微分方程中,一阶项的存在表明场通过媒质传播时是存在能量损耗的,因此导电媒质称为有耗媒质。

2.2 电磁波在海洋介质中的传播

2.2.1 深海自由场传播

若将深水区看作无限水深,则深海可以等效为空气-海水两层模型,可建立空气-海水两层模型下时谐偶极子水下电磁场数学解析式,通过解析式各组成项分解和物理意义分析,得到一般性的分布规律和传播特性。

空气-海水两层模型如图 2.2 所示,电偶极子位于海水中,以空气-海水界面作为 $z=0$ 的平面,$z<0$ 的上半空间是空气层,而海水则占据下半空间。空气和海水的电磁参数分别为 μ_0、ε_0、σ_0 及 μ_1、ε_1、σ_1,其中 $\mu_0=\mu_1=\mu$,$\sigma_0=0$。

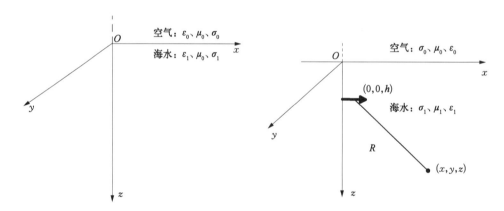

图 2.2 空气-海水两层模型示意图　　图 2.3 两层模型中的 x 方向时谐水平电偶极子

2.2.1.1 深海环境电偶极子响应

1) x 方向水平电偶极子

假定海洋环境为线性、均匀、各向同性媒质。设 xOy 平面与空气-海水交界面重合,z 轴垂直向下。时谐电偶极子沿 x 轴正向布于海水中,坐标为 $(0, 0, h)$,测点坐标为 (x, y, z),偶极子电偶矩为 P,海水电导率为 σ_1(图 2.3)。假定谐变时间因子为 $\mathrm{e}^{\mathrm{i}\omega t}$,其中 ω 为圆频率。为了满足边界条件,水平电偶极子不仅有与电偶极子同方向的矢量磁位,还有与边界面相垂直的矢量磁位,即 $\boldsymbol{A}_n=\mathbf{i}A_{nx}+\mathbf{k}A_{nz}\,(n=0,1)$。因此对于两层模型,由式(2.3)可得空气和海水中矢量磁位分别满足的约束方程:

$$\left.\begin{array}{ll}\nabla^2 A_0=0 & (z<0)\\ \nabla^2 A_1+k_1^2 A_1=-\mu_0 Ids\delta(r) & (z>0)\end{array}\right\} \tag{2.22}$$

则矢量位 A_n 在空气、海水满足如下微分方程：

$$\nabla^2 A_{0x} + k_0^2 A_{0x} = 0 \ (z < 0)$$

$$\nabla^2 A_{1x} + k_1^2 A_{1x} = -\mu_0 P \delta(x)\delta(y)\delta(z-h) \ (z > 0)$$

$$\nabla^2 A_{0z} + k_0^2 A_{0z} = 0 \ (z < 0)$$

$$\nabla^2 A_{1z} + k_1^2 A_{1z} = 0 \ (z > 0)$$

其通解为

$$A_{0x} = \int_0^\infty d\lambda J_0(\rho\lambda)\left[f_{0x}\exp(-z\lambda) + g_{0x}\exp(z\lambda)\right]$$

$$A_{1x} = \int_0^\infty d\lambda J_0(\rho\lambda)\left[\frac{\mu_0 j_x}{4\pi}\frac{\lambda}{v_1}\exp(-v_1\mid z-h\mid) + f_{1x}\exp(-v_1 z) + g_{1x}\exp(v_1 z)\right]$$

$$A_{0z} = \int_0^\infty d\lambda J_0(\rho\lambda)\left[f_{0z}\exp(-z\lambda) + g_{0z}\exp(z\lambda)\right]$$

$$A_{1z} = \int_0^\infty d\lambda J_0(\rho\lambda)\left[f_{1z}\exp(-v_1 z) + g_{1z}\exp(v_1 z)\right]$$

其中，$v_1 = \sqrt{\lambda^2 - k_1^2}$，$k_1^2 = -i\mu\omega\sigma_1$。

矢量位的 x 分量满足边界条件：

$$A_{0x} - A_{1x}\Big|_{z=0} = 0$$

$$\frac{\partial A_{0x}}{\partial z} - \frac{\partial A_{1x}}{\partial z}\Big|_{z=0} = 0$$

矢量位 z 分量满足边界条件：

$$A_{0z} - A_{1z}\big|_{z=0} = 0$$

$$\frac{\partial A_{0x}}{\partial x} + \frac{\partial A_{0z}}{\partial z}\Big|_{z=0} = 0$$

联立边界条件求解矢量位约束方程，求解矢量位 A：

$$A_{1x} = \int_0^\infty d\lambda J_0(\rho\lambda)\left[\frac{\mu_0 j_x}{4\pi}\frac{\lambda}{v_1}\exp(-v_1\mid z-h\mid) + f_{1x}\exp(-v_1 z)\right]$$

$$A_{1z} = \int_0^\infty d\lambda J_0(\rho\lambda)\left[f_{1z}\exp(-v_1 z)\right]$$

其中，

$$f_{1z} = \frac{\mu_0 I\,ds}{4\pi} \left[\frac{J_1(\rho\lambda)}{J_0(\rho\lambda)} \frac{x}{\rho} \right] (1+a_1) \frac{\lambda}{v_1} \exp(-v_1 h)$$

$$f_{1x} = \frac{\mu_0 I\,ds}{4\pi} a_1 \frac{\lambda}{v_1} \exp(-v_1 h)$$

$$a_1 = \frac{v_1 - \lambda}{v_1 + \lambda}$$

令 $R_0 = \sqrt{x^2 + y^2 + (z-h)^2}$，然后对矢量位 $\boldsymbol{A}$ 的表达式进行偏微分，可得海水中磁场三分量表达式：

$$
\left.
\begin{aligned}
B_x &= \frac{\partial A_{1z}}{\partial y} = \int_0^\infty \left[f_{1z} \exp(-v_1 z) \right] \left[-\frac{xy}{\rho^2} \lambda J_0(\rho\lambda) + \frac{2xy}{\rho^3} J_1(\rho\lambda) \right] \mathrm{d}\lambda \\
B_y &= \frac{\partial A_{1x}}{\partial z} - \frac{\partial A_{1z}}{\partial x} = \frac{\mu_0 I ds}{4\pi} \left[-\frac{z-h}{R_0^3} (\mathrm{i} k_1 R_0 + 1) \exp(-\mathrm{i} k_1 R_0) \right] \\
&\quad - \int_0^\infty v_1 f_{1x} \exp(-v_1 z) J_0(\rho\lambda) \mathrm{d}\lambda \\
&\quad + \int_0^\infty f_{1z} \exp(-v_1 z) \left[\frac{x^2}{\rho^2} \lambda^2 J_0(\rho\lambda) + \left(\frac{1}{\rho} - \frac{2x^2}{\rho^3} \right) \lambda J_1(\rho\lambda) \right] \mathrm{d}\lambda \\
B_z &= -\frac{\partial A_{1x}}{\partial y} = \frac{\mu_0 I ds}{4\pi} \left[\frac{y}{R_0^3} (\mathrm{i} k_1 R_0 + 1) \exp(-\mathrm{i} k_1 R_0) \right] \\
&\quad + \int_0^\infty f'_{1x} \exp(-v_1 z) \frac{y}{\rho} \lambda J_1(\rho\lambda) \mathrm{d}\lambda
\end{aligned}
\right\}
\tag{2.23}
$$

对海水中矢量位 $\boldsymbol{A}$ 进行偏微分可以得到海水中电场三分量：

$$
\left.
\begin{aligned}
E_x &= -\mathrm{i}\mu\omega A_{1x} + \frac{1}{\sigma + \mathrm{i}\varepsilon\omega} \frac{\partial}{\partial x} \left(\frac{\partial A_{1x}}{\partial x} + \frac{\partial A_{1z}}{\partial z} \right) \\
E_y &= \frac{1}{\sigma + \mathrm{i}\varepsilon\omega} \frac{\partial}{\partial y} \left(\frac{\partial A_{1x}}{\partial x} + \frac{\partial A_{1z}}{\partial z} \right) \\
E_z &= -\mathrm{i}\mu\omega A_{1z} + \frac{1}{\sigma + \mathrm{i}\varepsilon\omega} \frac{\partial}{\partial z} \left(\frac{\partial A_{1x}}{\partial x} + \frac{\partial A_{1z}}{\partial z} \right)
\end{aligned}
\right\}
\tag{2.24}
$$

2) y 方向水平电偶极子

经过坐标转换，y 方向水平直流电偶极子电场响应公式可以用 x 方向水平直流电偶极子电场响应公式来推导：

$$
\left.
\begin{aligned}
E_y &= E_{x'} \\
E_x &= -E_{y'} \\
E_z &= E_{z'}
\end{aligned}
\right\}
\tag{2.25}
$$

式中　x'、y'、z' ——x 方向直角坐标系正交三分量；

x、y、z——y 方向直角坐标系正交三分量,其表示 y 方向水平直流电偶极子
是经过 x 方向水平直流电偶极子逆时针旋转 $90°$ 获得。

3）垂直电偶极子

时谐电偶极子沿 z 轴正向布于海水中,坐标为 $(0,0,h)$,测点坐标为 (x,y,z),偶极子电偶矩为 P,海水电导率为 σ_1(图 2.4)。

从电偶极子第 m 层（$m=0,1$）的频率域麦克斯韦方程组出发,引入矢量位 $\boldsymbol{A}_m$ 和标量 U_m,有

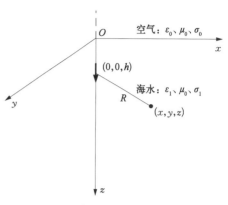

$$\left.\begin{aligned} \boldsymbol{B}_m &= \nabla \times \boldsymbol{A}_m \\ \boldsymbol{E}_m &= -\mathrm{i}\omega\boldsymbol{A}_m - \nabla U_m \\ U_m &= -\frac{\nabla \cdot \boldsymbol{A}_m}{\mu_0(\sigma + \mathrm{i}\omega\varepsilon)} \end{aligned}\right\} \qquad (2.26)$$

图 2.4　空气-海水两层模型示意图

利用罗伦兹条件

$$\nabla \cdot \boldsymbol{A}_m + \mu_0\sigma_m U_m = 0$$

及复波数

$$k_m^2 = \omega^2\mu_0\varepsilon_m - \mathrm{i}\omega\mu_0\sigma_m$$

对于 z 方向电偶极子,$\boldsymbol{A}_m$ 只有 A_{mz} 分量,而 $A_{mx}=0$,$A_{my}=0$,则矢量位 $\boldsymbol{A}_m$ 在空气、海水和海床层满足如下微分方程:

$$\nabla^2 A_{0z} + k_0^2 A_{0z} = 0 \ (z < 0)$$

$$\nabla^2 A_{1z} + k_1^2 A_{1z} = -\mu_0 P\delta(x)\delta(y)\delta(z-h) \ (z > 0)$$

引入相应边界条件:

$$A_{0z}\big|_{z=0} = A_{1z}\big|_{z=0}$$

$$\frac{1}{k_0^2}\left(\frac{\partial A_{0z}}{\partial z}\right)\bigg|_{z=0} = \frac{1}{k_1^2}\left(\frac{\partial A_{1z}}{\partial z}\right)\bigg|_{z=0}$$

则空气-海水两层模型下,垂直电偶极子在海水中产生的矢量位 A_{1z} 数学表达式如下所示:

$$A_{1z} = \int_0^\infty \mathrm{d}\lambda J_0(\rho\lambda)\left[\frac{\mu_0 I\mathrm{d}s}{4\pi}\frac{\lambda}{v_1}\exp(-v_1|z-h|) + f_{1z}\exp(-v_1 z)\right]$$

其中,

$$f_{1z} = \frac{\mu_0 I\mathrm{d}s}{4\pi}Y_{10}\frac{\lambda}{v_1}\exp(-v_1 h)$$

$$Y_{10} = \frac{k_0^2 v_1 - k_1^2 v_0}{k_0^2 v_1 + k_1^2 v_0}$$

根据式(2.26)中矢量位与磁场的关系,对海水中矢量位 $\boldsymbol{A}$ 进行偏微分,可以得到海水中磁场三分量:

$$
\left.
\begin{aligned}
B_x &= \frac{\partial A_{1z}}{\partial y} \\
B_y &= -\frac{\partial A_{1z}}{\partial x} \\
B_z &= 0
\end{aligned}
\right\}
\tag{2.27}
$$

根据式(2.26)中矢量位与电场的关系,对海水中矢量位 $\boldsymbol{A}$ 进行偏微分,可以得到海水中电场三分量:

$$
\left.
\begin{aligned}
E_x &= \frac{1}{\sigma + \mathrm{i}\varepsilon\omega} \frac{\partial^2 A_{1z}}{\partial x \partial z} \\
E_y &= \frac{1}{\sigma + \mathrm{i}\varepsilon\omega} \frac{\partial^2 A_{1z}}{\partial y \partial z} \\
E_z &= \frac{1}{\sigma + \mathrm{i}\varepsilon\omega} \left(\frac{\partial^2}{\partial z^2} + k_1^2 \right) A_{1z}
\end{aligned}
\right\}
\tag{2.28}
$$

2.2.1.2 深海环境磁偶极子响应

磁性激励源在导电介质中产生涡流电流,其特点是 $\nabla \cdot \boldsymbol{E} = 0$。引入磁性源的矢量位 $\boldsymbol{F}$,即取

$$
\boldsymbol{E} = -\nabla \times \boldsymbol{F}
$$

无源区域频率域麦克斯韦方程为

$$
\nabla \times \boldsymbol{H} = (\sigma + \mathrm{i}\varepsilon\omega)\boldsymbol{E}
$$

$$
\nabla \times \boldsymbol{E} = -\mathrm{i}\mu\omega\boldsymbol{H}
$$

磁性源区域频率域麦克斯韦方程为

$$
\nabla \times \boldsymbol{H} = (\sigma + \mathrm{i}\varepsilon\omega)\boldsymbol{E}
$$

$$
\nabla \times \boldsymbol{E} = -\boldsymbol{J}_m^s - \mathrm{i}\mu\omega\boldsymbol{H}
$$

式中 $\boldsymbol{J}_m^s$ ——磁流密度,$\boldsymbol{J}_m^s = \mathrm{i}\mu\omega\boldsymbol{M}^s$,$\boldsymbol{M}^s$ 为源磁流密度,$\boldsymbol{M}^s = \boldsymbol{I}S\delta(r)$。

基于洛伦兹条件,有源区域可以简化为

$$
\nabla^2 \boldsymbol{F} + k^2 \boldsymbol{F} = -\boldsymbol{J}_m^s
\tag{2.29}
$$

其中,$k^2 = -\mathrm{i}\mu\omega(\sigma + \mathrm{i}\varepsilon\omega)$。

1) 垂直磁偶极子

研究的磁偶极子为垂直磁偶极子,方向指向 z 轴正向,如图 2.5 所示。

设垂直磁偶极子位于海水中点 $(0,0,h)$ 处，垂直磁偶极子的矢量位只存在垂直分量，由于感应电流都位于水平面内，故电磁场只有 E_{φ}、H_z 和 H_r 分量。因此对于两层模型，由式(2.29)可得空气、海水中矢量位分别满足的约束方程：

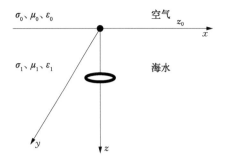

图 2.5　两层模型中的交变垂直磁偶极子

$$\nabla^2 F_{0z} + k_0^2 F_{0z} = 0 \ (z < 0)$$

$$\nabla^2 F_{1z} + k_1^2 F_{1z} = -\mathrm{i}\mu\omega IS\delta(r) \ (z > 0)$$

其通解为

$$F_{0z} = \int_0^{\infty} g_{0z} \mathrm{e}^{v_0 z} J_0(\rho\lambda)\mathrm{d}\lambda$$

$$F_{1z} = \int_0^{\infty} \left[\frac{\mathrm{i}\mu\omega m}{4\pi} \frac{\lambda}{v_1} \mathrm{e}^{-v_1|z-h|} + f_{1z} \mathrm{e}^{-v_1 z} \right] J_0(\rho\lambda)\mathrm{d}\lambda$$

其中，$v_0 = \sqrt{\lambda^2 - k_0^2}$，$v_1 = \sqrt{\lambda^2 - k_1^2}$。

满足的边界条件为

$$F_{0z}\big|_{z=0} = F_{1z}\big|_{z=0}$$

$$\frac{\partial F_{0z}}{\partial z}\bigg|_{z=0} = \frac{\partial F_{1z}}{\partial z}\bigg|_{z=0}$$

联立边界条件求解矢量位约束方程，可得矢量表达式：

$$F_{1z} = \frac{\mathrm{i}\mu\omega m}{4\pi}\left[\frac{\mathrm{e}^{-k_1 R_0}}{R_0} - \frac{\mathrm{e}^{-k_1 R_1}}{R_1} + \int_0^{\infty} \frac{2\lambda}{v_0 + v_1} \mathrm{e}^{-v_1(z+h)} J_0(\rho\lambda)\mathrm{d}\lambda \right] \qquad (2.30)$$

$$R_0 = \sqrt{x^2 + y^2 + (z-h)^2}$$

$$R_1 = \sqrt{x^2 + y^2 + (z+h)^2}$$

对海水中矢量位式(2.30)进行偏微分，可以得到磁场三分量：

$$H_x = \frac{1}{\mathrm{i}\mu\omega} \frac{\partial^2 F_{1z}}{\partial x \partial z}$$

$$H_y = \frac{1}{\mathrm{i}\mu\omega} \frac{\partial^2 F_{1z}}{\partial y \partial z}$$

$$H_z = \frac{1}{\mathrm{i}\mu\omega}\left(\frac{\partial^2}{\partial z^2} + k_1^2 \right) F_{1z}$$

经过简化,得到磁场三分量表达式:

$$
\begin{aligned}
H_x = \frac{m}{4\pi} &\left\{ \frac{[-k_1^2 R_0^2 + 3(ik_1 R_0 + 1)](z-h)x}{R_0^5} e^{-ik_1 R_0} \right. \\
&- \frac{[-k_1^2 R_1^2 + 3(ik_1 R_1 + 1)](z+h)x}{R_1^5} e^{-ik_1 R_1} \\
&\left. + \int_0^\infty \frac{2\lambda^2 v_1}{v_0 + v_1} e^{-v_1(z+h)} J_1(\rho\lambda)\cos\theta \, \mathrm{d}\lambda \right\} \\
H_y = \frac{m}{4\pi} &\left\{ \frac{[-k_1^2 R_0^2 + 3(ik_1 R_0 + 1)](z-h)y}{R_0^5} e^{-ik_1 R_0} \right. \\
&- \frac{[-k_1^2 R_1^2 + 3(ik_1 R_1 + 1)](z+h)y}{R_1^5} e^{-ik_1 R_1} \\
&\left. + \int_0^\infty \frac{2\lambda^2 v_1}{v_0 + v_1} e^{-v_1(z+h)} J_1(\rho\lambda)\sin\theta \, \mathrm{d}\lambda \right\} \\
H_z = \frac{m}{4\pi} &\left\{ \frac{e^{-ik_1 R_0}}{R_0^3} \left[k_1^2 R_0^2 - ik_1 R_0 - 1 + \frac{(-k_1^2 R_0^2 + 3ik_1 R_0 + 3)(z-h)^2}{R_0^2} \right] \right. \\
&- \frac{e^{-ik_1 R_1}}{R_1^3} \left[k_1^2 R_1^2 - ik_1 R_1 - 1 + \frac{(-k_1^2 R_1^2 + 3ik_1 R_1 + 3)(z+h)^2}{R_1^2} \right] \\
&\left. + \int_0^\infty \frac{2\lambda^3}{v_0 + v_1} e^{-v_1(z+h)} J_0(\rho\lambda) \, \mathrm{d}\lambda \right\}
\end{aligned}
$$

$$(2.31)$$

对海水中矢量位式(2.30)进行偏微分,可以得到电场三分量:

$$
\left.
\begin{aligned}
E_x &= \frac{\partial F_{1z}}{\partial y} \\
E_y &= \frac{\partial F_{1z}}{\partial x} \\
E_z &= 0
\end{aligned}
\right\}
$$

$$(2.32)$$

2)水平磁偶极子

当场源为水平磁偶极子,方向指向 x 轴正向,如图2.6所示。

设水平磁偶极子位于海水中点 $(0,0,h)$ 处,水平磁偶极子的矢量位 $\boldsymbol{F}$ 只有 F_x 和 F_z 分量,而 $F_y = 0$,即 $\boldsymbol{F} = \boldsymbol{i} F_x + \boldsymbol{k} F_z$。因此对于两层模型,由式(2.29)可得空气、海水中矢量位分别满足的约束方程:

矢量位 x 分量:

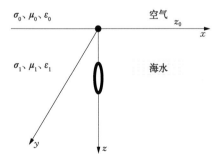

图 2.6 两层模型中的交变水平磁偶极子

$$\nabla^2 F_{0x} + k_0^2 F_{0x} = 0 \ (z < 0)$$

$$\nabla^2 F_{1x} + k_1^2 F_{1x} = -\mathrm{i}\mu\omega IS\delta(r) \ (z > 0)$$

矢量位 z 分量：

$$\nabla^2 F_{0z} + k_0^2 F_{0z} = 0 \ (z < 0)$$

$$\nabla^2 F_{1z} + k_1^2 F_{1z} = 0 \ (z > 0)$$

其通解为

$$F_{0x} = \int_0^\infty \left[f_{0x} \exp(-v_0 z) + g_{0x} \exp(v_0 z) \right] J_0(\rho\lambda) \mathrm{d}\lambda$$

$$F_{1x} = \int_0^\infty \left[\frac{\mathrm{i}\mu\omega m}{4\pi} \frac{\lambda}{v_1} \exp(-v_1 \mid z-h \mid) + f_{1x} \exp(-v_1 z) + g_{1x} \exp(v_1 z) \right] J_0(\rho\lambda) \mathrm{d}\lambda$$

$$F_{0z} = \int_0^\infty \mathrm{d}\lambda J_0(\rho\lambda) \left[f_{0z} \exp(-v_0 z) + g_{0z} \exp(v_0 z) \right]$$

$$F_{1z} = \int_0^\infty \mathrm{d}\lambda J_0(\rho\lambda) \left[f_{1z} \exp(-v_1 z) + g_{1z} \exp(v_1 z) \right]$$

其中，$v_0 = \sqrt{\lambda^2 - k_0^2}$，$v_1 = \sqrt{\lambda^2 - k_1^2}$，$k_0^2 = \mu\varepsilon_0\omega^2$，$k_1^2 = -\mathrm{i}\mu\omega(\sigma_1 + \mathrm{i}\varepsilon_1\omega)$。

由于 $F_{\alpha x} \to 0$，$F_{\alpha z} \to 0$，$\mid z \mid \to \infty$，$\alpha = 0,1$，则有

$$f_{0x} = g_{1x} = 0, \ f_{0z} = g_{1z} = 0 \tag{2.33}$$

在海面上 x 分量满足的边界条件为

$$\mathrm{i}\varepsilon_0\omega F_{0x} \mid_{z=0} = (\sigma + \mathrm{i}\varepsilon_1\omega) F_{1x} \mid_{z=0} \tag{2.34}$$

$$\frac{\partial F_{0x}}{\partial z} \bigg|_{z=0} = \frac{\partial F_{1x}}{\partial z} \bigg|_{z=0} \tag{2.35}$$

把结果式(2.33)代入通解，再代入边界条件式(2.34)和式(2.35)中，得

$$\delta g_{0x} = \frac{\mathrm{i}\mu\omega m}{4\pi} \frac{\lambda}{v_1} \exp(-v_1 h) + f_{1x}$$

$$v_0 g_{0x} = v_1 \frac{\mathrm{i}\mu\omega m}{4\pi} \frac{\lambda}{v_1} \exp(-v_1 h) - v_1 f_{1x} \ . \tag{2.36}$$

其中，$\delta = \dfrac{\mathrm{i}\varepsilon_0\omega}{\sigma_1 + \mathrm{i}\varepsilon_1\omega}$。

求解式(2.36)可得

$$g_{0x} = \frac{\mathrm{i}\mu\omega m}{4\pi} \frac{2\lambda}{\delta v_1 + v_0} \exp(-v_1 h)$$

$$f_{1x} = \frac{i\mu\omega m}{4\pi} \frac{(\delta v_1 - v_0)\lambda}{(\delta v_1 + v_0)v_1} \exp(-v_1 h)$$

把系数代入通解中,根据索莫菲尔德积分公式可得

$$F_{0x} = \frac{i\mu\omega m}{4\pi} \int_0^\infty \frac{2\lambda}{\delta v_1 + v_0} \exp(v_0 z - v_1 h) J_0(\rho\lambda) d\lambda$$

$$
\begin{aligned}
F_{1x} &= \frac{i\mu\omega m}{4\pi} \int_0^\infty \left\{ \frac{\lambda}{v_1} \exp(-v_1 |z - h|) + \frac{(\delta v_1 - v_0)\lambda}{(\delta v_1 + v_0)v_1} \exp[-v_1(z+h)] \right\} J_0(\rho\lambda) d\lambda \\
&= \frac{i\mu\omega m}{4\pi} \left\{ \frac{\exp(-ik_1 R_0)}{R_0} - \frac{\exp(-ik_1 R_1)}{R_1} \right. \\
&\quad + \left. \int_0^\infty \frac{2\delta\lambda}{\delta v_1 + v_0} \exp[-v_1(z+h)] J_0(\rho\lambda) d\lambda \right\}
\end{aligned}
$$

z 分量满足的边界条件为

$$F_{0z} \big|_{z=0} = F_{1z} \big|_{z=0} \tag{2.37}$$

$$\frac{\partial F_{0x}}{\partial x} + \frac{\partial F_{0z}}{\partial z} \bigg|_{z=0} = \frac{\partial F_{1x}}{\partial x} + \frac{\partial F_{1z}}{\partial z} \bigg|_{z=0} \tag{2.38}$$

把结果式(2.33)代入通解,再代入边界条件式(2.37)和式(2.38)中,得

$$g_{0z} = f_{1z} \tag{2.39}$$

$$g_{0x} \frac{\partial J_0(\rho\lambda)}{\partial x} + v_0 g_{0z} J_0(\rho\lambda) = \frac{i\mu\omega m}{4\pi} \frac{2\delta\lambda}{\delta v_1 + v_0} \frac{\partial J_0(\rho\lambda)}{\partial x} - v_1 f_{1z} J_0(\rho\lambda)$$

$$\tag{2.40}$$

联立式(2.39)和式(2.40),可得

$$g_{0z} = f_{1z} = -\frac{i\mu\omega m}{4\pi} \frac{2(\delta - 1)\lambda^2}{(v_1 + v_0)(\delta v_1 + v_0)} \frac{x}{\rho} \frac{J_1(\rho\lambda)}{J_0(\rho\lambda)} \exp(-v_1 h)$$

把系数代入通解中,根据索莫菲尔德积分公式:

$$F_{0z} = \frac{i\mu\omega m}{4\pi} \int_0^\infty \frac{2(1-\delta)\lambda^2}{(v_1 + v_0)(\delta v_1 + v_0)} \frac{x}{\rho} \exp(v_0 z - v_1 h) J_1(\rho\lambda) d\lambda$$

$$F_{1z} = \frac{i\mu\omega m}{4\pi} \int_0^\infty \frac{2(1-\delta)\lambda^2}{(v_1 + v_0)(\delta v_1 + v_0)} \frac{x}{\rho} \exp[-v_1(z+h)] J_1(\rho\lambda) d\lambda$$

对海水中矢量位 **F** 进行偏微分,可以得到磁场三分量:

$$
\begin{aligned}
H_x &= -(\sigma + \mathrm{i}\varepsilon\omega)F_{1x} + \frac{1}{\mathrm{i}\mu\omega}\frac{\partial}{\partial x}\left(\frac{\partial F_{1x}}{\partial x} + \frac{\partial F_{1z}}{\partial z}\right) \\
&= \frac{k_1^2 m}{4\pi}\int_0^\infty M_1 J_0(\rho\lambda)\mathrm{d}\lambda - \frac{m}{4\pi}\int_0^\infty (M_1\lambda + v_1 M_2) \\
&\quad \left[\frac{x^2}{\rho^2}\lambda J_0(\rho\lambda) + \left(\frac{1}{\rho} - \frac{2x^2}{\rho^3}\right)J_1(\rho\lambda)\right]\mathrm{d}\lambda \\
H_y &= \frac{1}{\mathrm{i}\mu\omega}\frac{\partial}{\partial y}\left(\frac{\partial F_{1x}}{\partial x} + \frac{\partial F_{1z}}{\partial z}\right) \\
&= \frac{m}{4\pi}\int_0^\infty (M_1\lambda + v_1 M_2)\left[-\frac{xy}{\rho^2}\lambda J_0(\rho\lambda) + \frac{2xy}{\rho^3}J_1(\rho\lambda)\right]\mathrm{d}\lambda \\
H_z &= -(\sigma + \mathrm{i}\varepsilon\omega)F_{1z} + \frac{1}{\mathrm{i}\mu\omega}\frac{\partial}{\partial z}\left(\frac{\partial F_{1x}}{\partial x} + \frac{\partial F_{1z}}{\partial z}\right) \\
&= \frac{m}{4\pi}\left\{\frac{\exp(-\mathrm{i}k_1 R_0)(z-h)x}{R_0^5}(-k_1^2 R_0^2 + 3\mathrm{i}k_1 R_0 + 3)\right. \\
&\quad - \frac{\exp(-\mathrm{i}k_1 R_1)(z+h)x}{R_1^5}(-k_1^2 R_1^2 + 3\mathrm{i}k_1 R_1 + 3) \\
&\quad \left. + \int_0^\infty\left[\frac{2\delta v_1}{\delta v_1 + v_0}\exp[-v_1(z+h)] + M_2\right]\lambda^2\,\frac{x}{\rho}J_1(\rho\lambda)\mathrm{d}\lambda\right\}
\end{aligned}
\tag{2.41}
$$

其中，

$$
M_1 = \frac{\lambda}{v_1}\exp(-v_1 \mid z-h \mid) + \frac{(\delta v_1 - v_0)\lambda}{(\delta v_1 + v_0)v_1}\exp[-v_1(z+h)]
$$

$$
M_2 = \frac{2(1-\delta)\lambda^2}{(v_1 + v_0)(\delta v_1 + v_0)}\exp[-v_1(z+h)]
$$

$$
R_0 = \sqrt{x^2 + y^2 + (z-h)^2}
$$

$$
R_1 = \sqrt{x^2 + y^2 + (z+h)^2}
$$

对海水中矢量位 **F** 进行偏微分,可以得到电场三分量:

$$
\begin{aligned}
E_x &= -\frac{\partial F_{1z}}{\partial y} \\
E_y &= \frac{\partial F_{1z}}{\partial x} - \frac{\partial F_{1x}}{\partial z} \\
E_z &= \frac{\partial F_{1x}}{\partial y}
\end{aligned}
\tag{2.42}
$$

2.2.2　浅海多路径传播

上节给出了无限深海域的海洋电磁场分布模型,忽略了海床的影响。而实际应用中,海床的存在对海洋电磁场的影响非常显著,不可忽略。本节介绍考虑海床影响后构建的空气-海水-海床三层浅海环境电磁场传播模型。

假定海洋环境为线性、均匀、各向同性媒质,则柱坐标系如图 2.7 所示。以空气-海水界面作为 $z=0$ 的平面,$z=D$ 为海水-海床界面,空气占据 $z<0$ 的上半空间,海水则占据 $0<z<D$ 空间,海床占据 $z>D$ 空间。空气和海水的电磁参数和两层模型参数相同,海床电磁参数为 μ_0、ε_2、σ_2。

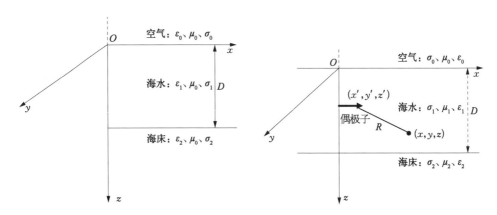

图 2.7　空气-海水-海床三层模型示意图　　　图 2.8　三层模型中的交变水平电偶极子

2.2.2.1　浅海环境电偶极子响应

1) 水平电偶极子

设水平电偶极子位于海水中的坐标为 (x',y',z'),测点坐标为 (x,y,z),模型如图 2.8 所示。为了满足边界条件,水平电偶极子不但具有电偶极子同方向的矢量磁位,还具有与边界面相垂直的矢量磁位,即 $\boldsymbol{A}_n = \boldsymbol{i}A_{nx} + \boldsymbol{k}A_{nz}$。因此对于三层模型,由式(2.3)可得空气、海水和海床中矢量磁位分别满足的约束方程:

$$\nabla^2 A_0 = 0 \ (z<0)$$

$$\nabla^2 A_1 + k_1^2 A_1 = -\mu_0 I\mathrm{d}s\delta(r) \ (0<z<D)$$

$$\nabla^2 A_2 + k_2^2 A_2 = 0 \ (z>D)$$

满足的边界条件为通过边界面的电场的切向分量和磁场是连续的。如果矢量 $\boldsymbol{k}$ 是与边界面垂直的矢量,则有 $\boldsymbol{k}\cdot\boldsymbol{H}$、$\boldsymbol{k}\times\boldsymbol{H}$、$\boldsymbol{k}\times\boldsymbol{E}$ 是连续的,数学表达式为

$$\boldsymbol{k}\cdot\nabla\times(\boldsymbol{A}_n-\boldsymbol{A}_{n+1})=0,\ \boldsymbol{k}\times\nabla\times(\boldsymbol{A}_n-\boldsymbol{A}_{n+1})=0,\ \boldsymbol{k}\times\nabla\nabla\cdot\left(\frac{\boldsymbol{A}_n}{\sigma_n}-\frac{\boldsymbol{A}_{n+1}}{\sigma_{n+1}}\right)=0$$

联立边界条件求解矢量位约束方程,求解矢量位 $\boldsymbol{A}$,然后对其进行偏微分,可得海水中电场三分量表达式:

$$E_x = -\mathrm{i}\omega M\left[\frac{\mathrm{e}^{-\mathrm{i}k_1 R}}{R} + \int_0^\infty (f_{1x}\mathrm{e}^{-u_1 z} + g_{1x}\mathrm{e}^{u_1 z})J_0(\lambda r)\mathrm{d}\lambda\right]$$

$$+ \frac{M}{\mu_0\sigma_1}\left[\frac{3(x-x')^2}{R^5} + \frac{3\mathrm{i}k_1(x-x')^2}{R^4} - \frac{1+k_1^2(x-x')^2}{R^3} - \frac{\mathrm{i}k_1}{R^2}\right]\mathrm{e}^{-\mathrm{i}k_1 R}$$

$$+ \frac{M}{\mu_0\sigma_1}\left\{\left[\frac{2(x-x')^2}{r^3} - \frac{1}{r}\right]\int_0^\infty (f_{1x}\mathrm{e}^{-u_1 z} + g_{1x}\mathrm{e}^{u_1 z})J_1(\lambda r)\lambda\,\mathrm{d}\lambda\right\}$$

$$- \frac{(x-x')}{r^2}\int_0^\infty (f_{1x}\mathrm{e}^{-u_1 z} + g_{1x}\mathrm{e}^{u_1 z})\lambda^2 J_0(\lambda r)\mathrm{d}\lambda\Big\}$$

$$+ \frac{M}{\mu_0\sigma_1}\left\{\left[\frac{1}{r} - \frac{2(x-x')^2}{r^3}\right]\int_0^\infty (-f_{1z}\mathrm{e}^{-u_1 z} + g_{1z}\mathrm{e}^{u_1 z})J_1(\lambda r)u_1\mathrm{d}\lambda\right.$$

$$+ \frac{(x-x')^2}{r^2}\int_0^\infty (-f_{1z}\mathrm{e}^{-u_1 z} + g_{1z}\mathrm{e}^{u_1 z})J_0(\lambda r)\lambda u_1\mathrm{d}\lambda\Big\}$$

$$E_y = \frac{M}{\mu_0\sigma_1}\left[\frac{2(x-x')^2(y-y')}{r^3}\int_0^\infty (f_{1x}\mathrm{e}^{-\mu_1 z} + g_{1x}\mathrm{e}^{u_1 z})J_1(\lambda r)\lambda\,\mathrm{d}\lambda\right.$$

$$- \frac{(x-x')(y-y')}{r^3}\int_0^\infty (f_{1x}\mathrm{e}^{-u_1 z} + g_{1x}\mathrm{e}^{u_1 z})\lambda^2 J_0(\lambda r)\lambda\,\mathrm{d}\lambda\Big]$$

$$+ \frac{M}{\mu_0\sigma_1}\left[\frac{-2(x-x')^2(y-y')}{r^3}\int_0^\infty (-f_{1z}\mathrm{e}^{-u_1 z} + g_{1z}\mathrm{e}^{u_1 z})u_1 J_1(\lambda r)\mathrm{d}\lambda\right.$$

$$+ \frac{(x-x')^2(y-y')}{r^2}\int_0^\infty (-f_{1z}\mathrm{e}^{-u_1 z} + g_{1z}\mathrm{e}^{u_1 z})u_1\lambda J_0(\lambda r)\mathrm{d}\lambda\Big]$$

$$+ \frac{M}{\mu_0\sigma_1}\left[\frac{3(x-x')(y-y')}{R^5} + \frac{3\mathrm{i}k_1(x-x')(y-y')}{R^4}\right.$$

$$- \frac{k_1^2(x-x')(y-y')}{R^3}\Big]\mathrm{e}^{-\mathrm{i}k_1 R}$$

$$E_z = -\mathrm{i}\omega M\frac{(x-x')}{r}\int_0^\infty (f_{1z}\mathrm{e}^{-u_1 z} + g_{1z}\mathrm{e}^{u_1 z})J_1(\lambda r)\mathrm{d}\lambda$$

$$+ \frac{M}{\mu_0\sigma_1}\left[-\frac{(x-x')}{r}\int_0^\infty (-f_{1x}\mathrm{e}^{-u_1 z} + g_{1x}\mathrm{e}^{u_1 z})u_1\lambda J_1(\lambda r)\mathrm{d}\lambda\right.$$

$$+ \frac{(x-x')}{r}\int_0^\infty (f_{1z}\mathrm{e}^{-u_1 z} + g_{1z}\mathrm{e}^{u_1 z})u_1^2 J_1(\lambda r)\mathrm{d}\lambda\Big]$$

$$+ \frac{M}{\mu_0\sigma_1}\left[\frac{3(x-x')(z-z')}{R^5} + \frac{3\mathrm{i}k_1(x-x')(z-z')}{R^4}\right.$$

$$- \frac{k_1^2(x-x')(z-z')}{R^3}\Big]\mathrm{e}^{-\mathrm{i}k_1 R}$$

$$(2.43)$$

海水中磁场三分量表达式为

$$
\begin{aligned}
B_x = & -\frac{2(x-x')(y-y')}{r^3}M\int_0^\infty (f_{1z}\mathrm{e}^{-u_1 z}+g_{1z}\mathrm{e}^{u_1 z})J_1(\lambda r)\mathrm{d}\lambda \\
& +\frac{(x-x')(y-y')}{r^2}M\int_0^\infty (f_{1z}\mathrm{e}^{-u_1 z}+g_{1z}\mathrm{e}^{u_1 z})\lambda J_0(\lambda r)\mathrm{d}\lambda \\
B_y = & -M\left(\frac{1}{R^3}+\frac{\mathrm{i}k_1}{R^2}\right)(z-z')\mathrm{e}^{-\mathrm{i}k_1 R} \\
& +M\int_0^\infty (-f_{1x}\mathrm{e}^{-u_1 z}+g_{1x}\mathrm{e}^{u_1 z})J_0(\lambda r)u_1\mathrm{d}\lambda \\
& -\left[\frac{1}{r}-\frac{2(x-x')^2}{r^3}\right]M\int_0^\infty (f_{1z}\mathrm{e}^{-u_1 z}+g_{1z}\mathrm{e}^{u_1 z})J_1(\lambda r) \\
& -\frac{(x-x')^2}{r^2}M\int_0^\infty (f_{1z}\mathrm{e}^{-u_1 z}+g_{1z}\mathrm{e}^{u_1 z})\lambda J_0(\lambda r)\mathrm{d}\lambda \\
B_z = & M\left(\frac{1}{R^3}+\frac{\mathrm{i}k_1}{R^2}\right)(y-y')\mathrm{e}^{-\mathrm{i}k_1 R} \\
& +\frac{y-y'}{r}M\int_0^\infty (f_{1x}\mathrm{e}^{-u_1 z}+g_{1x}\mathrm{e}^{u_1 z})\lambda J_1(\lambda r)\mathrm{d}\lambda
\end{aligned}
\right\} \tag{2.44}
$$

其中，

$$
f_{1x}=\frac{-\lambda X_{10}\left[\mathrm{e}^{-u_1 z'}+X_{21}\mathrm{e}^{-u_1(2D-z')}\right]}{u_1(1+X_{10}X_{21}\mathrm{e}^{-2u_1 D})}
$$

$$
g_{1x}=\frac{\lambda X_{21}\left[\mathrm{e}^{-u_1(2D-z')}-X_{10}\mathrm{e}^{-u_1(2D+z')}\right]}{u_1(1+X_{10}X_{21}\mathrm{e}^{-2u_1 D})}
$$

$$
f_{1z}=\frac{\lambda(1-X_{10})\left[\mathrm{e}^{-u_1 z'}+X_{21}\mathrm{e}^{-u_1(2D-z')}\right]+\lambda(1+X_{21})Y_{10}\left[\mathrm{e}^{-u_1(2D-z')}-X_{10}\mathrm{e}^{-u_1(2D+z')}\right]}{u_1(1+X_{10}X_{21}\mathrm{e}^{-2u_1 D})(1-Y_{21}\mathrm{e}^{-2u_1 D})}
$$

$$
\begin{aligned}
g_{1z}=&\frac{(\sigma_2-\sigma_1)\lambda^2(1+X_{21})\left[\mathrm{e}^{-u_1(D-z')}-X_{10}\mathrm{e}^{-u_1(D+z')}\right]}{u_1(1+X_{10}X_{21}\mathrm{e}^{-2u_1 D})\left[(\sigma_2 u_1+\sigma_1 u_2)\mathrm{e}^{u_1 D}-(\sigma_1 u_2-\sigma_2 u_1)\mathrm{e}^{-u_1 D}\right]} \\
&+\frac{-(\sigma_1 u_2-\sigma_2 u_1)\lambda(1-X_{10})\left[\mathrm{e}^{-u_1(D+z')}+X_{21}\mathrm{e}^{-u_1(3D-z')}\right]}{u_1(1+X_{10}X_{21}\mathrm{e}^{-2u_1 D})\left[(\sigma_2 u_1+\sigma_1 u_2)\mathrm{e}^{u_1 D}-(\sigma_1 u_2-\sigma_2 u_1)\mathrm{e}^{-u_1 D}\right]}
\end{aligned}
$$

$$
g_{1z}=\frac{-Y_{10}\lambda(1+X_{21})\left[\mathrm{e}^{-u_1(2D-z')}-X_{10}\mathrm{e}^{-u_1(2D+z')}\right]-Y_{21}\lambda(1-X_{10})\left[\mathrm{e}^{-u_1(2D+z')}+X_{21}\mathrm{e}^{-u_1(4D-z')}\right]}{u_1(1+X_{10}X_{21}\mathrm{e}^{-2u_1 D})(1-Y_{21}\mathrm{e}^{-2u_1 D})}
$$

$$
X_{10}=\frac{\lambda-u_1}{\lambda+u_1}
$$

$$X_{21} = \frac{u_1 - u_2}{u_1 + u_2}$$

$$Y_{10} = \frac{\sigma_1 \lambda - \sigma_2 \lambda}{\sigma_1 u_1 + \sigma_2 u_1}$$

$$Y_{21} = \frac{\sigma_1 u_2 - \sigma_2 u_1}{\sigma_1 u_2 + \sigma_2 u_1}$$

$$M = \frac{\mu_0 P}{4\pi}$$

$$r = \sqrt{(x - x')^2 + (y - y')^2}$$

$$u_1 = \sqrt{\lambda^2 - k_1^2}$$

$$k_1^2 = -\mathrm{i}\omega\mu_0\sigma_1$$

式中　μ_0——真空磁导率；

$\quad\quad\sigma_1$——海水电导率；

$\quad\quad\sigma_2$——海床电导率；

$\quad\quad\omega$——圆频率。

2）垂直电偶极子

设时谐电偶极子沿 z 轴正向布于海水中，坐标为 (x', y', z')，测点坐标为 (x, y, z)，偶极子电偶矩为 P，海水电导率为 σ_1，海床电导率为 σ_2，海水深度为 D，如图 2.9 所示。假定谐变时间因子为 $\mathrm{e}^{\mathrm{i}\omega t}$，其中 ω 为圆频率，海水和海床媒质磁导率与自由空间磁导率 μ_0 相同。

从电偶极子第 m 层的频率域麦克斯韦方程组出发，引入矢量位 $\boldsymbol{A}_m$ 和标量 U_m，有

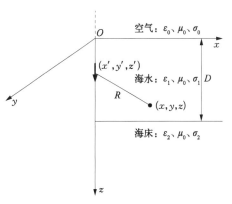

图 2.9　空气-海水-海床三层模型示意图

$$\boldsymbol{B}_m = \nabla \times \boldsymbol{A}_m$$

$$\boldsymbol{E}_m = -\mathrm{i}\omega\boldsymbol{A}_m - \nabla U_m$$

$$U_m = -\frac{\nabla \cdot A_m}{\mu_0(\sigma + \mathrm{i}\omega\varepsilon)}$$

利用洛伦兹条件

$$\nabla \cdot \boldsymbol{A}_m + \mu_0\sigma_m U_m = 0$$

及复波数

$$k_m^2 = \omega^2\mu_0\varepsilon_m - \mathrm{i}\omega\mu_0\sigma_m$$

对于垂直电偶极子，$\boldsymbol{A}_m$ 只有 A_{mz} 分量，而 $A_{mx}=0$，$A_{my}=0$，则矢量位 $\boldsymbol{A}_m$ 在空气、海水和海床层满足如下微分方程：

$$\nabla^2 A_{0z} + k_0^2 A_{0z} = 0 \quad (z < 0)$$

$$\nabla^2 A_{1z} + k_1^2 A_{1z} = -\mu_0 P \delta(x-x')\delta(y-y')\delta(z-z') \quad (0 < z < D)$$

$$\nabla^2 A_{2z} + k_2^2 A_{2z} = 0 \quad (z > D)$$

引入相应边界条件：

$$A_{0z}\mid_{z=0} = A_{1z}\mid_{z=0}$$

$$A_{1z}\mid_{z=D} = A_{2z}\mid_{z=D}$$

$$\frac{1}{k_0^2}\left(\frac{\partial A_{0z}}{\partial z}\right)\bigg|_{z=0} = \frac{1}{k_1^2}\left(\frac{\partial A_{1z}}{\partial z}\right)\bigg|_{z=0}$$

$$\frac{1}{k_1^2}\left(\frac{\partial A_{1z}}{\partial z}\right)\bigg|_{z=D} = \frac{1}{k_2^2}\left(\frac{\partial A_{2z}}{\partial z}\right)\bigg|_{z=D}$$

则空气-海水-海床三层模型下，垂直电偶极子在海水中产生的水下电场各分量数学表达式如下所示：

$$\begin{aligned}
E_x &= \frac{M}{\mu_0(\sigma_1+i\omega\varepsilon)}\left[\frac{3(x-x')(z-z')}{R^5} + \frac{3ik_1(x-x')(z-z')}{R^4}\right. \\
&\quad \left. - \frac{k_1^2(x-x')(z-z')}{R^3}\right]e^{-ik_1 R} \\
&\quad + \frac{1}{\mu_0(\sigma_1+i\omega\varepsilon)}\int_0^\infty (f_{1z}e^{-u_1 z} - g_{1z}e^{u_1 z})J_1(\lambda r)\lambda u_1 \cos\varphi \, d\lambda \\
E_y &= \frac{M}{\mu_0(\sigma_1+i\omega\varepsilon)}\left[\frac{3(y-y')(z-z')}{R^5} + \frac{3ik_1(y-y')(z-z')}{R^4}\right. \\
&\quad \left. - \frac{k_1^2(y-y')(z-z')}{R^3}\right]e^{-ik_1 R} \\
&\quad + \frac{1}{\mu_0(\sigma_1+i\omega\varepsilon)}\int_0^\infty (f_{1z}e^{-u_1 z} - g_{1z}e^{u_1 z})J_1(\lambda r)\lambda u_1 \sin\varphi \, d\lambda \\
E_z &= \frac{-i\omega M e^{-ik_1 R}}{R} - i\omega\int_0^\infty (f_{1z}e^{-u_1 z} + g_{1z}e^{u_1 z})J_0(\lambda r)\, d\lambda \\
&\quad - \frac{M e^{-ik_1 R}}{\mu_0(\sigma_1+i\omega\varepsilon)}\left[\left(1 - \frac{ik_1(z-z')^2}{R}\right)\left(\frac{1}{R^3} + \frac{ik_1}{R^2}\right) - \frac{3(z-z')^2}{R^5}\right. \\
&\quad \left. - \frac{2ik_1(z-z')^2}{R^4}\right] - \frac{1}{\mu_0(\sigma_1+i\omega\varepsilon)}\int_0^\infty (f_{1z}e^{-u_1 z} + g_{1z}e^{u_1 z})J_1(\lambda r)u_1^2\, d\lambda
\end{aligned}$$

$$(2.45)$$

相应的海水中磁场各分量表达式如下所示：

$$
\left.
\begin{aligned}
B_x &= -M\left(\frac{1}{R^3} + \frac{\mathrm{i}k_1}{R^2}\right)(y - y')\mathrm{e}^{-\mathrm{i}k_1 R} - \int_0^\infty \left[f_{1z}\mathrm{e}^{-u_1 z} + g_{1z}\mathrm{e}^{u_1 z}\right] J_1(\lambda r)\lambda \sin\varphi\,\mathrm{d}\lambda \\
B_y &= M\left(\frac{1}{R^3} + \frac{\mathrm{i}k_1}{R^2}\right)(x - x')\mathrm{e}^{-\mathrm{i}k_1 R} + \int_0^\infty \left[f_{1z}\mathrm{e}^{-u_1 z} + g_{1z}\mathrm{e}^{u_1 z}\right] J_1(\lambda r)\lambda \cos\varphi\,\mathrm{d}\lambda \\
B_z &= 0
\end{aligned}
\right\}
$$

$$(2.46)$$

其中，

$$f_{1z} = \frac{M\lambda Y_{10}\left[\mathrm{e}^{-u_1 z'} - Y_{21}\mathrm{e}^{-u_1(2D - z')}\right]}{(1 + Y_{10}Y_{21}\mathrm{e}^{-2u_1 D})u_1}$$

$$g_{1z} = \frac{-M\lambda Y_{21}\left[Y_{10}\mathrm{e}^{-u_1(2D + z')} + \mathrm{e}^{-u_1(2D - z')}\right]}{(1 + Y_{10}Y_{21}\mathrm{e}^{-2u_1 D})u_1}$$

$$Y_{10} = \frac{k_0^2 u_1 - k_1^2 u_0}{k_0^2 u_1 + k_1^2 u_0}$$

$$Y_{21} = \frac{k_1^2 u_2 - k_2^2 u_1}{k_1^2 u_2 + k_2^2 u_1}$$

$$M = \frac{\mu_0 P}{4\pi}$$

$$r = \sqrt{(x - x')^2 + (y - y')^2}$$

$$u_0 = \sqrt{\lambda^2 - k_0^2}$$

$$u_1 = \sqrt{\lambda^2 - k_1^2}$$

$$u_2 = \sqrt{\lambda^2 - k_2^2}$$

$$k_0^2 = \omega^2 \mu_0 \varepsilon_0$$

$$k_1^2 = \omega^2 \mu_0 \varepsilon_1 - \mathrm{i}\omega\mu_0\sigma_1$$

$$k_2^2 = \omega^2 \mu_0 \varepsilon_2 - \mathrm{i}\omega\mu_0\sigma_2$$

式中　μ_0——真空磁导率；

　　　σ_1——海水电导率；

　　　σ_2——海床电导率；

　　　ω——圆频率。

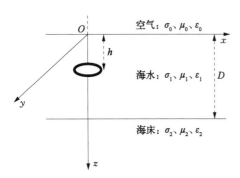

图 2.10 三层模型中的交变垂直磁偶极子

2.2.2.2 浅海环境磁偶极子响应

1）垂直磁偶极子

设垂直磁偶极子位于海水中点 $(0,0,h)$ 处，模型如图 2.10 所示。垂直磁偶极子的矢量位只存在垂直分量，因此对于三层模型，空气、海水和海床中矢量位分别满足的约束方程为

$$\nabla^2 F_{0z} + k_0^2 F_{0z} = 0 \quad (z < 0)$$

$$\nabla^2 F_{1z} + k_1^2 F_{1z} = -\mathrm{i}\mu\omega IS\delta(r) \quad (0 < z < D)$$

$$\nabla^2 F_{2z} + k_2^2 F_{2z} = 0 \quad (z > D)$$

满足的边界条件为

$$F_{0z}\mid_{z=0} = F_{1z}\mid_{z=0}$$

$$\frac{\partial F_{0z}}{\partial z}\bigg|_{z=0} = \frac{\partial F_{1z}}{\partial z}\bigg|_{z=0}$$

$$F_{1z}\mid_{z=D} = F_{2z}\mid_{z=D}$$

$$\frac{\partial F_{1z}}{\partial z}\bigg|_{z=D} = \frac{\partial F_{2z}}{\partial z}\bigg|_{z=D}$$

联合边界条件求解矢量位约束方程，得到海水中磁场三分量表达式：

$$H_x = \frac{m}{4\pi}\left\{ \frac{[-k_1^2 R_0^2 + 3(\mathrm{i}k_1 R_0 + 1)](z-h)x}{R_0^5}\mathrm{e}^{-\mathrm{i}k_1 R_0} \right.$$
$$\left. + \int_0^\infty (M_3 \mathrm{e}^{-v_1 z} - M_4 \mathrm{e}^{v_1 z})v_1 \lambda J_1(\rho\lambda)\cos\theta \mathrm{d}\lambda \right\}$$

$$H_y = \frac{m}{4\pi}\left\{ \frac{[-k_1^2 R_0^2 + 3(\mathrm{i}k_1 R_0 + 1)](z-h)y}{R_0^5}\mathrm{e}^{-\mathrm{i}k_1 R_0} \right.$$
$$\left. + \int_0^\infty (M_3 \mathrm{e}^{-v_1 z} - M_4 \mathrm{e}^{v_1 z})v_1 \lambda J_1(\rho\lambda)\sin\theta \mathrm{d}\lambda \right\}$$

$$H_z = \frac{m}{4\pi}\left\{ \frac{\mathrm{e}^{-\mathrm{i}k_1 R_0}}{R_0^3}\left[k_1^2 R_0^2 - \mathrm{i}k_1 R_0 - 1 + \frac{(-k_1^2 R_0^2 + 3\mathrm{i}k_1 R_0 + 3)(z-h)^2}{R_0^2} \right] \right.$$
$$\left. + \int_0^\infty (M_3 \mathrm{e}^{-v_1 z} + M_4 \mathrm{e}^{v_1 z})\lambda^2 J_0(\rho\lambda)\mathrm{d}\lambda \right\}$$

$$(2.47)$$

其中，

$$M_3 = \frac{(v_0 - v_1)(v_1 - v_2)\mathrm{e}^{-v_1(2D-2h)} - (v_1 - v_0)(v_1 + v_2)}{(v_0 - v_1)(v_2 - v_1)\mathrm{e}^{-v_1 2D} - (v_0 + v_1)(v_1 + v_2)} \frac{\lambda}{v_1} \mathrm{e}^{-v_1 h}$$

$$M_4 = \frac{(v_2 - v_1)\big[(v_1 - v_0)\mathrm{e}^{-v_1 2h} + v_1 + v_0\big]}{(v_0 - v_1)(v_2 - v_1)\mathrm{e}^{-v_1 2D} - (v_0 + v_1)(v_1 + v_2)} \frac{\lambda}{v_1} \mathrm{e}^{-v_1(2D-h)}$$

对海水中矢量位进行偏微分可以得到电场三分量：

$$\left. \begin{aligned} E_x &= \frac{\partial F_{1z}}{\partial y} \\ E_y &= \frac{\partial F_{1z}}{\partial x} \\ E_z &= 0 \end{aligned} \right\} \tag{2.48}$$

2）水平磁偶极子

设水平磁偶极子位于海水中点 $(0,0,h)$
处，模型如图 2.11 所示，水平磁偶极子的矢量位
产生 x 分量和 z 分量。对于三层模型，空气、海
水和海床中矢量磁位分别满足的约束方程如下：

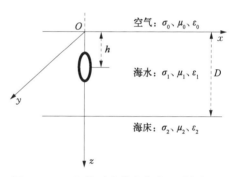

$$\nabla^2 F_0 + k_0^2 F_0 = 0 \;(z < 0)$$

$$\nabla^2 F_1 + k_1^2 F_1 = -\mathrm{i}\mu\omega IS\delta(r) \;(0 < z < D)$$

$$\nabla^2 F_2 + k_2^2 F_2 = 0 \;(z > D)$$

图 2.11　三层模型中的交变水平磁偶极子

矢量位 $\boldsymbol{F}$ 只有 F_x 和 F_z 分量，而 $F_y = 0$，即 $\boldsymbol{F} = \mathbf{i}F_x + \mathbf{k}F_z$。

x 分量：

$$\nabla^2 F_{0x} + k_0^2 F_{0x} = 0 \;(z < 0)$$

$$\nabla^2 F_{1x} + k_1^2 F_{1x} = -\mathrm{i}\mu\omega IS\delta(r) \;(0 < z < D)$$

$$\nabla^2 F_{2x} + k_2^2 F_{2x} = 0 \;(z > D)$$

z 分量：

$$\nabla^2 F_{0z} + k_0^2 F_{0z} = 0 \;(z < 0)$$

$$\nabla^2 F_{1z} + k_1^2 F_{1z} = 0 \;(0 < z < D)$$

$$\nabla^2 F_{2z} + k_2^2 F_{2z} = 0 \;(z > D)$$

其通解为

$$F_{0x} = \int_0^\infty \big[f_{0x}\exp(-v_0 z) + g_{0x}\exp(v_0 z) \big] J_0(\rho\lambda)\mathrm{d}\lambda$$

$$F_{1x} = \int_0^\infty \left[\frac{\mathrm{i}\mu\omega m}{4\pi} \frac{\lambda}{v_1} \exp(-v_1 \mid z - h \mid) + f_{1x}\exp(-v_1 z) + g_{1x}\exp(v_1 z) \right] J_0(\rho\lambda)\mathrm{d}\lambda$$

$$F_{2x} = \int_0^\infty \left[f_{2x}\exp(-v_2 z) + g_{2x}\exp(v_2 z) \right] J_0(\rho\lambda)\mathrm{d}\lambda$$

$$F_{0z} = \int_0^\infty \mathrm{d}\lambda J_0(\rho\lambda) \left[f_{0z}\exp(-v_0 z) + g_{0z}\exp(v_0 z) \right]$$

$$F_{1z} = \int_0^\infty \mathrm{d}\lambda J_0(\rho\lambda) \left[f_{1z}\exp(-v_1 z) + g_{1z}\exp(v_1 z) \right]$$

$$F_{2z} = \int_0^\infty \mathrm{d}\lambda J_0(\rho\lambda) \left[f_{2z}\exp(-v_2 z) + g_{2z}\exp(v_2 z) \right]$$

其中，$v_0 = \sqrt{\lambda^2 - k_0^2}$，$v_1 = \sqrt{\lambda^2 - k_1^2}$，$v_2 = \sqrt{\lambda^2 - k_2^2}$，$k_0^2 = \mu\varepsilon_0\omega^2$，$k_1^2 = -\mathrm{i}\mu\omega(\sigma_1 + \mathrm{i}\varepsilon_1\omega)$，$k_2^2 = -\mathrm{i}\mu\omega(\sigma_2 + \mathrm{i}\varepsilon_2\omega)$，$m = IS\delta(r)$。

由于 $F_{ix} \to 0$，$F_{iz} \to 0$，$\mid z \mid \to \infty$，$i = 0, 1, 2$，则有

$$f_{0x} = g_{2x} = 0, \quad f_{0z} = g_{2z} = 0 \tag{2.49}$$

在海面上边界条件为

$$\mathrm{i}\varepsilon_0\omega F_{0x} \mid_{z=0} = (\sigma_1 + \mathrm{i}\varepsilon_1\omega)F_{1x} \mid_{z=0} \tag{2.50}$$

$$(\sigma_1 + \mathrm{i}\varepsilon_1\omega)F_{1x} \mid_{z=D} = (\sigma_2 + \mathrm{i}\varepsilon_2\omega)F_{2x} \mid_{z=D} \tag{2.51}$$

$$\frac{\partial F_{0x}}{\partial z}\bigg|_{z=0} = \frac{\partial F_{1x}}{\partial z}\bigg|_{z=0} \tag{2.52}$$

$$\frac{\partial F_{1x}}{\partial z}\bigg|_{z=D} = \frac{\partial F_{2x}}{\partial z}\bigg|_{z=D} \tag{2.53}$$

把结果式(2.49)代入通解,再代入边界条件式(2.50)～式(2.53)中,得

$$f_{1x} = \frac{\mathrm{i}\mu\omega m}{4\pi} \frac{a_1 \dfrac{\lambda}{v_1}\exp(-v_1 h) + a_1 a_2 \dfrac{\lambda}{v_1}\exp[-v_1(2D-h)]}{1 - a_1 a_2\exp(-2v_1 D)}$$

$$g_{1x} = \frac{\mathrm{i}\mu\omega m}{4\pi} \frac{a_2 \dfrac{\lambda}{v_1}\exp[-v_1(2D-h)] + a_1 a_2 \dfrac{\lambda}{v_1}\exp[-v_1(2D+h)]}{1 - a_1 a_2\exp(-2v_1 D)}$$

$$g_{0x} = \frac{2f_{1x}}{\delta_1 - \dfrac{v_0}{v_1}} = \frac{\mathrm{i}\mu\omega m}{4\pi} \frac{2}{\delta_1 - \dfrac{v_0}{v_1}} \frac{a_1 \dfrac{\lambda}{v_1}\exp(-v_1 h) + a_1 a_2 \dfrac{\lambda}{v_1}\exp[-v_1(2D-h)]}{1 - a_1 a_2\exp(-2v_1 D)}$$

$$f_{2x} = \frac{2g_{1x}\exp\left[(v_1-v_2)D\right]}{\delta_2 - \dfrac{v_2}{v_1}}$$

$$= \frac{\mathrm{i}\mu\omega m}{4\pi}\frac{2\exp\left[(v_1-v_2)D\right]}{\delta_2 - \dfrac{v_2}{v_1}}\frac{a_2\dfrac{\lambda}{v_1}\exp\left[-v_1(2D-h)\right] + a_1 a_2\dfrac{\lambda}{v_1}\exp\left[-v_1(2D+h)\right]}{1 - a_1 a_2\exp(-2v_1 D)}$$

其中，$\delta_1 = \dfrac{\mathrm{i}\varepsilon_0\omega}{\sigma_1 + \mathrm{i}\varepsilon_1\omega}$，$\delta_2 = \dfrac{\sigma_2 + \mathrm{i}\varepsilon_2\omega}{\sigma_1 + \mathrm{i}\varepsilon_1\omega}$，$a_1 = \dfrac{\delta_1 - \dfrac{v_0}{v_1}}{\delta_1 + \dfrac{v_0}{v_1}}$，$a_2 = \dfrac{\delta_2 - \dfrac{v_2}{v_1}}{\delta_2 + \dfrac{v_2}{v_1}}$。

在海床界面上边界条件为

$$F_{0z}\mid_{z=0} = F_{1z}\mid_{z=0} \tag{2.54}$$

$$F_{1z}\mid_{z=D} = F_{2z}\mid_{z=D} \tag{2.55}$$

$$\frac{\partial F_{0x}}{\partial x} + \frac{\partial F_{0z}}{\partial z}\bigg|_{z=0} = \frac{\partial F_{1x}}{\partial x} + \frac{\partial F_{1z}}{\partial z}\bigg|_{z=0} \tag{2.56}$$

$$\frac{\partial F_{1x}}{\partial x} + \frac{\partial F_{1z}}{\partial z}\bigg|_{z=D} = \frac{\partial F_{2x}}{\partial x} + \frac{\partial F_{2z}}{\partial z}\bigg|_{z=D} \tag{2.57}$$

把结果式(2.49)代入通解，在代入边界条件式(2.54)～式(2.57)中，得

$$f_{1z} = \frac{\mathrm{i}\mu\omega m}{4\pi}\frac{(v_1-v_0)(1-\delta_2)f_{2x}\exp\left[-(v_1+v_2)D\right] - (v_2+v_1)(1-\delta_1)g_{0x}}{(v_2+v_1)(v_1+v_0) + (v_1-v_0)(v_2-v_1)\exp(-2v_1 D)}$$

$$\frac{\dfrac{\partial J_0(\rho\lambda)}{\partial x}}{J_0(\rho\lambda)}$$

$$g_{1z} = \frac{\mathrm{i}\mu\omega m}{4\pi}\frac{(v_1+v_0)(1-\delta_2)f_{2x}\exp\left[-(v_1+v_2)D\right] + (v_2-v_1)(1-\delta_1)g_{0x}\exp(-2v_1 D)}{(v_2+v_1)(v_1+v_0) + (v_1-v_0)(v_2-v_1)\exp(-2v_1 D)}$$

$$\frac{\dfrac{\partial J_0(\rho\lambda)}{\partial x}}{J_0(\rho\lambda)}$$

$$g_{0z} = f_{1z} + g_{1z}$$

$$f_{2z} = f_{1z}\exp\left[(v_2-v_1)D\right] + g_{1z}\exp\left[(v_2+v_1)D\right]$$

其中，$\dfrac{\dfrac{\partial J_0(\rho\lambda)}{\partial x}}{J_0(\rho\lambda)} = -\lambda\dfrac{J_1(\rho\lambda)}{J_0(\rho\lambda)}\dfrac{x}{\rho}$，$f_{2x}$、$g_{0x}$ 用前面的表达式代入。

对海水中矢量位进行偏微分，可以得到磁场三分量：

$$
\left.
\begin{aligned}
H_x &= -(\sigma + \mathrm{i}\varepsilon\omega)F_{1x} + \frac{1}{\mathrm{i}\mu\omega}\frac{\partial}{\partial x}\left(\frac{\partial F_{1x}}{\partial x} + \frac{\partial F_{1z}}{\partial z}\right) \\
H_y &= \frac{1}{\mathrm{i}\mu\omega}\frac{\partial}{\partial y}\left(\frac{\partial F_{1x}}{\partial x} + \frac{\partial F_{1z}}{\partial z}\right) \\
H_z &= -(\sigma + \mathrm{i}\varepsilon\omega)F_{1z} + \frac{1}{\mathrm{i}\mu\omega}\frac{\partial}{\partial z}\left(\frac{\partial F_{1x}}{\partial x} + \frac{\partial F_{1z}}{\partial z}\right)
\end{aligned}
\right\}
\tag{2.58}
$$

经过简化,磁场三分量表达式如下:

$$
\left.
\begin{aligned}
H_x =\ & \frac{k_1^2 m}{4\pi}\int_0^\infty M_1 J_0(\rho\lambda)\mathrm{d}\lambda \\
& - \frac{m}{4\pi}\int_0^\infty (M_1 - v_1 M_2)\left[\frac{x^2}{\rho^2}\lambda^2 J_0(\rho\lambda) + \left(\frac{1}{\rho} - \frac{2x^2}{\rho^3}\right)\lambda J_1(\rho\lambda)\right]\mathrm{d}\lambda \\
H_y =\ & \frac{m}{4\pi}\int_0^\infty (M_1 - v_1 M_2)\left[-\frac{xy}{\rho^2}\lambda^2 J_0(\rho\lambda) + \frac{2xy}{\rho^3}\lambda J_1(\rho\lambda)\right]\mathrm{d}\lambda \\
H_z =\ & \frac{m}{4\pi}\left\{\frac{\exp(-\mathrm{i}k_1 R_0)(z-h)x}{R_0^5}(-k_1^2 R_0^2 + 3\mathrm{i}k_1 R_0 + 3)\right. \\
& - \int_0^\infty [-v_1 f_{1x}'\exp(-v_1 z) + v_1 g_{1x}'\exp(v_1 z)]\lambda\,\frac{x}{\rho}J_1(\rho\lambda)\mathrm{d}\lambda \\
& \left. - \int_0^\infty [f_{1z}'\exp(-v_1 z) + g_{1z}'\exp(v_1 z)]\lambda^3\,\frac{x}{\rho}J_1(\rho\lambda)\mathrm{d}\lambda\right\}
\end{aligned}
\right\}
\tag{2.59}
$$

其中,

$$
M_1 = \frac{\lambda}{v_1}\exp(-v_1\,|\,z-h\,|\,) + f_{1x}'\exp(-v_1 z) + g_{1x}'\exp(v_1 z)
$$

$$
\begin{aligned}
M_2 =\ & \frac{(v_1 - v_0)(1-\delta_2)f_{2x}'\exp[-(v_1+v_2)D] - (v_2+v_1)(1-\delta_1)g_{0x}'}{(v_2+v_1)(v_1+v_0) + (v_1-v_0)(v_2-v_1)\exp(-2v_1 D)}\exp(-v_1 z) \\
& - \frac{(v_1+v_0)(1-\delta_2)f_{2x}'\exp[-(v_1+v_2)D] + (v_2-v_1)(1-\delta_1)g_{0x}'\exp(-2v_1 D)}{(v_2+v_1)(v_1+v_0) + (v_1-v_0)(v_2-v_1)\exp(-2v_1 D)}\exp(v_1 z)
\end{aligned}
$$

$$
f_{1x}' = \frac{f_{1x}}{\dfrac{\mathrm{i}\mu\omega m}{4\pi}},\quad g_{1x}' = \frac{g_{1x}}{\dfrac{\mathrm{i}\mu\omega m}{4\pi}}
$$

$$
f_{2x}' = \frac{f_{2x}}{\dfrac{\mathrm{i}\mu\omega m}{4\pi}},\quad g_{0x}' = \frac{g_{0x}}{\dfrac{\mathrm{i}\mu\omega m}{4\pi}}
$$

$$
f_{1z}' = \frac{f_{1z}}{\dfrac{\mathrm{i}\mu\omega m}{4\pi}},\quad g_{1z}' = \frac{g_{1z}}{\dfrac{\mathrm{i}\mu\omega m}{4\pi}}
$$

对海水中矢量位进行偏微分,可以得到电场三分量:

$$E_x = -\frac{\partial F_{1z}}{\partial y}$$
$$E_y = \frac{\partial F_{1z}}{\partial x} - \frac{\partial F_{1x}}{\partial z} \tag{2.60}$$
$$E_z = \frac{\partial F_{1x}}{\partial y}$$

2.2.3　仿真算例

1）电偶极子源产生的电磁场

电偶极子可用交变电流为 $I = I_0 \mathrm{e}^{\mathrm{i}\omega t}$ 的电流元来表示,选取电偶极子位于海水中 2 m 处,频率 10 Hz,电流幅值为 100 A,电流元长度为 2 m,则电偶极矩大小为 200 A·m,以水平电偶极子为例计算电偶极子产生的电磁场。空气中电导率为零,磁导率为 $\mu_0 = 4\pi \times 10^{-7}$ H/m;海水电导率取为 4 S/m;海床电导率取为 0.01 S/m。计算海水中深 20 m,正横距为 1 m 处测线上的磁场分布,即 $z = 20$ m, $y = 1$ m, $x \in [-100 \text{ m}, 100 \text{ m}]$。结果如图 2.12 所示。

从图 2.12a 中可以看出,$y = 1$ m, $z = 20$ m 测线上交变磁场 x 分量幅值有两个峰值,

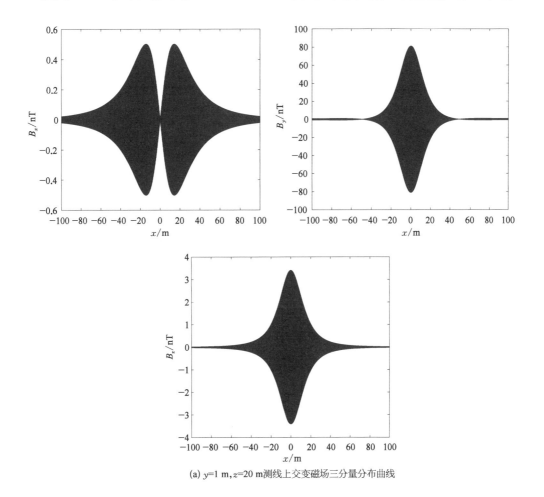

(a) $y=1$ m, $z=20$ m 测线上交变磁场三分量分布曲线

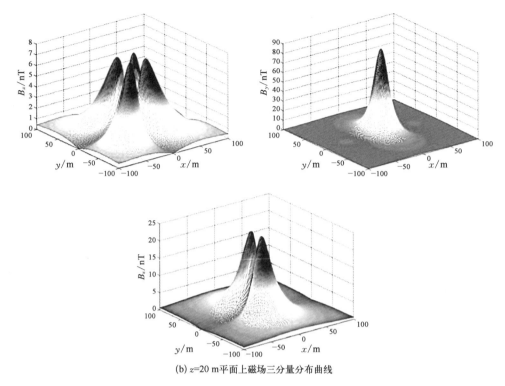

(b) $z=20$ m 平面上磁场三分量分布曲线

图 2.12　三层模型水平时谐电偶极子产生的磁场分布

在电偶极子正下方时,幅值为零;y 分量和 z 分量幅值都为一个峰值,在偶极子正下方时达到最大值。从图 2.12b 中可以看出,交变磁场 x 分量模值有四个峰值,峰值连线与 x 轴平行,y 分量模幅值只有一个峰值,在电偶极子正下方时幅值最大;z 分量模幅也有两个峰值,峰值连线与 y 轴平行。

　　图 2.13 是三层模型时水平电偶极子不同水深,即 $z=10$ m,$z=15$ m 和 $z=20$ m,$y=1$ m 测线上磁场三分量幅值对比。从图中可以看出磁场随着测线深度的增加而减小的规律。

　　图 2.14 是空气-海水-海床三层模型下海水中同一测点上水平时谐电偶极子所激励磁场幅值与海水深度的关系曲线。从图中可以看出,当水深较浅时,磁场 z 分量幅值随着海水深度的增加而快速减小;随着海水深度增大,磁场幅值随水深变化趋势变缓;当海水深度大于 60 m 时,磁场幅值基本不随海水深度变化。当海水深度是测点深度的 3 倍时,海水-海床界面对测点处磁场 z 分量的影响可以基本忽略,即 $D=60$ m 时与空气-海水两层模型磁场幅值一样。磁场 y 分量幅值随着海水深度的增加而增大。图 2.15 是水平时谐电偶极子在同一测点产生磁场幅值与频率的关系曲线。从图中可以看出,磁场 y 分量磁场幅值随着频率的增加先快速减小后缓慢减小,而 z 分量磁场幅值随着频率的增加而减小。因此对于一定深度的场点,海水深度越浅,海床的影响越大,可以认为海水深度大于源与场点深度的 3 倍以上时水深对垂直或水平偶极子模型就没有影响了。

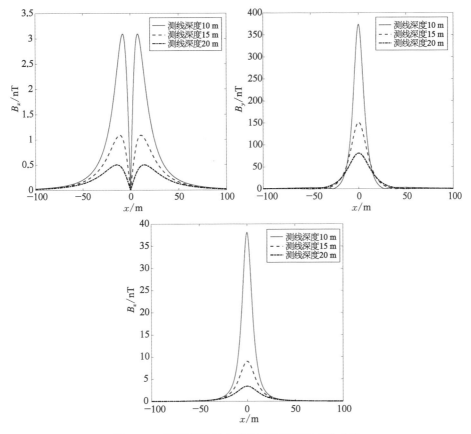

图 2.13　不同观测深度磁场三分量幅值对比曲线

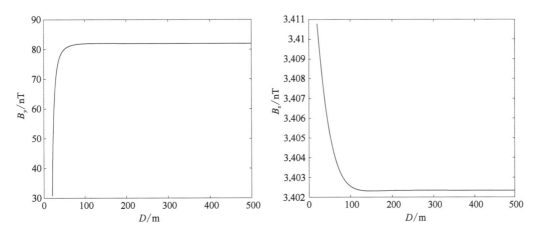

图 2.14　水平电偶极子在测点(0 m，1 m，20 m)处激励磁场 y、
z 分量幅值与海水深度的关系

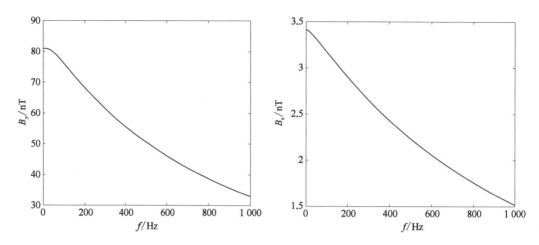

图 2.15　水平电偶极子在测点$(0\text{ m}, 1\text{ m}, 20\text{ m})$处激励磁场 y、
z 分量幅值与频率的关系

2）磁偶极子源产生的电磁场

磁偶极子可用交变电流为 $I = I_0 \mathrm{e}^{i\omega t}$ 电流环表示，选取磁偶极子位于海水中 5 m 处，频率 300 Hz，磁矩为 3 140 A·m^2，磁偶极子以水平磁偶极子为例进行计算。空气中电导率为零，介电常数为 $\varepsilon_0 = \dfrac{1}{36\pi} \times 10^{-9}$ F/m，磁导率为 $\mu_0 = 4\pi \times 10^{-7}$ H/m；海水电导率取为 4 S/m，介电常数取为 $\varepsilon_1 = 80\varepsilon_0$；海底电导率取为 0.01 S/m，介电常数取为 $\varepsilon_1 = 8\varepsilon_0$。计算海水中深 20 m、正横距为 1 m 处测线上的磁场分布，即 $z = 20$ m，$y = 1$ m，$x \in [-100\text{ m}, 100\text{ m}]$。三层模型海水深度为 40 m。结果如图 2.16 所示。

从图 2.16a 中可以看出，$y = 1$ m，$z = 20$ m 测线上磁场 x 分量存在三个峰值，在偶极子正下方时，幅值达到最大值；y 分量和 z 分量幅值都为两个峰值，在偶极子正下方时幅值为零。图 2.16b 是三层模型水平时谐磁偶极子产生的磁场 $z = 20$ m 平面三分量图。从图中可以看出，磁场 x 分量幅值有三个峰值，峰值连线与 x 轴平行，在磁偶极子正下方时幅值最大，磁场 y 分量幅值有四个峰值，z 分量幅值有两个峰值，峰值连线与 x 轴平行。

图 2.17 是水平时谐磁偶极子在不同海水深度时 $y = 1$ m，$z = 20$ m 测线上产生的交变磁场三分量幅值对比图。对比两层模型和三层模型可知，对于一定深度的场点，海水深度越浅，海床的影响越大；当海水深度大于源与场点深度的 2 倍以上时，海水深度对偶极子产生的磁场基本没有影响，在 x 轴方向上离源点较远时，磁场分布差别不大。在实际测量时，传感器一般放置在海底进行测量，海床的影响是不可忽略的，应该用三层模型进行研究。

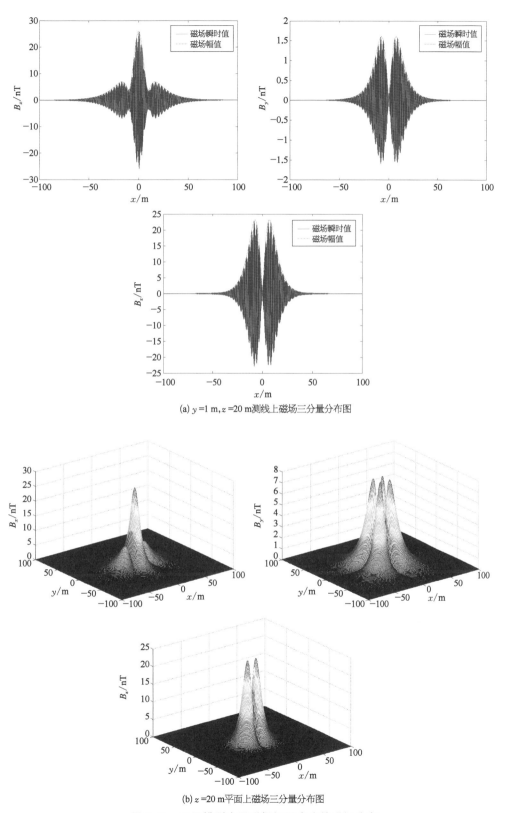

(a) $y=1\,\mathrm{m}, z=20\,\mathrm{m}$测线上磁场三分量分布图

(b) $z=20\,\mathrm{m}$平面上磁场三分量分布图

图 2.16　三层模型水平磁偶极子产生的磁场分布

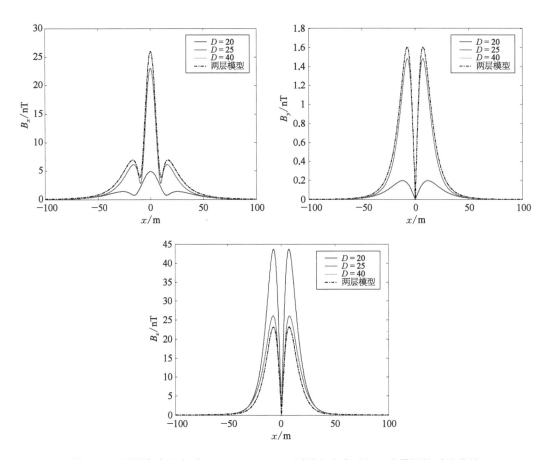

图 2.17 不同海水深度时 $y=1\,\mathrm{m}$, $z=20\,\mathrm{m}$ 测线上交变磁场三分量幅值对比曲线

2.3 水下电磁场在浅海环境中的
传播规律和衰减特性

2.3.1 浅海环境下的多路径传播

海洋环境模型可以简化空气-海水-海床三层均匀导电媒质模型。采用留数定理对三层模型下数学解析式积分函数支点和极点分析,结合各分解项的物理意义,可以得到浅海环境下水下电磁场多路径传播图像。

三层模型柱坐标系如图 2.18 所示。

根据 2.2.2 节得出的结论,将空气-海水-海床三层模型下时谐水平电偶极子产生的

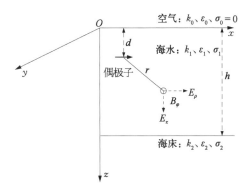

图 2.18 空气-海水-海床三层模型示意图

水下电磁场用柱坐标系展开,并考虑海面、海床界面的反射效应,可以得到水下电磁场的解:

$$E_{1\rho} = -\frac{Il\cos\varphi}{8\pi\omega\varepsilon_1}\int_{-\infty}^{+\infty}v_1\big[\mathrm{e}^{v_1|z-d|}-P^{\mathrm{TM}}\mathrm{e}^{v_1z}-Q^{\mathrm{TM}}\mathrm{e}^{v_1(2h-z)}\big]\big[\lambda H_0^{(1)}(\lambda\rho)-\rho^{-1}H_1^{(1)}(\lambda\rho)\big]\mathrm{d}\lambda$$

$$-\frac{\omega\mu_0 Il\cos\varphi}{8\pi\rho}\int_{-\infty}^{+\infty}v_1^{-1}\big[\mathrm{e}^{v_1|z-d|}+P^{\mathrm{TE}}\mathrm{e}^{v_1z}+Q^{\mathrm{TE}}\mathrm{e}^{v_1(2h-z)}\big]H_1^{(1)}(\lambda\rho)\mathrm{d}\lambda$$

$$E_{1\varphi} = \frac{Il\sin\varphi}{8\pi\omega\varepsilon_1}\int_{-\infty}^{+\infty}v_1^{-1}\big[\mathrm{e}^{v_1|z-d|}+P^{\mathrm{TE}}\mathrm{e}^{v_1z}+Q^{\mathrm{TE}}\mathrm{e}^{v_1(2h-z)}\big]\big[\lambda H_0^{(1)}(\lambda\rho)-\rho^{-1}H_1^{(1)}(\lambda\rho)\big]\mathrm{d}\lambda$$

$$+\frac{\omega\mu_0 Il\sin\varphi}{8\pi\rho}\int_{-\infty}^{+\infty}v_1\big[\mathrm{e}^{v_1|z-d|}-P^{\mathrm{TM}}\mathrm{e}^{v_1z}-Q^{\mathrm{TM}}\mathrm{e}^{v_1(2h-z)}\big]H_1^{(1)}(\lambda\rho)\mathrm{d}\lambda$$

$$E_{1z} = \frac{\mathrm{i}Il\cos\varphi}{8\pi\omega\varepsilon_1}\int_{-\infty}^{+\infty}\big[\pm\mathrm{e}^{v_1|z-d|}-P^{\mathrm{TM}}\mathrm{e}^{v_1z}+Q^{\mathrm{TM}}\mathrm{e}^{v_1(2h-z)}\big]H_0^{(1)}(\lambda\rho)\lambda^2\mathrm{d}\lambda$$

$$H_{1\rho} = -\frac{Il\sin\varphi}{8\pi}\int_{-\infty}^{+\infty}\big[\pm\mathrm{e}^{v_1|z-d|}+P^{\mathrm{TE}}\mathrm{e}^{v_1z}-Q^{\mathrm{TE}}\mathrm{e}^{v_1(2h-z)}\big]\big[\lambda H_0^{(1)}(\lambda\rho)-\rho^{-1}H_1^{(1)}(\lambda\rho)\big]\mathrm{d}\lambda$$

$$-\frac{Il\sin\varphi}{8\pi\rho}\int_{-\infty}^{+\infty}\big[\pm\mathrm{e}^{v_1|z-d|}-P^{\mathrm{TM}}\mathrm{e}^{v_1z}+Q^{\mathrm{TM}}\mathrm{e}^{v_1(2h-z)}\big]H_1^{(1)}(\lambda\rho)\mathrm{d}\lambda$$

$$H_{1\varphi} = -\frac{Il\sin\varphi}{8\pi}\int_{-\infty}^{+\infty}\big[\pm\mathrm{e}^{v_1|z-d|}-P^{\mathrm{TM}}\mathrm{e}^{v_1z}+Q^{\mathrm{TM}}\mathrm{e}^{v_1(2h-z)}\big]\big[\lambda H_0^{(1)}(\lambda\rho)-\rho^{-1}H_1^{(1)}(\lambda\rho)\big]\mathrm{d}\lambda$$

$$-\frac{Il\cos\varphi}{8\pi\rho}\int_{-\infty}^{+\infty}\big[\pm\mathrm{e}^{v_1|z-d|}+P^{\mathrm{TE}}\mathrm{e}^{v_1z}-Q^{\mathrm{TE}}\mathrm{e}^{v_1(2h-z)}\big]H_1^{(1)}(\lambda\rho)\mathrm{d}\lambda$$

$$H_{1z} = \frac{\mathrm{i}Il\sin\varphi}{8\pi}\int_{-\infty}^{+\infty}v_1^{-1}\big[\pm\mathrm{e}^{v_1|z-d|}+P^{\mathrm{TE}}\mathrm{e}^{v_1z}+Q^{\mathrm{TE}}\mathrm{e}^{v_1(2h-z)}\big]H_1^{(1)}(\lambda\rho)\lambda^2\mathrm{d}\lambda$$

式中 P^{TM}、Q^{TM}——TM 波在海面和海底的反射系数;

P^{TE}、P^{TE}——TE 波在海面和海底的反射系数。

表 2.1　空气-海水-海床三层模型下侧面波产生数学解释

存 在 支 点	对 应 的 侧 面 波
γ_a	空气-海水界面的侧面波分量(海面侧面波)
γ_s	该分量非常小,可忽略
γ_g	海床-海水界面的侧面波分量(海底侧面波)

由表 2.1 分析可知,水下电磁场数学解析式中均存在支点 γ_a 和 γ_g,沿 γ_a 和 γ_g 的积分路径求解,可得到沿空气-海水界面和沿海床-海水界面传播的海面侧面波、海底侧面波。

由经典电磁理论可知,电磁波从光密介质入射到光疏介质,当入射角大于布儒斯特角时,会在界面上产生一种沿界面传播且能量集中在界面附近的侧面波。浅海环境中的侧面波产生机理与上述具有明显物理意义的侧面波有所不同,它本质上来源于分层导电媒质中低频电磁场数学解析式中的支点留数和沿支点割缝的积分项,可以说其数学意义更大于物理意义。另外吸附表面波产生具有一定的限定条件,即导电媒质应满足各层媒质波数呈单调递增或单调递减(如空气-冰层-海水条件)。通过上述分析可知,一般海洋环境不存在媒质波数单调递增或递减的条件,因此一般海洋环境只存在侧面波,不存在吸附表面波。综上所述,浅海环境下水下电磁场包括直达波分量、反射波分量、海面侧面波分量和海底侧面

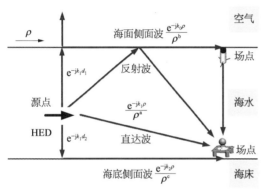

图 2.19　浅海环境中水下电磁场多路径传播示意图

波分量四部分,如图 2.19 所示。

(1) 直达波。直达波是从源点出发,未经界面反射和折射直接到达场点的电磁场分量。三层模型中水下电磁场直达波分量与无限大均匀媒质中水下电磁场解析式完全一致。

(2) 反射波。反射波是从源点出发,经过空气-海水和海水-海床界面反射到达场点的电磁场分量。三层模型中水下电磁场反射波分量可用场源沿空气-海水和海水-海床界面的镜像源产生的电磁场来等效,其传播特性与空气、海床媒质电性参数无关。

(3) 海面侧面波。海面侧面波从源点垂直向上传播到空气-海水界面,然后沿界面传播,再垂直向下传播到场点的分量。该分量数学上来源于积分函数支点 γ_a 割缝积分,其在界面上的传播特性由空气媒质电磁参数确定。

(4) 海底侧面波。海底侧面波从源点垂直向下传播到海水-海床界面,然后沿界面传播,再垂直向上传播到场点的分量。该分量数学上来源于积分函数支点 γ_g 割缝积分,其在界面上的传播特性由海床媒质电磁参数确定。

基于所建立的三层模型中时谐偶极子产生电磁场解析式,通过公式分解和数值模拟就可以研究水下电磁场分布规律。图 2.20 给出了空气-海水-海床三层模型下时谐水平电偶极子水下电磁场总场、直达波、海面侧面波和海底侧面波衰减曲线。

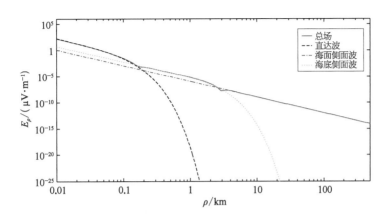

图 2.20 时谐水平电偶极子水下电磁场衰减曲线($f = 100\,\mathrm{Hz}$)

计算模型水深 100 m,海水电导率 3.7 S/m,海床电导率 0.01 S/m,偶极子信号频率 100 Hz,偶极子位于海面下方 60 m,观测点与偶极子在同一高度。上述计算条件下,水下电磁场总场曲线与直达波分量曲线在径向距离 0.15 km 区间内基本吻合,表明该区间内直达波分量占主导地位;当距离逐渐增大时,总场和直达波曲线开始分离,直达波分量所占比重逐渐减小,海底侧面波所占比重逐渐增大,在 0.15~2.6 km 距离区间占主导地位;当径向距离大于 2.6 km 后,海面侧面波成为水下电磁场的主要组成部分。

通过上述分析可知,在通常的浅海条件下,水下电磁场在近区以直达波为主,远区以海面侧面波为主,中间区以海底侧面波为主。海面侧面波和海底侧面波在水下电磁场分量中的比重则由海洋环境电导率、海深、源点和场点位置及水平径向距离等因素综合确定。

2.3.2 多路径各分量衰减特性

下面具体给出直达波、反射波、海面侧面波和海底侧面波的衰减特性。

1)直达波衰减特性

为了便于分析,采用球坐标系分析其分布规律。在球坐标系下,直达波分量表达式如下所示:

$$
\begin{cases}
E_{1r} = \dfrac{Ilk_1^3\cos\theta}{2\pi\sigma}\left[\dfrac{1}{(k_1 r)^3} + \mathrm{j}\,\dfrac{1}{(k_1 r)^2}\right]\mathrm{e}^{-\mathrm{j}k_1 r} \\[3mm]
E_{1\theta} = \dfrac{Ilk_1^3\sin\theta}{4\pi\sigma}\left[\dfrac{1}{(k_1 r)^3} + \mathrm{j}\,\dfrac{1}{(k_1 r)^2} - \dfrac{1}{k_1 r}\right]\mathrm{e}^{-\mathrm{j}k_1 r} \\[3mm]
H_{1\varphi} = \dfrac{Ilk_1^2\sin\theta}{4\pi}\left[\dfrac{1}{(kr_1)^2} + \mathrm{j}\,\dfrac{1}{kr_1}\right]\mathrm{e}^{-\mathrm{j}k_1 r}
\end{cases}
\tag{2.61}
$$

通过式(2.61)可知,水下电磁场直达波分量在海水传播过程中存在两部分能量损失,分别是空间扩散衰减及海水导电媒质吸收衰减。直达波由与传播距离 r、r^2 和 r^3 成反比的三项构成,分别对应准稳态场、感应场和辐射场。

当 $|k_1 r| \ll 1$ 时,即 $r \ll \dfrac{\lambda}{2\pi}$ 时,则式(2.61)简化为

$$E_r = \frac{Il\cos\theta}{2\pi\sigma r^3}, \quad E_\theta = \frac{Il\sin\theta}{4\pi\sigma r^3}, \quad H_\varphi = \frac{Il\sin\theta}{4\pi r^2} \tag{2.62}$$

根据式(2.62)可以看出,当 $r \ll \dfrac{\lambda}{2\pi}$,直达波呈现准稳态场特性,电场、磁场与频率无关,$E_r$、$E_\theta$ 随距离呈三次方衰减,H_φ 随距离呈二次方衰减。

当 $|k_1 r| \gg 1$ 时,即 $r \gg \dfrac{\lambda}{2\pi}$ 时,则式(2.61)简化为

$$\begin{cases} E_\theta = \mathrm{j}\,\dfrac{Il\omega\mu\sin\theta}{4\pi r}\mathrm{e}^{-\mathrm{j}k_1 r} \\[2mm] H_\varphi = \mathrm{j}\,\dfrac{Ilk\sin\theta}{4\pi r}\mathrm{e}^{-\mathrm{j}k_1 r} \end{cases} \tag{2.63}$$

根据式(2.63)可以看出,当 $r \gg \dfrac{\lambda}{2\pi}$,直达波呈现辐射场特性,$E_\theta$、$H_\varphi$ 与距离 r 成反比;另外由于海水媒质的导电性(波数 k_1 为复数),还存在吸收损失,随距离 r 呈指数衰减。

直达波衰减特性总结如下:水下电磁场直达波分量在海水中存在吸收损失和扩散损失两部分,当源点和场点距离远小于 $\dfrac{\lambda}{2\pi}$ 时,扩散损失项的衰减快于吸收损失,E_r、E_θ 扩散损失呈三次方衰减规律,H_φ 扩散损失呈二次方衰减规律;当源点和场点距离远大于 $\dfrac{\lambda}{2\pi}$,吸收损失所占比重急剧增大,E_θ 和 H_φ 扩散损失呈一次方衰减规律,吸收损失呈现指数衰减规律。

2) 反射波衰减特性

电磁场反射波分量是偶极子沿空气-海水和海水-海床界面的镜像源产生,因此其分布规律、衰减特性与直达波基本一致,此处不再赘述。

3) 海面侧面波衰减特性

水平时谐电偶极子产生的海面侧面波电场水平径向分量数学表达式为

$$E_\rho^{\mathrm{al}} = \frac{p\cos\varphi\,\mathrm{e}^{-k_1(z_1+z_2)}\mathrm{e}^{-\mathrm{i}k_0\rho}}{2\pi(\sigma_1 + \mathrm{i}\omega\varepsilon_1)\rho^3}(1 + k_0\rho + k_0^2\rho F)C_{\mathrm{R}} \tag{2.64}$$

式中 E_ρ^{al} ——海面侧面波径向分量;

k_1、k_0 ——海水和空气中的电磁场波数,$k_1 = (\omega^2\mu\varepsilon_1 - \mathrm{i}\omega\mu\sigma_1)^{\frac{1}{2}}$,$k_0 = \omega\sqrt{\mu\varepsilon_0}$;

F ——索莫菲尔德面波衰减函数;

C_R——海底反射系数。

由式(2.64)可知,由于空气波数 k_0 为实数,海面侧面波不存在指数项衰减,只存在三个主要扩散衰减项,分别是三次方衰减项、二次方衰减项和一次方衰减项。其中三次方衰减项为准稳态场的衰减特性,二次方和一次方项则反映了辐射场的衰减特性。

图 2.21 给出了 100 Hz 信号频率下水平时谐电偶极子产生的海面侧面波电场径向分量和垂直分量随水平径向距离变化曲线,由图看出侧面波电场垂直分量幅值远小于径向分量,可基本忽略。

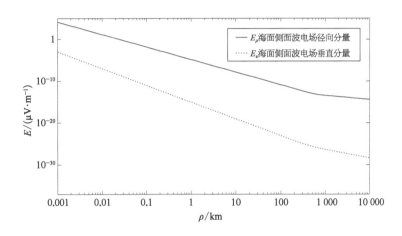

图 2.21　水平时谐电偶极子产生的海面侧面波随距离变化曲线($f=100\ \mathrm{Hz}$)

表 2.2　给定条件下水平时谐电偶极子产生的海面侧面波三次方衰减项主导区间

频率/Hz	距离/km	频率/Hz	距离/km
1	<47 760	100	<477.6
10	<4 776	200	<238.8
20	<2 388	500	<95.52
50	<955.2	1 000	<47.76

表 2.3　给定条件下水平时谐电偶极子产生的海面侧面波分量衰减规律统计　　单位:km

电磁场分量	衰减区间	频　率			
		1 Hz	10 Hz	100 Hz	1 000 Hz
E_ρ、E_z、B_φ	三次方	<47 760	<4 776	<477.6	<47.76
	一次方	≥47 760	≥4 776	≥477.6	≥47.76
E_φ、B_ρ、B_z	三次方	<47 760	<4 776	<477.6	<47.76
	二次方	≥47 760	≥4 776	≥477.6	≥47.76

表 2.4　给定条件下水平时谐磁偶极子产生的海面侧面波分量衰减规律统计　　单位：km

电磁场分量	衰减区间	频　率			
		1 Hz	10 Hz	100 Hz	1 000 Hz
E_ρ、E_z、B_φ	三次方	<47 760	<4 776	<477.6	<47.76
	二次方	≥47 760	≥4 776	≥477.6	≥47.76
E_φ、B_ρ、B_z	三次方	<47 760	<4 776	<477.6	<47.76
	一次方	≥47 760	≥4 776	≥477.6	≥47.76

总结表 2.2～表 2.4 分析结果,得到海面侧面波分量衰减特性:

(1) 水平电偶极子和水平磁偶极子均可以产生海面侧面波,水平电偶极子产生的海面侧面波电场垂直分量相对于水平分量可忽略不计,因此如果针对电磁场开展远距离探测,建议采用水平方式。

(2) 水平电偶极子和水平磁偶极子产生的海面侧面波在界面上沿径向方向随距离首先呈三次方衰减,随着距离增大逐渐呈二次方或一次方衰减,不存在吸收衰减;在海水中沿垂直方向随距离呈指数衰减。以水平电偶极子产生的频率为 1 Hz 的海面侧面波为例,当场点和源点径向距离小于 47 760 km 时,电磁场沿径向随距离呈三次方衰减,随着距离增大,E_ρ、E_z、B_φ 主要呈现一次方衰减特性,E_φ、B_ρ、B_z 则主要呈现二次方衰减特性。

4) 海底侧面波衰减特性

海底侧面波传播和衰减特性相对于海面侧面波更为复杂。由于海床存在一定的导电性,因此海底侧面波不仅存在扩散衰减,还存在一定的吸收衰减,并且其衰减率与海床电导率参数息息相关。图 2.22、图 2.23 通过数值仿真,分别给出频率为 1 Hz 的水平电偶极子和水平磁偶极子在沉积物、破碎玄武岩及玄武岩三种典型海底底质条件下的海底侧面波传播和衰减特性。其中沉积岩电导率为 1 S/m,破碎玄武岩电导率为 0.1 S/m,玄武岩电导率为 0.01 S/m。

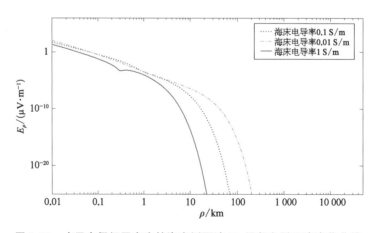

图 2.22　水平电偶极子产生的海底侧面波 E_ρ 沿径向随距离变化曲线

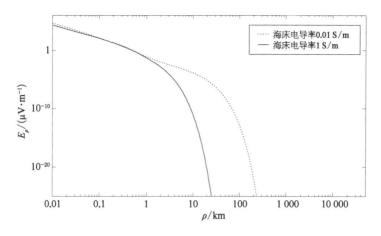

图 2.23　水平磁偶极子产生的海底侧面波 E_ρ 沿径向随距离变化曲线

通过分析表 2.5、表 2.6,得到海底侧面波的传播和衰减特性如下:

表 2.5　水平电偶极子产生的海底侧面波分量衰减规律(海床电导率 1 S/m)　　　单位:km

电磁场 分量	衰减区间	频　　率			
		1 Hz	10 Hz	100 Hz	1 000 Hz
E_ρ	三次方	<0.3	<0.1	<0.03	<0.01
E_z	一次方	0.3~1.3	0.1~0.4	0.03~0.13	0.01~0.04
B_φ	二次方	>1.3	>0.4	>0.1	>0.04
E_φ B_ρ	三次方	<0.3	<0.1	<0.03	<0.01
B_z	二次方	≥0.3	≥0.1	≥0.03	≥0.01

表 2.6　水平电偶极子产生的海底侧面波分量衰减规律(海床电导率 0.01 S/m)　　　单位:km

电磁场 分量	衰减区间	频　　率			
		1 Hz	10 Hz	100 Hz	1 000 Hz
E_ρ	三次方	<3.0	<1.0	<0.3	<0.1
E_z	一次方	3.0~1 300	1.0~400	0.3~130	0.1~40
B_φ	二次方	>1 300	>400	>130	>40
E_φ B_ρ	三次方	<3.0	<1.0	<0.30	<0.1
B_z	二次方	≥3.0	≥1.0	≥0.30	≥0.1

与海面侧面波类似,海底侧面波同样呈现沿水平径向随距离首先三次方衰减,然后二次方或一次方衰减的基本特性。与海面侧面波不同的是,海底侧面波三次方、二次方

及一次方衰减项各自距离区间与水下电磁场信号频率平方根呈反比,与海底电导率呈负相关。

参考文献

[1] Bannister P. New formulas for HED, HMD, VED, and VMD subsurface-to-subsurface propagation[R]. USA：Naval Underwater Systems Center，1984：1-38.

[2] Chave A D, Flosadottir A, Cox C S. Some comments on seabed propagation of ULF/ELF electromagnetic fields[J]. Radio Science，2016，25(5)：825-836.

[3] Dalberg E, Lauberts A, et al. Underwater target tracking by means of acoustic and electromagnetic data fusion[C]. 9th International Conference on Information Fusion，2006：7-13.

[4] Davidson S J, Rawlins P G. A multi-influence range with electromagnetic modeling[Z]. Amsterdam：Marelec 2006，2006.

[5] Frasersmith A C, Bubenik D M. The ULF/ELF/VLF electromagnetic fields generated in a sea of finite depth by elevated dipole sources[R]. Stanford University Report，1984.

[6] Hoitham P, Jeffery I, Brooking B, et al. Electromagnetic signature modeling and reduction[C]// Proceeding of European Conference on Underwater Defence Technology. UDT Europe，1999：97-102.

[7] Inan A S. Propagation of electromagnetic fields along the sea/sea-bed interface[R]. Stanford University Report，1984.

[8] Jeffery I, Brooking B. A survey of new electromagnetic stealth technologies[M]. WR Davis Engineering Ltd，1998.

[9] Key K. 1D inversion of multicomponent, multifrequency marine CSEM data：methodology and synthetic studies for resolving thin resistive layers[J]. Geophysics，2009，74(2)：9-20.

[10] King R W P. The electromagnetic field of horizontal electric dipole in the presence of a three-layered region：supplement[J]. Journal of Applied Physics，1993，74(8)：4845-4848.

[11] Mattsson J. An integral equation method for low frequency electromagnetic fields in three-dimensional marine environments[R]. Swedish Defence Agency Systems Technology Technical Report，2005.

[12] Rumball E I. Characterization of extremely low-frequency electromagnetic sources in conducting media[D]. Massey University，2001.

[13] 李金铭. 地电场和电法勘探[M]. 北京：地质出版社,2005.

[14] 李凯. 分层介质中的电磁场与电磁波[M]. 杭州：浙江大学出版社,2010.

[15] 米萨克,纳比吉安 N. 电磁法[M]. 赵经详,等,译. 北京：地质出版社,1992.

[16] 孙明,龚沈光. 半无限大海水空间中水平电流元产生的电磁场计算[C]//水中目标特性研究学术论文集,2002：264-271.

[17] 吴云超,苏建业,吕俊军,等. 舰艇交变磁偶极子模型计算[G]//舰船磁隐身技术专辑,2008：99-107.

[18] 吴云超,刘永志,苏建业,等. 舰船交变电偶极子模型产生的交变磁场计算[J]. 舰船科学技术,

2009,31(10)：123 - 128.

[19]　袁翙.超低频和极低频电磁波的传播及噪声[M].北京：国防工业出版社,2011.

[20]　岳瑞永,田作喜,吕俊军,等.基于时谐电偶极子模型的舰船轴频电场衰减规律研究[J].舰船科学技术,2009,10(31)：21 - 25.

第 3 章　界面对海洋电磁场传播的影响

由于物性参数的差异,海洋尤其是浅海环境存在两个基本电性分界面,分别是空气-海水分界面和海水-海床分界面。空气、海水和海床自身物理性质的不同,电导率和介电常数等物性参数在界面上存在明显的不连续性,这种现象会使海洋电磁场特性与无限大均匀空间存在很大差别,主要表现为两个方面:一是空间衰减速率,二是电磁场幅值。海洋电磁场测量传感器阵列沉底布放时,其测量结果受海床界面影响较大,需要采用合适的环境影响修正方法消除界面影响,保证测量结果的准确性和客观性。

3.1 界面影响物理机制

海洋环境界面主要是指空气-海水和海水-海床两个物性界面。对于低频电磁场而言,界面附近最大的物性差异是电导率参数差异。理想空气是非导电介质,电导率可视为 0 S/m,相对介电常数为 1;海水是导电媒质,其电导率与海水盐度和温度有关,相对介电常数约为 80。海床电导率则主要与海床近地表的沉积物孔隙度有关,一般介于 0.001~0.1 S/m,介电常数与海床含水量存在正相关。对于泥沙底质,由于其具有高的空隙性和渗透性,海床沉积物实际上是海水饱和,海床电导率与海水差别不大,略低于海水电导率。界面对海洋电磁场影响的主要物理机制可简化成如下:空气和海床相对于海水呈现高阻特征,会对流向界面的电流产生排斥作用,导致水下电场的水平分量增大,垂直分量减小;而对于电性源而言,其产生磁场是由电场感应产生,根据电磁感应定律,电场水平分量增大可导致磁场水平分量减小。

图 3.1 给出了有限元仿真结果,图 3.1a 是无限大空间下电场强度矢量分布图,图 3.1b 是在图 3.1a 模型上部增加一非导电层后的电场强度矢量分布图。对比图 3.1 两分图可知,空气-海水界面会改变流向界面的电流流向,电流由于受到排斥作用,沿水平方向进行流动,使得电流产生的电场、磁场强度和方向与无限大空间存在明显差异。

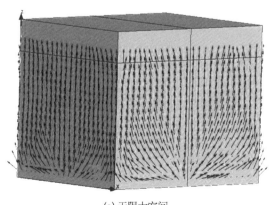

(a) 无限大空间

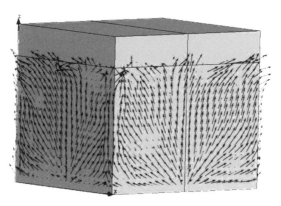

(b) 存在空气-海水界面两层模型

图 3.1 不同模型下的电场强度矢量分布图

3.2 界面影响理论分析

简化起见,利用两层水平均匀导电媒质模型分析界面对海洋电磁场的影响。由基本电磁理论可知,媒质界面的影响可用实际点源(偶极子源)的像点源来等效。因此在图 3.2 中,海水-海床两层模型中海水中点源产生的电场 φ_p 等同于海水无限大空间模型该点源与其界面镜像位置像源产生水下电场的线性叠加:

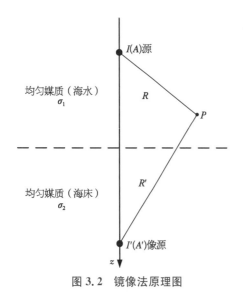

图 3.2 镜像法原理图

$$\varphi_p = \varphi_0 + \varphi_r = \varphi_0\left(1 + \frac{\varphi_r}{\varphi_0}\right) = \varphi_0 K_u \quad (3.1)$$

$$K_u = 1 + k_{12}\frac{R}{R'} \quad (3.2)$$

$$k_{12} = \frac{\sigma_1 - \sigma_2}{\sigma_1 + \sigma_2} \quad (3.3)$$

$$R = \sqrt{(x - x')^2 + (y - y')^2 + (z - z')^2} \quad (3.4)$$

$$R' = \sqrt{(x - x')^2 + (y - y')^2 + (z + z')^2} \quad (3.5)$$

式中 φ_p——两层模型下源在海水中产生的水下电势;

φ_0 ——无限大空间模型下点源在海水中产生的水下电势；

φ_r ——无限大空间模型下像源在海水中产生的水下电势；

σ_1 ——海水电导率；

σ_2 ——海床电导率；

k_{12} ——界面反射系数；

K_u ——电势界面等效系数，为存在界面情况下电势与无限大空间电势之比。

对于海床基测量方式，测点坐标 $z=0$，电势界面等效系数为

$$K_u = 1 + k_{12} \tag{3.6}$$

同理，可定义电场强度三分量界面等效系数，通过公式推导可知，电场强度水平分量界面等效系数 K_{E1} 与电势等效系数 K_u 一致，见式(3.6)，电场强度垂直分量界面等效系数 K_{E2} 为

$$K_{E2} = 1 - k_{12} \tag{3.7}$$

由于海水电导率大于海床电导率，即 $\sigma_1 > \sigma_2$，因此 $k_{12} > 0$，$K_{E1} > 1$，$K_{E2} < 1$，从而

$$\varphi_p > \varphi_0 \tag{3.8}$$

$$E_{xp} > E_{x0}, \ E_{yp} > E_{y0}, \ E_{zp} < E_{z0} \tag{3.9}$$

另外，当 σ_2 趋近于 0 时，存在

$$\lim_{\sigma_2 \to 0} \varphi_p = 2\varphi_0 \tag{3.10}$$

式(3.10)表明，海床高阻特性使界面上水下电势幅值增大，当海床电导率为 0 时，电势可增大为无限大空间的 2 倍。对于电场强度而言，点源及其像源在界面上产生的电场水平分量方向一致，同向叠加可以增大幅值；产生的电场垂直分量则方向相反，反向叠加则降低幅值，与物理机制分析结论一致。由此可见，海水-海床界面的存在会增大电场水平分量幅值，减小衰减速率。

3.3　界面影响数值仿真

本节在物理机制探讨、理论分析基础上，通过数值模拟，给出了空气-海水界面和海水-海床界面对海洋电磁场量级和衰减规律的影响。

3.3.1 空气-海水界面影响

应用深海环境的空气-海水两层模型,假设海水深度为 2 000 m,海水电导率为 4.0 S/m,偶极子源深度为 30 m。令 xy 平面与空气-海水交界面重合,z 轴垂直向下,x 轴为偶极子方向。时谐水平电偶极子源坐标为(0 m,0 m,30 m),频率为 10 Hz,电偶矩 为 100 A·m。

图 3.3~图 3.5 分别给出了有无空气-海水界面情况下位于界面、水下 10 m 和水 下 20 m 三条不同深度测线上电场分布对比曲线。通过对比可知,存在空气-海水界 面时,电场纵向和横向分量幅值相对无界面时明显增大,但是垂直分量幅值几乎衰减 为零。随着测线深度不断增大,界面对电场影响逐渐减小;当测深为 20 m 时,界面影 响基本可以忽略。表 3.1 给出了不同测量深度时有无界面影响的电场各分量最 大值。

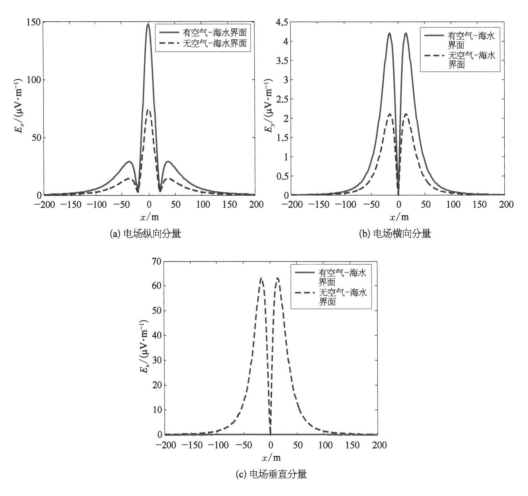

(a) 电场纵向分量

(b) 电场横向分量

(c) 电场垂直分量

图 3.3 时谐水平电偶极子电场在界面上分布对比曲线

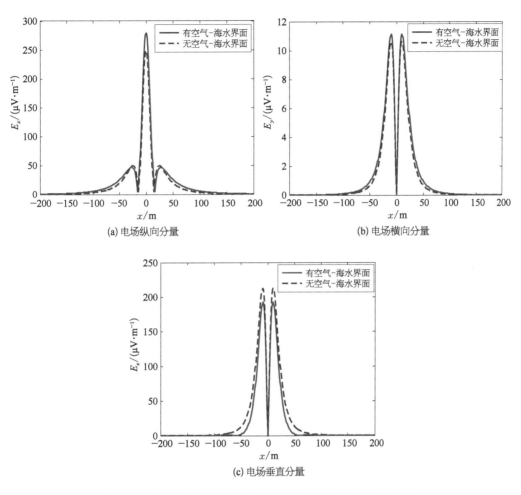

图 3.4　时谐水平电偶极子电场在 10 m 深测线上分布对比曲线

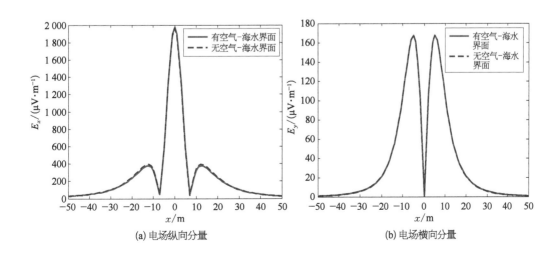

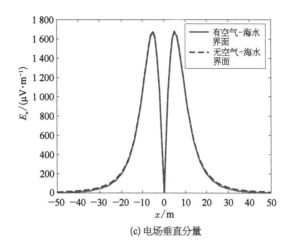

(c) 电场垂直分量

图 3.5　时谐水平电偶极子电场在 20 m 深测线上分布对比曲线

表 3.1　不同深度测线上有无空气-海水界面情况下电场幅值差异

测量深度/m	存在海水-海床界面			不存在海水-海床界面			最大值差值/%		
	$E_{x\max}$ /(μV·m^{-1})	$E_{y\max}$ /(μV·m^{-1})	$E_{z\max}$ /(μV·m^{-1})	$E_{x1\max}$ /(μV·m^{-1})	$E_{y1\max}$ /(μV·m^{-1})	$E_{z1\max}$ /(μV·m^{-1})	E_x	E_y	E_z
0	151.3	4.2	0	77.1	2.1	62.9	49.06	50.08	100
10	283.4	11.1	192.5	251.9	10.6	212.3	11.12	4.5	10.32
20	1 980.9	167.5	1 669.9	1 964.7	167.4	1 674.5	0.82	≈0	0.27

　　图 3.6～图 3.8 分别给出了有无空气-海水界面情况下位于界面、水下 10 m 和水下 20 m 三条不同深度测线上磁场分布对比曲线。通过对比可知,存在空气-海水界面时,磁场横向分量幅值与无界面时相比较小,垂直分量保持不变。随着测线深度不断增大,界面

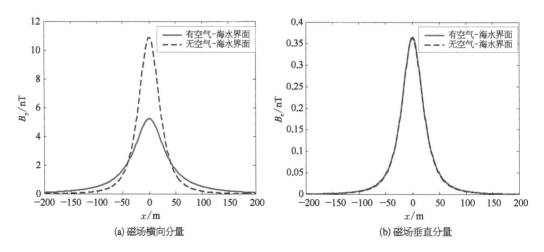

(a) 磁场横向分量　　　　　　　　　　　　　　　　(b) 磁场垂直分量

图 3.6　时谐水平电偶极子磁场在 0 m 深测线上分布对比曲线

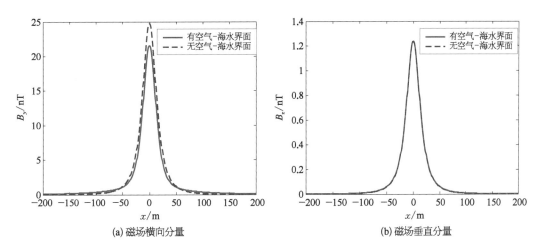

(a) 磁场横向分量　　　　　　　　　(b) 磁场垂直分量

图 3.7　时谐水平电偶极子磁场在 10 m 深测线上分布对比曲线

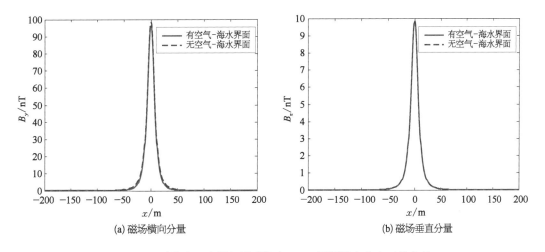

(a) 磁场横向分量　　　　　　　　　(b) 磁场垂直分量

图 3.8　时谐水平电偶极子磁场在 20 m 深测线上分布对比曲线

对磁场影响逐渐减小,当测深为 20 m 时,界面影响基本可以忽略。表 3.2 给出了不同测量深度时有无界面影响的磁场各分量的最大值。

表 3.2　不同深度测线上有无空气-海水界面情况下磁场幅值差异

测量深度 /m	存在海水-海床界面		不存在海水-海床界面		最大值差值/%	
	$B_{y\max}$ /nT	$B_{z\max}$ /nT	$B_{y1\max}$ /nT	$B_{z1\max}$ /nT	B_y	B_z
0	5.2	0.4	10.9	0.3	52.04	0.8
10	21.5	1.2	24.7	1.2	14.69	≈ 0
20	96.4	9.8	98.4	9.8	2.06	≈ 0

图 3.9 为空气-海水界面上交变电场的近场衰减曲线和远场衰减曲线。对比分析可知,存在空气-海水界面下水下电场在界面上随距离衰减率要明显小于不存在界面时的衰减率。

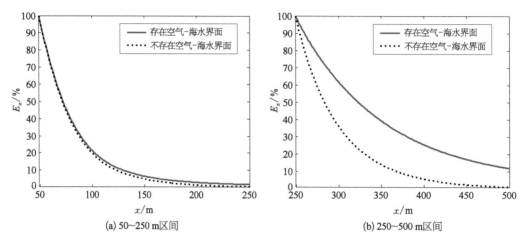

(a) 50~250 m区间   (b) 250~500 m区间

图 3.9 时谐水平电偶极子电场在 0 m 深测线上衰减曲线

3.3.2 海水-海床界面影响

设定海水深度为 60 m,海水电导率为 4.0 S/m,海床电导率为 0.1 S/m,时谐电偶极子频率为 10 Hz,电偶矩为 100 A·m,位于海平面下方 30 m 处。图 3.10 和图 3.11 是有无海水-海床界面下时谐水平电偶极子水下电场、磁场(10 Hz)在 0 m 深测线上分布对比曲线。表 3.3 是有无海水-海床界面时不同测线深度上水下电场各分量幅值最大值及衰减率统计表。

观察图 3.10、图 3.11 和表 3.3 可知,海水-海床界面的存在会使电场水平分量幅度明显增大,垂直分量幅度明显减小;磁场水平纵向分量增大,横向分量幅度明显减小,

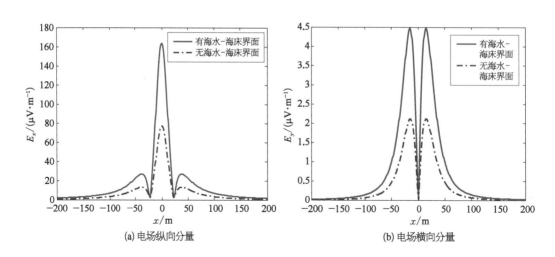

(a) 电场纵向分量   (b) 电场横向分量

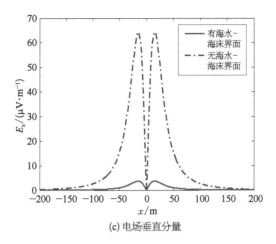

(c) 电场垂直分量

图 3.10　时谐水平电偶极子电场在 0 m 深测线上分布对比曲线

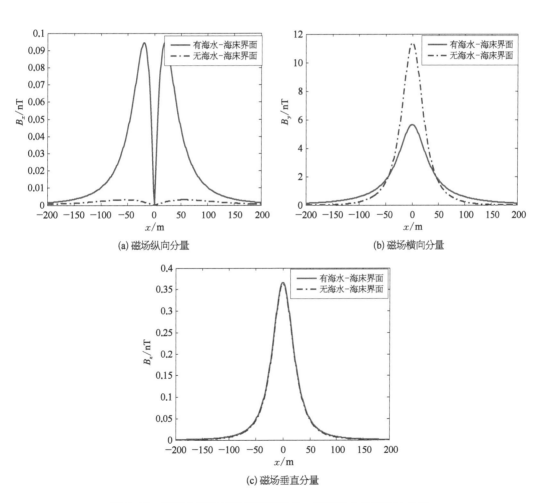

图 3.11　时谐水平电偶极子磁场在 0 m 深测线上分布对比曲线

表 3.3　不同深度测线上有无海水-海床界面情况下电场幅值差异

测量深度/m	存在海水-海床界面			不存在海水-海床界面			最大值差值/%		
	$E_{x\mathrm{max}}$ /$(\mu \mathrm{V}\cdot\mathrm{m}^{-1})$	$E_{y\mathrm{max}}$ /$(\mu \mathrm{V}\cdot\mathrm{m}^{-1})$	$E_{z\mathrm{max}}$ /$(\mu \mathrm{V}\cdot\mathrm{m}^{-1})$	$E_{x1\mathrm{max}}$ /$(\mu \mathrm{V}\cdot\mathrm{m}^{-1})$	$E_{y1\mathrm{max}}$ /$(\mu \mathrm{V}\cdot\mathrm{m}^{-1})$	$E_{z1\mathrm{max}}$ /$(\mu \mathrm{V}\cdot\mathrm{m}^{-1})$	E_x	E_y	E_z
40	1 987.8	167.6	1 671.2	1 970.5	167.5	1 675.6	0.9	≈0	0.3
50	287.8	11.1	194.3	255.6	10.6	213.6	12.6	4.5	9.03
60	153.2	4.1	3.2	79.6	2.1	64.1	92.6	95.5	2 000

而垂直分量变化很小。当偶极子源处于水下状态时(如深度为 30 m),上述界面影响随着测线与界面距离的增加逐渐减小。对于沉底式测量方式,传感器一般布置于海底,因此在测试数据后期分析中界面影响不可忽略,需要采用相应方法修正界面影响。

图 3.12 和图 3.13 是有无海水-海床界面下时谐水平电偶极子水下电场和磁场在 0 m 测线深度上衰减对比曲线。对衰减曲线进行幂函数拟合,可计算得到不存在海水-海床界面时电场纵向分量、横向分量和垂直分量在 0 m 测线深度上的衰减系数分别为 2.92、4.05、4.13;存在海水-海床界面时电场三分量在 0 m 测线深度上的衰减系数分别为 2.0、3.41、2.23。存在界面情况下水下电场在界面上随距离衰减率明显小于无界面情况下。

表 3.4 是有无海水-海床界面时,不同测线深度上水下电场各分量衰减率统计表。通过分析衰减特性可知,空气-海水界面和海水-海床界面的存在会使水下电场、磁场水平分量沿纵向随距离衰减速率明显减小,该现象表明在海水表面和海底布置传感器更易感知到信号。

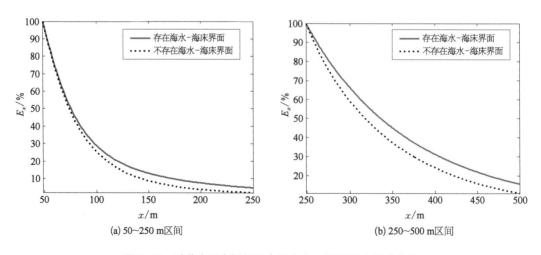

(a) 50~250 m区间　　　　　(b) 250~500 m区间

图 3.12　时谐水平电偶极子电场在 0 m 深测线上衰减曲线

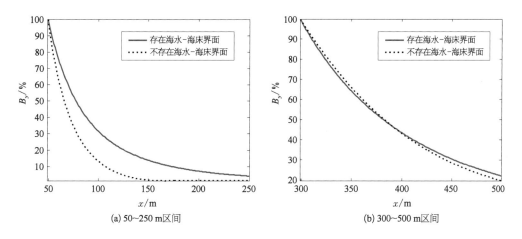

(a) 50~250 m区间　　　　　(b) 300~500 m区间

图 3.13　时谐水平电偶极子磁场在 0 m 深测线上衰减曲线

表 3.4　不同深度测线上有无海水-海床界面情况下电场三分量衰减系数

测量深度 /m	存在海水-海床界面			不存在海水-海床界面		
	电场纵向分量	电场横向分量	电场垂直分量	电场纵向分量	电场横向分量	电场垂直分量
40	1.96	3.31	2.33	3.01	4.09	4.12
50	1.97	3.34	2.30	2.98	4.07	4.12
60	2.00	3.41	2.23	2.92	4.05	4.13

　　综上所述,空气-海水界面和海水-海床界面对偶极子等典型电磁场源产生的海洋电磁场分布有显著影响:

　　(1) 幅值变化。水下电场水平分量幅度明显增大,垂直分量幅度明显减小;磁场水平分量幅度明显减小,而垂直分量不变。

　　(2) 衰减特性。海洋电磁场水平分量沿纵向随距离衰减速率明显减小。

　　(3) 海床电导率因素。海床表面上水下电场、磁场水平分量衰减速率随着海床电导率减小而明显减小,表明海床的高阻特性会在一定程度上抑制水下电场的衰减。

3.4　界面影响试验验证

3.4.1　试验过程

　　可以采用拖曳可控电场信号源开展试验对上述结论进行验证。试验采用强度为

190 A·m 的偶极子信号源,空气-海水界面衰减规律验证采用的信号频率为 180 Hz,海水-海床界面衰减规律验证采用的信号频率为 80 Hz,测试示意图如图 3.14 所示。测试过程中,发射电极入水深度为 1 m;利用海面漂浮式水下电场测量装置和海床基海洋电磁场传感器阵列构建海上测试系统。其中漂浮式测量装置由布置于海面下方 0.5 m 和 1.5 m 的水平电极对组成,海床基阵列由布置于海底的海洋电磁场测量体组成。测试系统保持位置固定,在 DC-1 kHz 频段内选择典型频点,控制可控信号源输出相应频率的谐波电场信号,试验船拖曳偶极子信号源以均匀航速远离测试系统至一定距离处停止,试验人员同时记录航行轨迹及测量数据,航行距离为 3~5 倍信号波长;该频点信号测试结束后,改变信号频率,重复上述测量过程完成全部频点海洋电磁场信号的衰减特性测试。

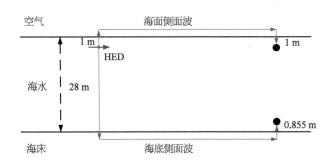

图 3.14　界面衰减规律验证试验示意图

3.4.2　验证结论

分析可控电场信号源水下电场实测数据,可以定量得到信号源产生的电磁场在海床上的衰减特性,将其与理论衰减对比,可以对浅海环境下界面对水下电场分布影响理论结果的正确性进行验证。图 3.15 给出了浅海环境下,发射 180 Hz 水下电场衰减海上实测与理论计算对比曲线。图中虚线为无限大均匀媒质模型下水下电场分布曲线,实线是浅海环境下水下电场实测曲线。由图可发现,无限大模型下距源点水平距离 600 m 处水下电场衰减为 130 dB,而存在界面的浅海环境中实测衰减为 40 dB。浅海环境水下电场衰减要明显小于无限大模型。

1)海水-海床界面上衰减规律

图 3.16 给出了偶极子源水下电场信号在海水-海床界面的衰减曲线。以 80 Hz 信号为例,水下电场纵向分量在 1~2 倍波长内衰减系数为 2.73,2~3 倍波长内衰减系数为 2.12,3~4 倍波长内衰减系数为 2.02。由图可知,海洋电磁场信号的衰减速率随着距离的增大而逐渐减小,与表 3.4 中理论分析结果基本一致。

2)空气-海水界面附近衰减规律

图 3.17 给出了 180 Hz 偶极子源产生的水下电场水平径向分量在空气-海水界面下

方 2 m 处随径向距离衰减理论计算和实测对比曲线。由图可发现,实测曲线与理论计算曲线变化趋势基本吻合,均存在两个较为明显的拐点,分别对应直达波、海床侧面波和海面侧面波分量,其中当径向距离大于 350 m,即 3 倍波长时,实测信号随距离呈三次方衰减,与海面侧面波径向衰减规律一致。

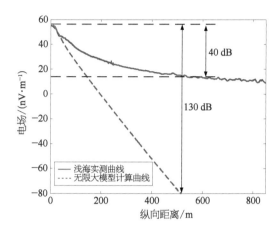

图 3.15　水下电场衰减海上实测与理论计算对比曲线(180 Hz)

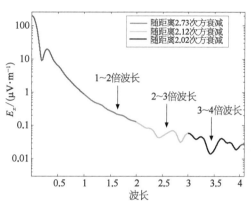

图 3.16　偶极子源水下电场纵向分量在海水－海床界面的衰减曲线

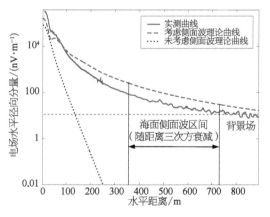

图 3.17　时谐水平电偶极子水下电场水平径向分布实测与理论计算对比曲线(信号 180 Hz,正横 45 m)

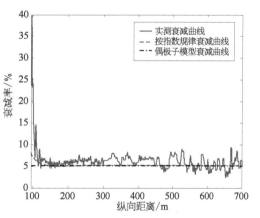

图 3.18　时谐水平电偶极子水下电场垂直衰减与理论计算对比曲线(信号 180 Hz,正横 45 m)

图 3.18 给出了水下电场径向分量在垂直方向衰减率随径向距离衰减曲线。理论分析可知,海面侧面波区域电场在垂直方向随距离呈指数衰减,根据测试海域环境参数可计算得到垂直方向传播 1 m 幅值衰减 5.17%。由图可知,当径向距离大于 350 m 时,实测信号在垂直方向的衰减率基本保持不变,约为 6%,与理论计算结果吻合,上述结果同时印证了海面侧面波的衰减特性。

3.5 界面影响的修正

前文提到海水-海床电导率界面对水下电场传播存在一定影响,因此为了保证海洋电磁场测量结果的准确性和可比性需要对实测数据进行修正,消除海床界面的影响。实践中有两种方法对实测数据进行修正,一种是基于海床等效电导率反演的界面修正方法,另一种是基于海床等效系数的修正方法。

3.5.1 海床电导率的影响

海床对海洋电磁场的影响与海床电导率密切相关,因此首先分析海床电导率的影响。本节相关结论均建立在数值仿真基础上。假定测量海域水深为 10 m,海水电导率为 3.7 S/m,供电电极假定为水平电偶极子,电偶矩为 1 A·m,海底电导率从 0.01 S/m 变化为 3 S/m,测点位于供电电极对中心正下方。

图 3.19 是测点布置于海底,供电电极在不同水深时测量得到的电场信号随海底电导率的变化情况。图 3.20 是供电电极位于 6 m 水深处,测点在不同水深时测量得到的电场信号随海底电导率的变化情况。由图可知,当供电电极和测点均靠近海底时,电场信号对海床电导率变化更为灵敏。

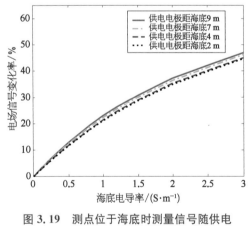

图 3.19 测点位于海底时测量信号随供电电极深度变化情况

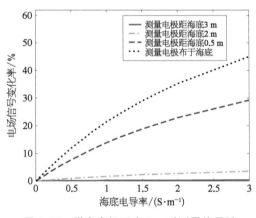

图 3.20 供电电极深度 6 m 时测量信号随测量电极深度变化情况

3.5.2 基于海床电导率反演的界面修正方法

3.5.2.1 基本原理

基于海床电导率反演的界面修正方法的基本原理是,利用特性和量级已知的电偶子源激发电场,将测量电场传感器布放在待标定海床上,其中电偶源位置、强度、海水电导率、水深及传感器位置等信息均已知或可通过测量得到。将测量得到的电场数据和已知信息输入到第 2 章建立的空气-海水-海床三层媒质电偶极子电场响应模型中,根据实测数据反演获得测点位置海床等效电导率。基于获得的等效海床电导率,结合两层媒质电偶极子电场响应公式进行正演计算,便可实现对测量数据的修正。

3.5.2.2　海上实施方法

使用水下测量系统可以获取海上试验中海洋环境电场、信号源目标电场的三个正交分量及水下测量体的姿态信息。水下测量体包含三对电极,组成三个分量。水下测量体布放在海底,由电缆连接到岸站上,试验船以不同的航速匀速通过水下测量体上方,通过阵列上方时的正横位置分为中央、两侧几种,可以根据测试时的海况和海域的情况进行适当调整。测量期间通过导航定位系统实时记录试验船的位置、航速、航向等信息,试验船在试验期间还要测量其他必要参数,如深度、水下测量体的位置坐标等。

信号源由供电电极、滑动变阻器、电流表、电池组成,产生 DC‒10 Hz 目标信号,示意图如图 3.21 所示。

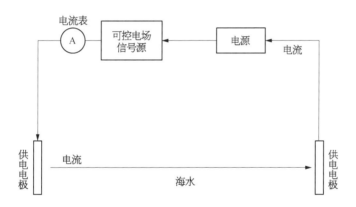

图 3.21　可控电场信号源组成示意图

在测量之前,记录海水的水文学参数(海水电导率、温度等),测量电极布放深度、每隔 30~40 min 的自然干扰。利用吊放装置将电场测量设备布放到预定测量位置,通过水下定位方法确定其海底大地坐标;待测量电极在海水中稳定以后,通过稳流信号源在海水中产生电场,不断改变供电电流信号的幅度或频率。试验人员同时记录供电电流信号的幅度、频率,供电电极水深等信息(图 3.22)。

根据位置信息和电场测量结果,反演计算海底等效电导率。最后利用三层媒质电偶极子模型对实测数据进行建模,利用所构建模型结合两层媒质电偶极子电场响应公式进行正演计算,便可实现对实测数据的修正。

如图 3.23 所示,海底等效电导率反演方法一般分为以下几步:

(1)确定海洋环境电磁参数和信号源观测数据,主要包括确定可用于反演的电磁数

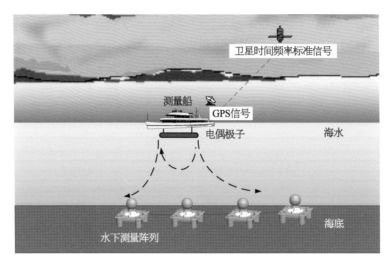

图 3.22 可控信号源试验示意图

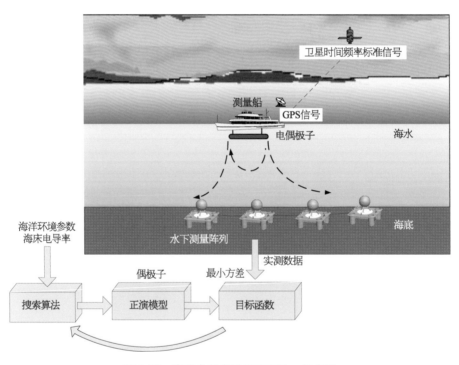

图 3.23 海底参数电磁反演方法一般步骤

据和待反演的海洋环境参数,并确定先验信息如待反演海洋环境参数的先验区间等。

(2)寻优算法。对于海底等效电导率反演来讲,在全局范围内的目标函数属于多峰泛函数,进行反演搜索时极容易导致搜索结果进入局部最小,搜索结果失真,这也是所有全局搜索算法最容易出现的缺点。特别是其中的步长等各经验因子,需要对反演目标的特性进行研究,因此作为全局搜索的方法来求解显而易见是不合理的。

针对上述问题,采用已知信号源轨迹信息给出定位初值区间,在分析过程中发现给出的初值附近出现两个极小值的概率几乎为零,也可以说,在初值定位好的情况下,可利用成熟的局部搜索算法来完成整个反演算法,求得最合理的反演结果。

局部搜索算法是在地质反演中应用较为成熟的 Powell 搜索算法,该算法的优点在于优化效率高、收敛速度快、稳定性高等,是目前解决约束非线性局部优化问题的理想算法。

(3)建立精确的正演模型。对于任一组待反演参数都可以基于该模型计算得到可观测电磁数据的合理理论值。

(4)选择高效的优化过程。即通过待反演参数不断变化的一个优化迭代过程,最终实现电磁数据理论值和观测值之间的最佳匹配;即所有测线上电场三分量理论值和观测值之间的均方根误差最小。

3.5.2.3　数值仿真算例

假定偶极子源强度为 11.8 A·m,源位于水下 2 m,频率 2.35 Hz,测点深度为 20 m,海水深度为 21 m,海水电导率为 3.6 S/m,海床电导率为 0.2 S/m。图 3.24 给出了上述模型参数下典型正横距测线上水下电场三分量分布曲线。

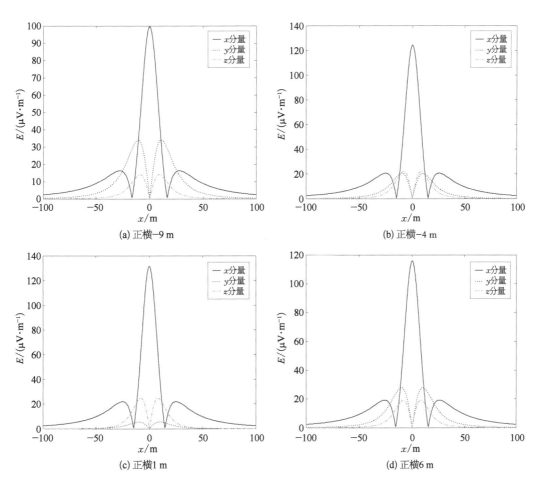

图 3.24　不同正横距测线上仿真模型电场三分量曲线

1) 电偶极矩,偶极子 x、y 坐标,海床电导率多参数联合反演

仿真数据为模型数据加随机噪声,四条测线的正横距分别为 $-9\,\mathrm{m}$、$-4\,\mathrm{m}$、$1\,\mathrm{m}$、$6\,\mathrm{m}$,测线起始和终点坐标为 $[-100\,\mathrm{m},100\,\mathrm{m}]$,测点间距为 $0.5\,\mathrm{m}$。若反演参数为电偶极矩,偶极子 x、y 坐标,海床电导率,则确定反演参数初始值的方法如下:假设电偶极矩初始值 $11\,\mathrm{A}\cdot\mathrm{m}$;偶极子初始位置 x、y 坐标设为 $[-2.0\,\mathrm{m},0.0\,\mathrm{m}]$,海床电导率设为 $0.19\,\mathrm{S/m}$,搜索方法为 Powell 法,而在搜索过程中海床电导率必须大于零,即为正数(表 3.5、图 3.25)。

表 3.5 参数均未知条件下反演结果

初 始 值		反 演 结 果	
电偶极矩	$11\,\mathrm{A}\cdot\mathrm{m}$	电偶极矩	$12.19\,\mathrm{A}\cdot\mathrm{m}$
偶极子初始位置 x 坐标	$-2.0\,\mathrm{m}$	偶极子初始位置 x 坐标	$0.02\,\mathrm{m}$
偶极子初始位置 y 坐标	$0.0\,\mathrm{m}$	偶极子初始位置 y 坐标	$-0.01\,\mathrm{m}$
海床电导率	$0.19\,\mathrm{S/m}$	海床电导率	$0.26\,\mathrm{S/m}$
		迭代次数	4
		迭代误差	5.19%

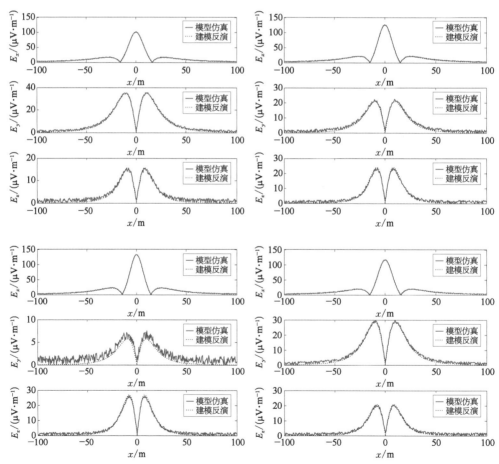

图 3.25 模型仿真数据与建模反演数据对比曲线

2) 电偶极矩已知,偶极子 x、y 坐标,海床电导率参数联合反演

仿真数据为模型数据加随机噪声,四条测线的正横距分别为 -9 m、-4 m、1 m、6 m,测线起始和终点坐标为 $[-100$ m,100 m$]$,测点间距为 0.5 m。若反演参数为电偶极矩,偶极子 x、y 坐标,海床电导率,则确定反演参数初始值的方法如下:假设电偶极矩初始值 11 A·m;偶极子初始位置 x、y 坐标设为 $[-2.0$ m,0.0 m$]$,海床电导率设为 0.19 S/m,搜索方法为 Powell 法,而在搜索过程中海床电导率必须大于零,即为正数(表 3.6、图 3.26)。

表 3.6　方法二初始值三反演结果

初　始　值		反　演　结　果	
偶极子初始位置 x 坐标	-5.0 m	偶极子初始位置 x 坐标	0.03 m
偶极子初始位置 y 坐标	-1.0 m	偶极子初始位置 y 坐标	-0.00 m
海床电导率	0.3 S/m	海床电导率	0.198 S/m
		迭代次数	3
		迭代误差	5.95%

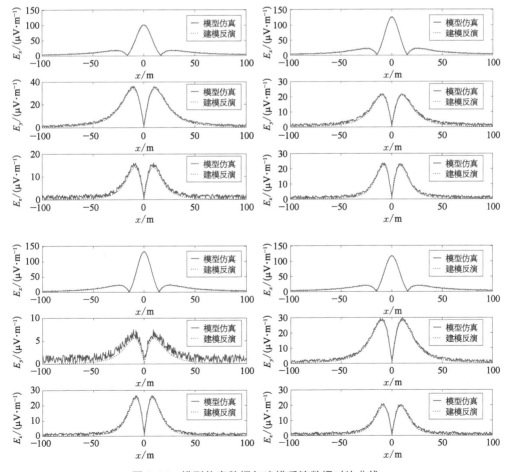

图 3.26　模型仿真数据与建模反演数据对比曲线

3）电偶极矩已知，偶极子 x、y 坐标参数已知，海床电导率单参数反演

仿真数据为模型数据加随机噪声，四条测线的正横距分别为 -9 m、-4 m、1 m、6 m，测线起始和终点坐标为 $[-100 \text{ m}, 100 \text{ m}]$，测点间距为 0.5 m。电偶极矩为 11.8 A·m，偶极子 x、y 坐标设为 $[0.0 \text{ m}, 0.0 \text{ m}]$，若反演参数为海床电导率，则确定反演参数初始值的方法如下：海床电导率设为 0.3 S/m，搜索方法为 Powell 法，而在搜索过程中海床电导率必须大于零，即为正数（表 3.7）。

表 3.7　方法三初始值二反演结果

初　始　值		反　演　结　果	
海床电导率	0.3 S/m	海床电导率	0.198 S/m
		迭代次数	2
		迭代误差	6.24%

此处采用了三种反演模式：第一种是反演参数为电偶极矩，偶极子 x、y 坐标，海床电导率；第二种是反演参数为偶极子 x、y 坐标，海床电导率；第三种是反演参数为海床电导率。

从反演结果来看，没有加噪声的模型数据反演海床电导率，反演误差都比较小，海床电导率与模型设置参数一致；加噪声的模型数据反演海床电导率，反演误差较小，海床电导率接近模型设置参数，其中第一种反演参数为电偶极矩，偶极子 x、y 坐标，海床电导率的反演结果误差较大，海床电导率与模型设置参数相差 0.6 S/m，第二种和第三种反演结果误差较小，海床电导率与模型设置参数相差 0.02 S/m。

因此实际中反演海床等效电导率一般采用第二种方法即反演参数选为偶极子 x、y 坐标，海床电导率。

3.5.3　基于等效系数的界面影响修正方法

1）基本原理

海水-海床对静电场修正基本原理如下：利用稳流电源通过供电电极在海水中产生一静电场，传感器布放于海底，测量所产生的电场 E_1。其中供电电极的位置、电流强度等信息已知，利用空气-海水两层媒质电偶极子电场响应公式可以计算传感器所在位置处的电场强度值 E_2。利用实测数据和理论计算值可以得到等效系数 $k = \dfrac{E_1}{E_2}$。利用等效系数 k 对实测舰船电场数据进行修正，消除海水-海床电导率界面的影响，示意图如图 3.27 所示。

2）海床界面等效系数的提取

可控信号源采用水平时谐电偶极子源模式，信号源输出频率为 5 Hz，输出电流强度为 5 A，等效电偶矩为 30 A·m。测量系统水下测量体获取的信号源电场 x 分量最大值

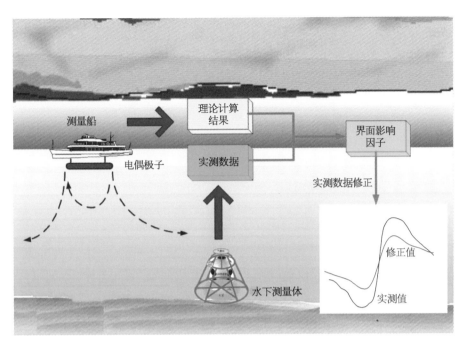

图 3.27　海水-海床界面等效系数获取示意图

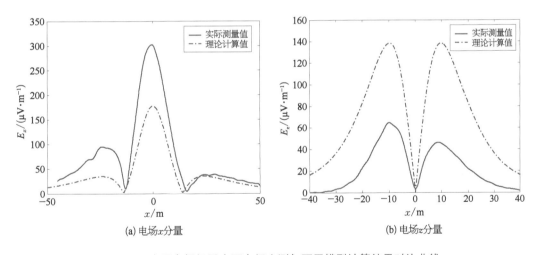

(a) 电场 x 分量

(b) 电场 z 分量

图 3.28　水平电偶极子水下电场实测与两层模型计算结果对比曲线

为 302.3 μV/m, z 分量最大值为 55.4 μV/m。将信号源频率、幅度、海水深度、海水电导率、测线坐标等代入空气-海水两层模型偶极子源电场响应公式,可得到水平电偶极子源水下电场理论值,如图 3.28 中点划线所示。水平偶极子源电场 x 分量理论计算最大值为 177.6 μV/m, z 分量理论计算最大值为 138.5 μV/m。通过实测最大值与偶极子源理论计算最大值进行比对,可得到系统布放海域电场纵向分量等效系数为 1.7,垂直分量影响等效系数为 0.4。结果表明利用该方法对水下静电场数据修正后极值误差不大于 1.9 dB,可以有效消除海水-海床界面影响。

3.6 界面影响修正方法误差分析

3.6.1 界面影响修正试验验证方法

为了验证上述方法的正确性,利用双偶极子源模拟被测目标电磁场。偶极子源产生的水下电场可以通过解析公式精确计算得到,将此作为模拟目标水下电场的真实值,利用该值对修正误差进行定量评估。

验证基本方法如下:首先通过水平偶极子源海上试验提取布放海域的海床等效系数,利用海床等效系数 k 对目标水下电场实测数据进行修正,将实测数据修正后结果与电偶极子电场理论计算值进行比对,计算相对偏差来评估修正方法的精度(图3.29)。

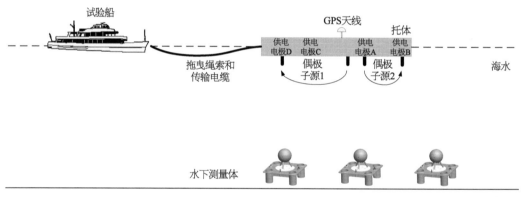

图 3.29 等效系数修正方法海上试验验证示意图

修正误差计算如下:

假定第 i 单程双偶极子源水下电场最大值的界面修正结果为 E_i^m,最大值理论计算结果为 E_i^r,则第 i 单程相对偏差为

$$e_i = \left| \frac{E_i^m - E_i^r}{E_i^r} \right| \times 100\% \tag{3.11}$$

利用 Bessel 公式,综合各单程相对偏差,得到界面影响修正误差为

$$s = \sqrt{\frac{\sum\limits_{j=1}^{n}(e_i)^2}{n-1}} \tag{3.12}$$

3.6.2　修正误差计算

图 3.30～图 3.35 分别给出了采用界面影响修正方法前后,双偶极子源水下电场实测与理论计算对比曲线,其中实线表示实际测量值(或实测修正值),点划线表示理论计算值。由图可看出,利用等效系数修正后的实测数据与理论计算结果基本一致,两者偏差显著降低。表 3.8 给出了三个单程的界面影响修正误差,由表可知经界面影响修正后的误差最大为 20.9%,均方根误差分别为 16.0% 和 10.3%。

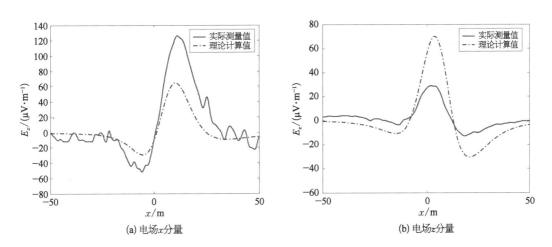

图 3.30　单程 1 未采用界面修正双偶极子源水下电场实测与理论计算对比曲线

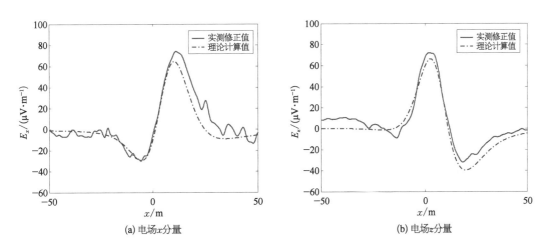

图 3.31　单程 1 采用界面修正后双偶极子源水下电场实测与理论计算对比曲线

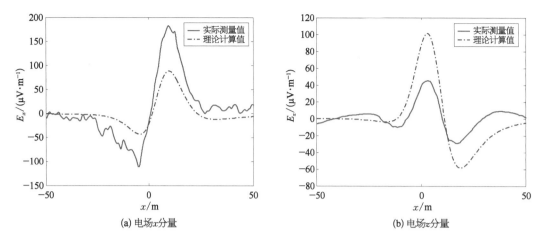

(a) 电场 x 分量   (b) 电场 z 分量

图 3.32　单程 2 未采用界面修正双偶极子源水下电场实测与理论计算对比曲线

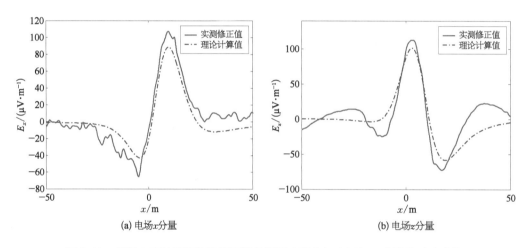

(a) 电场 x 分量   (b) 电场 z 分量

图 3.33　单程 2 采用界面修正后双偶极子源水下电场实测与理论计算对比曲线

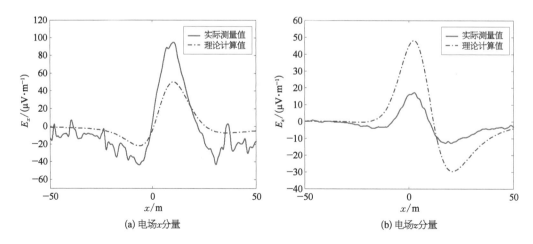

(a) 电场 x 分量   (b) 电场 z 分量

图 3.34　单程 3 未采用界面修正双偶极子源水下电场实测与理论计算对比曲线

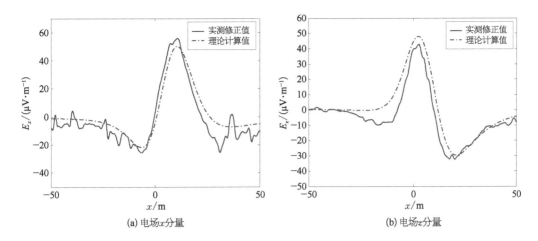

(a) 电场x分量　　　　　　　　　　　(b) 电场z分量

图 3.35　单程 3 采用界面修正后双偶极子源水下电场实测与理论计算对比曲线

表 3.8　界面修正方法验证结果

单　程	电场纵向分量/$(\mu V \cdot m^{-1})$		电场垂直分量/$(\mu V \cdot m^{-1})$		纵向分量误差/%	垂直分量误差/%
	理论计算值	实测修正值	理论计算值	实测修正值		
1	64.7	74.2	66.3	72.0	14.7	8.6
2	88.7	107.2	101.5	112.9	20.9	11.2
3	50.4	55.9	48.1	42.8	10.9	11.0
	均方根误差				16.0	10.3

参考文献

[1]　Burke C P，Jones D L. ELF propagation in deep and shallow sea water[C]//Proc 51st Symp Electromagn Wave Propagation Panel of AGARD (NATO)，1992：111 - 117.

[2]　Chave A D，Flosadottir A，Cox C S. Some comments on seabed propagation of ULF/ELF electromagnetic fields[J]. Radio Science，1990，25(5)：825 - 836.

[3]　Fraser-Smith A C，Bubenik D M，Jr O G V. Large-amplitude changes induced by a seabed in the sub-LF electromagnetic fields produced in，on，and above the sea by harmonic dipole sources[J]. Radio Science，1987，22(4)：567 - 577.

[4]　Raju G S N，Roy G，Rao V P，et al. Propagation characteristics of ELF E-waves in sea water [C]//Proceedings of INCEMIC 2001. Visakhapatnam：IEEE Press，2002：283 - 286.

[5]　Yue R Y，Hu P. The influence of the seawater and seabed interface on the underwater low frequency electromagnetic field signatures［C］// 2016 IEEE/OES China Ocean Acoustics Symposium，2016.

[6]　李凯. 分层介质中的电磁场与电磁波[M]. 杭州：浙江大学出版社，2010.

[7]　刘胜道. 舰船水下静电场的电偶极子模型[C]//水中目标特性研究学术论文集，2002：232 - 241.

［8］ 卢新城. 海水中海床对时谐电流元产生的电场分布的影响［J］. 声学技术，2004，23（S1）：117－120.

［9］ 吴志强. 舰船腐蚀相关电磁场及其应用研究［D］. 西安：西北工业大学，2011.

［10］ 吴志强，李斌. 球面波在平面金属界面上的反射特性研究［J］. 计算机仿真，2011，28（6）：115－118.

［11］ 袁翊. 超低频和极低频电磁波的传播及噪声［M］. 北京：国防工业出版社，2011.

海洋中的电磁场及其应用

第 4 章　海洋电磁传感器

本章主要介绍海洋电磁场测量所用到的电场传感器和磁场传感器，归纳整理了核心指标体系，为选择和判定电磁传感器提供参考，重点介绍了主流的 Ag/AgCl 电极、磁通负反馈感应式线圈和正交基模磁通门传感器。

4.1　海洋电磁传感器指标技术体系

海洋电磁传感器主要用于水下电磁场的观测，将待测电场及磁场高精度转换为电压信号（或数字脉冲），所涉及的技术指标众多，分为以下几大类：环境参数，包括最大工作水深、工作温度范围、温度系数；机械参数，包括体积、水下重量、空气重量；电气参数，包括线性度、本底噪声水平、带宽、量程、功耗。其中电场传感器还需要重点关注电极极差、极差稳定性、源阻抗等参数。下面主要介绍电场传感器的指标体系构成。

4.1.1　电场传感器指标体系

电场传感器核心指标见表 4.1，包括电极极差、极差稳定性、本底噪声水平、工作带宽和源阻抗，另外还包括使用寿命、工作水深、体积、水下重量等。

表 4.1　电场传感器核心指标

指标名称	符号	基本概念	常用单位
电极极差	U	描述电极对之间的极差大小	μV
极差稳定性	U_{drift} T_{coef}	描述极差随时间或温度的变化幅度	$\mu V/d$ $\mu V/℃$
本底噪声水平	e_n	电极对之间的自噪声，常用 1 Hz 频点处的噪声功率谱密度表示	nV/rt(Hz)@1 Hz
工作带宽	BW	描述电极对不同频率信号的响应，一般以 -3 dB 为限	Hz
源阻抗	Z	描述电极对在海水中的阻抗，一般指定特定的频点	$\Omega@××$ Hz

1）噪声水平

电场传感器在海洋环境中进行水下电场测量时受到多种噪声影响，按照噪声源形式可分为内源噪声和外源噪声两种。外源噪声主要包括电离层辐射产生的感应电场（对于海底大地电磁测深来说是有用信号）、海水运动（如海面波浪、潮汐、内波及湍流等）产生的感应电场、人为因素（近岸工业、周边船舶舰艇）产生的电磁干扰和局部地质噪声（例如矿体自然电位）。内源噪声则主要来自电极自身及放大器等电子部件。内源噪声主要包括热噪声和极差变化,其中热噪声与电极源阻抗有关,极差变化受机电化学电位平衡、电极之间海水温度和盐度变化影响。另外,如果在电极内部安装有放大器的情况下,放大器噪声也认为是电极噪声之一。放大器噪声是放大电路中各元器件(包括三极管、电阻、运放等)内部载流子运动的不规则所造成的,主要是由电路中的电阻热噪声、三极管内部噪声、运放本底噪声所形成,主要包括等效输入电压噪声、等效输入电流噪声。

电阻热噪声是由于导体内构成传导电流的自由电子随机的热运动引起的。理论和实践证明,一个阻值为 R 的电阻未接入电路时,在频带宽度 B 内所产生的热噪声电压的均方值 V_n 为

$$V_n = \sqrt{4kTRB} \tag{4.1}$$

式中　k——玻尔兹曼(Boltzmann)常数,其值为 1.38×10^{-23} J/K;

　　　T——绝对温度(K);

　　　B——频带带宽(Hz)。

由式(4.1)可看出,V_n 与温度、电阻值和频率带宽乘积的平方根成正比。目前一般采用热噪声电压功率谱密度[单位:nV/rt(Hz)]来评价电阻的热噪声水平:

$$\frac{V_n}{\sqrt{B}} = \sqrt{4kTR} \tag{4.2}$$

由式(4.2)可知,为降低电极热噪声,应当尽量降低电极的源阻抗。

前文提到测量电极存在热噪声、电化学噪声等多个噪声源,且受到海水电导率、温度及盐度分布等多种因素影响,很难通过理论公式计算出电极自噪声。因此通过实验室测量获取电极自噪声参数是较为实际的途径。即事先获得测量系统的自噪声水平,再测量电极与测量系统的噪声,即可计算得到电极的自噪声。一种可行的测试方法如下:测量之前,应选择适合的测试地点和时间或采用一定的屏蔽措施来尽可能降低外部电磁干扰。将测量电极两两配对置于一盛有 3.5%氯化钠溶液的非金属容器中,然后将测量电极输出端与低噪声放大器和动态信号分析仪相连。选用 EM Electronics 公司的低噪声斩波放大器 A10 作为放大单元,其等效噪声电阻为 20 Ω,本底噪声水平约为 0.5 nV/rt(Hz)@1 Hz,无明显的 $1/f$ 噪声,典型失调电压漂移为 1 nV/℃。设备连接图如图 4.1 所示,放大器输入端通过低热噪声连接器连接一对电极,输出端连接动态信号分析仪。为了降低噪声,采用屏蔽的双绞电缆并尽量缩短电缆长度,同时考虑测试设备的接地,整个测试过程在磁屏蔽筒内进行。为了获得较大的动态范围,采用分频采集(低频、中频和高频)模式进行测量。当测量电极浸泡 24 h 后,动态信号分析仪开始测量获取全频带噪声水平,重点关注 1 Hz 频点输出的噪声功率谱密度。动态信号分析仪测量得到噪声功率谱密度曲线,以评价电极的本底噪声水平。传感器自噪声一般也采用 1 Hz 带宽均方根噪声这个指标,与测量电极不同的是,传感器需要将电极极距归算到单位距离,单位为 μV/[m · $(\sqrt{Hz})^{-1}$]或 nV/[m · $(\sqrt{Hz})^{-1}$]。另外,如果传感器为三轴矢量测量系统,则需要对 x、y、z 三轴自噪声分别进行测量。

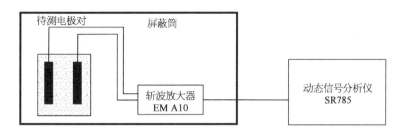

图 4.1　电极噪声测试设备连接示意图

图 4.2 是某测量电极对的均方根噪声曲线,分别获得了放大器的本底噪声、放大器与电极的噪声叠加结果,由于放大器本底噪声对综合噪声的贡献较小而忽略不计,叠加结果认为就是电极的本底噪声。

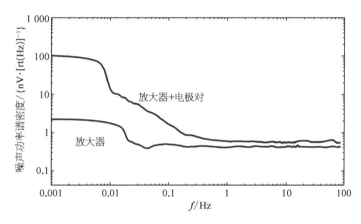

图 4.2　电极对的噪声功率谱密度

2）电极源阻抗

前述测量电极热噪声与其阻抗密切相关,本部分主要阐述测量电极阻抗的相关理论。电极和海水相接触,其等效电路如图 4.3a 所示。电极阻抗 Z_D 主要由电极内阻、电极与海

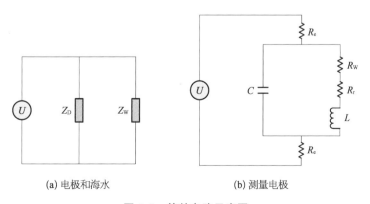

图 4.3　等效电路示意图

水间电容、电感等参数确定,测量电极等效电路如图 4.3b 所示。其中 Z_D 为电极阻抗,Z_w 为海水阻抗,其等效阻抗 Z_t 为

$$Z_t = \frac{Z_D Z_w}{Z_D + Z_w} \tag{4.3}$$

$$Z_D = 2R_e + \left[\frac{(R_w + R_r + j\omega L)\dfrac{1}{j\omega C}}{R_w + R_r + j\omega L + \dfrac{1}{j\omega C}} \right] \tag{4.4}$$

式中 R_e ——电极电阻(Ω);

$\qquad R_w$ ——导线电阻(Ω/m);

$\qquad R_r$ ——导线辐射阻抗(Ω/m);

$\qquad L$ ——导线电感(H/m);

$\qquad C$ ——电极与海水间电容(F/m)。

上述参数的计算公式如下:

$$R_e = \frac{K}{\sqrt{S}} \tag{4.5}$$

$$R_r = 10^{-1}\pi f \tag{4.6}$$

$$L = \left[12.6 - l_n(\sigma b^2 f)\right] \times 10^{-7} \tag{4.7}$$

$$C = \frac{2\pi\varepsilon}{l_n\dfrac{c}{b}} \tag{4.8}$$

$$R_w = \frac{1}{\sigma_w a} \tag{4.9}$$

式中 S ——电极表面积;

$\qquad K$ ——电极形状常数,球形时,$K = 0.14\ \Omega/m$;

$\qquad a$ ——导线截面积;

$\qquad \sigma_w$ ——导线电导率;

$\qquad \sigma$ ——海水电导率;

$\qquad \varepsilon$ ——导线绝缘层的介电常数;

$\quad b$、c ——导线绝缘层的内半径和外半径。

对于低频电场测量的情况(当 $f < 10\ Hz$):

$$\frac{1}{j\omega C} >> j\omega L + R + R_r \tag{4.10}$$

则式(4.4)可简化为

$$Z_D = 2R_e + R + R_r + j\omega L \tag{4.11}$$

由此可见，测量电极的接触阻抗与电极形状、工作频率、海水电导率等参数之间存在密切关系。常用电极材料特性参数试验结果见表 4.2 和表 4.3。

表 4.2　测量电极的等效电阻抗(Dearth, 1978)　　　　单位: Ω

材　　料	频　　点		
	0.1 Hz	0.5 Hz	1.0 Hz
Ag/AgCl	50.12	49.1	55.88
Pt/铂黑	6.8	5.97	5.43
C	22.61	16.65	11.63
Zn	22.73	26.85	13.83

表 4.3　不同材料不同工作频率相对阻抗(Dearth, 1978)

材　　料	高电压(DC)	低电压(DC)	频　　点		
			0.1 Hz	0.5 Hz	1.0 Hz
Ag	1.3	11.88	8.15	2.74	1.91
Ag/AgCl	1.997	3.75	0.397	0.375	0.363
Al	0.921	14.76	155.75	238.83	238.83
C	1.306	2.041	1.10	1.08	1.0
Cu	1.089	5.072	3.0	2.15	1.8
Ni	0.914		313.16	95.35	56.66
Al	7.947	7.947	50.97	52.21	52.2
Pt			7.875	5.653	4.822
Pt/铂黑	0.579	3.14	0.847	0.761	0.761
Sn	0.869	16.24	71.82	63.13	44.7
不锈钢	0.963	10.67	31.35	10.33	6.88
Ti			203.66	49.0	27.3
W	21.17	127	60.24	21.58	12.86
Zn	0.979	1.91	3.14	2.09	1.75

过大的源阻抗势必增大电极噪声，通常用于评价电极生产过程中的一致性。可借助 LCR 表测试电极对分别在 1 Hz、10 Hz、100 Hz、1 000 Hz 频点处的源阻抗。

3) 电极极差

极差电位是指无外加电场作用环境下，测量电极对之间存在的固有电势差。极差电位来源于测量电极对之间的不一致性。测量电极在海水环境中工作时，电极表面会与海水之间发生电化学反应，最终达到动态平衡，电极与海水之间会形成电势差，一般称为电极电位(参比电极一般为标准氢电极)。因此当两个测量电极配对进行电场测量时,每个电极都会存在一个电极电位。如果两个电极完全一致,且电极附近海水盐度、温度、流速等参数也完全相同,则两个电极电位相等,即不存在极差电位。但是由于制作工艺的限制,每个电极体的材料及其纯度、配置比例和粉压过程很难做到完全相同,并且海洋环境变化复杂,测量电极之间的不一致性很难消除,因此极差电位是测量电极对的固有特性之一。

测量电极对极差电位的存在会限制传感器的动态范围,降低传感器的分辨率,降低传感器识别微弱电场信号的能力,因此极差电位是反映电场传感器性能指标的一个重要性能参数。通过对所有测量电极两两配对,选择出极差电位最小的电极对作为传感器灵敏元件,可以在一定程度上提高水下电场传感器灵敏度。

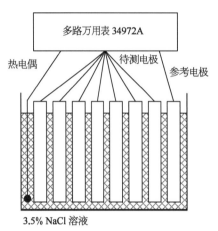

图 4.4　电极极差测试示意图

借助多路数据采集单元 Agilent 34972A(图 4.4)进行多路电极极差测量,该单元内置六位半数字万用表及多路开关模块。单个开关模块可以多达 40 通道,并同时记录温度的变化情况,仪器内置 BenchLink Data Logger 软件,可通过不同配置来控制测试、显示结果及存储数据。

由于溶液浓度、温度等因素的变化,电极极差总是随外界环境温度的变化而变化。在环境昼夜温差变化较小的条件下,连续观测并记录极差变化情况,从而评价电场传感器的极差稳定性。测试前,应将待测电极放入溶液中浸泡 48 h,建立稳定的电化学过程,并尽量降低测试环境的温度变化,有条件的话同时记录溶液温度。

4）极差稳定性

极差稳定性是指电极在长期使用过程中,其极差电位绝对变化的性能。当环境温度不变时,极差电位随时间变化的现象称为时漂。目前一般采用 24 h 极差漂移指标来评价极差的时间稳定性。由外界环境(海水)温度变化引起的极差变化现象称为温漂,也是影响极差稳定性的一个重要因素。

极差稳定性对传感器测量结果的处理和分析会产生一定影响,极差电位漂移会叠加在舰船自身电场信号上,使舰船电场信号产生扰动现象,由于极差电位漂移具有长周期缓变特点,其频率范围与舰船稳恒电场频段基本重合,采用传统的数字滤波方法很难消除这部分噪声。开展测量电极对极差稳定性测试,选取时漂、温漂小的测量电极对具有十分重要的意义。图 4.5 是某批次电极对极差漂移曲线。

5）频率响应范围

频率响应范围也指工作带宽,是电场传感器测量频率范围。由于海洋电场信号的频率范围较宽,为 DC－1 kHz,而且不同频段信号幅值差异也较大(有可能达 40 dB 以上),所以一般采用分频带采集技术(图 4.6),对不同频段的信号采用不同增益,来提高测量传

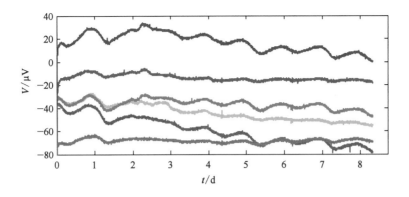

图 4.5　电极对极差漂移曲线

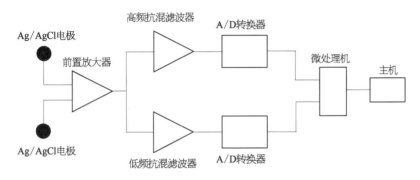

图 4.6　电场传感器分频段采集原理图

感器的分辨率。

频率响应范围反映了电场传感器识别不同频率电场信号的能力。海洋电场信号频率较为丰富,这要求电场传感器对各频点信号都有较好的识别能力。借助动态信号分析仪,获取电极对的频率响应。图 4.7 为测试电极频响所采取的测试方案,动态信号分析仪的源输出接至功率放大器输入端,功放驱动激励电极,测量电极信号输出连接至放大器输入端,放大器输出端连接至动态信号分析仪的输入端。动态信号分析仪切换不同频率获取电极对的全频段频率响应。需要说明的是,对于同一装置,本方法只能对比不同电极对的频响,受限于装置几何参数,尚不能给出准确的灵敏度系数。图 4.8 是某测量电极对的频率响应曲线。

6）耐压性能

传感器耐压性能是指传感器整体抗海水压力能力,由测量电极、承压舱及水密性等多种因素决定。海洋电场测量是将测量电极置于海水中接触测量,海水每加深 100 m,水压会增加 1 MPa,这需要电极具有较强的耐压能力。因此为了保证测量电极在海水中工作正常,需要保证测量电极的耐压能力。

7）量程

量程是指电场传感器能够测量最大电场强度之间的范围,例如 −10～10 mV/m。过大的电位梯度可能导致电极极化,而不能恢复。

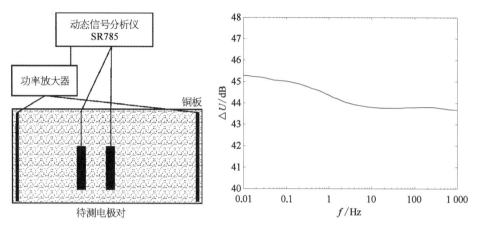

图 4.7　电极频率响应测试示意图　　　　图 4.8　某测量电极对的频域响应曲线

8）校准系数

校准系数用于消除电路、电极设计生产工艺带来的电位偏移、增益误差,以及电场传感器非金属壳体存在对水下电场产生的畸变等。

4.1.2　磁场传感器指标体系

磁场传感器核心指标为本底噪声水平、频率响应、功耗、体积、重量、线性度等。其中本底噪声水平、频率响应、体积、重量、功耗等指标之间又相互制约(表4.4)。

表 4.4　磁场传感器主要指标

指标名称	符　号	基　本　概　念	常用单位
本底噪声水平	e_n	磁传感器自身噪声,通常在零磁条件下测量,用噪声功率谱密度表示	pT/rt(Hz)@1 Hz
工作带宽	BW	描述磁传感器对不同带宽信号的响应	Hz
灵敏度	S	描述传感器电压对应磁场输入的转换关系	V/nT
线性度	δ	磁传感器的电压输出与磁场输入的响应非线性度	10^{-6}

磁传感器的指标也很多,工程实践中一般对以下四类参数进行详细测试。

1）工作带宽

工作带宽测试获取磁传感器的频率响应,包括幅频响应及相频响应。通常取平坦段作为磁传感器将磁场信号转换为电信号的转换系数。测试过程如下,利用长直螺线管线圈产生均匀磁场,将待测磁场传感器放入该均匀磁场中,测量磁场传感器的输出电压。根据长直螺线管线圈的参数(长度、匝数)可计算得到线圈常数 K。磁场输入已知,进一步可计算得到传感器灵敏度。借助动态信号分析仪35670A,其工作在频率响应模式下,输出信号 V_{out} 经过串联电阻 R 加载激励线圈上,产生激励磁场 B_{in},见式(4.12),磁传感器输出电压接入至动态信号分析仪输入端 V_{in},$H(\omega)$ 为磁传感器频率响应,计算得到 V_{in}/V_{out} 电压增益的幅值及相位,进而计算得到磁传感器频响 $H(\omega)$。测试设备示意图如图4.9所示。

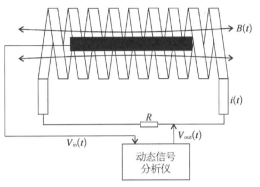

$$B_{in}(\omega) = K\frac{V_{out}(\omega)}{R} \qquad (4.12)$$

$$V_{in}(\omega) = H(\omega)B_{in}(\omega) \qquad (4.13)$$

$$H(\omega) = \frac{V_{in}(\omega)}{B_{in}(\omega)} = \frac{V_{in}(\omega)}{V_{out}(\omega)}\frac{R}{K} \qquad (4.14)$$

图 4.9 频响测试设备连接示意图

2) 本底噪声

通常在磁屏蔽室中进行测量,由于磁屏蔽室内部剩余地球磁场足够低,近似为零磁空间,因此磁场传感器的输入磁场可认为是0,输出即为传感器的本底噪声。借助动态信号分析仪获得磁传感器输出电压的噪声功率谱密度,刨去磁传感器频率响应,即可得到磁传感器本底噪声,测试示意图如图4.10所示。由于磁屏蔽室本底噪声足够低,所测结果即可认为是磁传感器本底噪声。

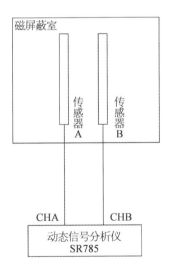

图 4.10 本底噪声水平测试图

图 4.11 磁屏蔽筒实物图

由于磁通门传感器体积较小,且噪声测试要求没有感应式线圈那么高,借助磁屏蔽筒即可开展噪声水平测试。磁屏蔽筒实物如图4.11所示,由多层高磁导率合金材料制成,屏蔽地磁场、环境干扰磁场,内部尺寸 $\phi80\text{ mm}\times300\text{ mm}$,均匀区长度

150 mm,剩磁小于 2 nT。

3）一致性

通常在弱磁干扰条件下开展,一方面评估磁传感器测量信号的准确性,另一方面评估不同磁传感器之间测量结果的一致性。如图 4.12 所示,将待测磁传感器同时接入外部数据采集设备,利用森林罗盘和水平尺布置磁传感器两两平行且水平,磁传感器间隔约 2 m。三只磁传感器所测信号源认为同一信号源,理论上磁传感器输出信号应当完全一致。借助第三方电磁接收机采集足够长数据,计算时间序列的功率谱密度和相干系数来评估磁传感器的一致性。

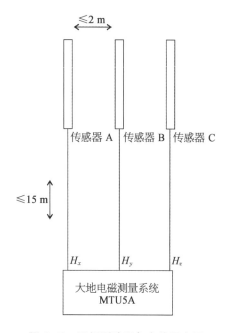

图 4.12　平行测试设备布放示意图

图 4.13　亥姆霍茨线圈实物图

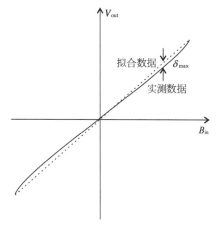

图 4.14　磁通门传感器线性度测试方法

4）线性度

线性度作为磁通门传感器的重要指标之一,表示磁传感器的直流测量精度。通常借助标准磁场发生器(亥姆霍茨线圈实物如图 4.13 所示)测量磁传感器电压输出与标准磁场输入之间的非线性度。图 4.14 给出了线性度测试方法,根据磁传感器量程,由亥姆霍茨线圈产生一组线性分布的磁场激励信号,借助高精度直流万用表同步记录磁传感器的电压输出,根据电压输出与磁场输入,最小二乘拟合获得最大残差,最大残差与量程的比即为磁传感器的非线性度误差。

4.2　海洋电场传感器

　　海洋电场传感器用于海洋电场电位(电势)的传感,完成电场信号测量。相比陆地电场观测,水下电场信号幅值十分微弱,对传感器的灵敏度提出更高要求。组成电场传感器的核心部件是电极,电极本质上是高度灵敏的伏特计,电极成对出现。工作示意图如图 4.15 所示,借助两个电极来测量空间分布两点间的电势差,输出单位为 V,电场单位为 V/m。

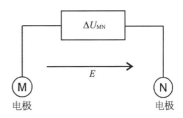

图 4.15　电极工作示意图

　　作为海洋电磁勘探或水下目标检测的关键部件,电极通常集成在水下观测仪器中,与后续的低噪声放大电路、采集、存储电路一起组成观测设备。用于海洋微弱电场信号检测的电极材料主要有两种:一种是惰性物质,如 Ti、Pt、石墨等;另一种是金属/金属难溶盐物质,如 Ag/AgCl、Pb/PbCl$_2$ 等。惰性物质在海水中一般会产生极化现象,当有微弱电流通过电场传感器表面时容易引起较大的电位波动,不利于低噪声海洋电场信号的检测。相比之下,金属/金属难溶盐物质在海水中具有非极化特性,当电极表面出现微弱电流变化时能够保持相对稳定的电位,这对低频海洋微弱电场信号的检测是非常有利的。以 Ag/AgCl 材质为代表的电极具有优良的低噪声特性,得到广泛应用,但同时也存在维护成本高、寿命有限等不足。基于碳纤维技术的新型传感器比 Ag/AgCl 电极具有皮实耐用的优势,它克服了 Ag/AgCl 电极的不足,且高频段可实现低噪声水平,但在低频范围内受到电容效应的制约,还不能很好地适用于直流和至低频海洋微弱电场信号的检测。从目前的技术状态来看,Ag/AgCl 电极仍是主流,碳纤维为辅,新型材料的电极还在不断涌现。

4.2.1　Ag/AgCl 电极

1) 原理

　　Ag/AgCl 电极属于金属/金属难溶盐电极,主要由金属、金属难溶盐及与金属难溶盐具有相同阴离子的可溶性盐溶液组成。该类型电极在进行反应时,金属阳离子参加氧化还原反应,而阴离子只在固/液界面进行溶解和沉积(生成难溶盐)。Ag/AgCl 电极在海水中存在 Ag/AgCl/Cl$^-$ 两个相界面,主要由金属 Ag、固体 AgCl 和含有可溶性氯化物的电解液组成。电极处于平衡状态时,氧化反应和还原反应速度相等,电极净反应速度为零,反应可表示为

$$Ag^+ + e \longrightarrow Ag \tag{4.15}$$

$$AgCl + e \longrightarrow Ag + Cl^- \tag{4.16}$$

AgCl 虽然是一种难溶物质,但在海水中仍有一定的溶度积,因此电极表面存在另一个平衡关系:

$$AgCl(固) \longrightarrow Ag^+ + Cl^- \tag{4.17}$$

根据能斯特(Nernst)方程可得到平衡状态的电极电位 $\varphi_平$:

$$\varphi_平 = \varphi^0 + \frac{RT}{nF} \ln \frac{C_O}{C_R} \tag{4.18}$$

式中　φ^0——标准电极电位;

　　　R——理想气体常数;

　　　T——环境绝对温度;

　　　n——参加反应的电子数;

　　　F——法拉第常数;

　　　C_O——氧化剂浓度;

　　　C_R——还原剂浓度。

式(4.18)中的平衡电极电位 $\varphi_平$ 可表述为

$$\varphi_平 = \varphi^0 + \frac{RT}{nF} \ln a_{Ag^+} \tag{4.19}$$

由于式(4.17)不得失电子,根据 AgCl 的溶度积

$$K_S = a_{Ag^+} \, a_{Cl^-} \tag{4.20}$$

$$a_{Ag^+} = \frac{K_S}{a_{Cl^-}} \tag{4.21}$$

所以 Ag/AgCl 电极的平衡电位 $\varphi_平$ 为

$$\varphi_平 = \varphi^0 + \frac{RT}{nF} \ln \frac{K_S}{a_{Cl^-}} \tag{4.22}$$

综上所述,在 Ag/AgCl 电极反应中,实际参与氧化还原反应的是 Ag^+,而在固/液界面上溶解和沉积的是 Cl^-。Ag/AgCl 电极本质上是对 Ag^+ 可逆的,但由于 Ag^+ 的活度受到 Cl^- 活度的制约,因此电极的平衡电位主要依赖于 Cl^- 的活度。

Ag/AgCl 电极的化学反应是一个可逆的过程,其氧化还原反应处于一个动态平衡状态,而电极电位的稳定性取决于氧化、还原过程的物质浓度变化率。AgCl 作为一种难溶性盐,在海水中分解为 Ag^+ 和 Cl^- 的速度慢,减缓了电极表面反应粒子浓度的变化,提高了电极电位的稳定性。而且海水中参与导电的离子为氯离子,与 Ag/AgCl 电极中的 Cl^- 为同一种物质,确保了 Ag/AgCl 电极在海水中的长时间稳定性。

2）噪声分析

可逆电极中当电荷交换和物质交换处于动态平衡状态时，其净反应速度为零，此时的电极电位为平衡电位。如果有电流通过电极界面，电化学平衡会发生偏离，电极电位偏离平衡电位，产生极化现象，形成极化过电位，用符号 η 表示：

$$\eta = \varphi - \varphi_{\Psi} \tag{4.23}$$

式中　η——电极极化程度；

　　φ——电极电位；

　　φ_{Ψ}——平衡电位。

与此同时，由于可逆电极的自身反应存在使偏离电位逐渐恢复平衡状态的趋势，即去极化作用。电极的净反应速度可以用巴特勒-伏尔摩（Butler – Volmer）方程来表述：

$$i = i_0 \left\{ \exp\left[-\frac{\alpha F}{RT}\eta\right] - \exp\left[\frac{(1-\alpha)F}{RT}\eta\right] \right\} \tag{4.24}$$

式中　i——电极的净反应速度（或称为极化电流密度）；

　　i_0——电极反应的交换电流密度，即在平衡状态下氧化态和还原态粒子在电极/溶液界面的交换速度；

　　η——电流通过电极时的极化过电位；

　　α——电子传递系数，与电极电位和活化能有关。

从式（4.24）可以得出，电极发生极化现象时，交换电流密度 i_0 越大，电极的净反应速度 i 越快，电位偏离平衡的程度越弱，即去极化作用越强。换句话说，电极极化时的过电位大小取决于极化电流密度 i 和交换电流密度 i_0 的相对大小，当极化电流密度 i 不变时，交换电流密度 i_0 越大，极化过电位 η 越小。

由于金属 Ag 的交换电流密度远远大于其他常用金属，在极化电流密度较小时，Ag/AgCl 电极可认为是理想不极化电极。当海底微弱电场信号经过 Ag/AgCl 电极界面时，由于电极的净反应速度很大，以至于去极化作用与极化作用平衡，电极反应在接近平衡电位的条件下进行，电极电位几乎不变化，这对水下微弱电场信号的检测无疑是有利的。

电极由平衡状态被电流破坏到重新建立平衡状态的过程，可以用图 4.16a 所示的等效电路模型来表示。在 Ag/AgCl 电极反应中，法拉第阻抗 Z_f 用电极/溶液界面的电荷传递电阻 R_{ct} 来替代，其等效电路模型简化为图 4.16b。

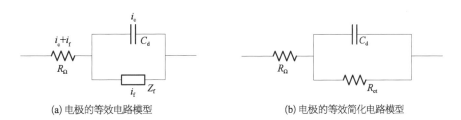

(a) 电极的等效电路模型　　　　　　　　(b) 电极的等效简化电路模型

图 4.16　电极的等效电路模型与简化模型

由图 4.16a 可以看出,电极上的电流分为两部分:一部分为法拉第电流 i_f,该电流来源于电极表面电化学反应的电荷传递;另一部分为非法拉第电流 i_c,是由双电层电荷改变产生的电流。

对于 Ag/AgCl 不极化电极,外电路流向界面的电荷对双电层结构无影响,全部作用于界面的电化学反应,从而维持快速的反应速度。当极化电流密度 i 远远小于交换电流密度 i_0,即过电位 η 很小时,式(4.24)按级数形式展开,可得

$$i = i_0 \left[1 - \frac{\alpha F}{RT}\eta + \frac{1}{2!}\left(\frac{\alpha F}{RT}\eta\right)^2 - \cdots \right] - i_0 \left\{ 1 + \frac{(1-\alpha)F}{RT}\eta + \frac{1}{2!}\left[\frac{(1-\alpha)F}{RT}\eta\right]^2 + \cdots \right\} \tag{4.25}$$

由于 $|\eta|$ 很小,则

$$\frac{\alpha F}{RT}|\eta| << 1 \tag{4.26}$$

$$\frac{(1-\alpha)F}{RT}|\eta| << 1 \tag{4.27}$$

式(4.25)级数展开式只保留前两项,得到低电位下的近似公式:

$$i \approx -\frac{i_0 F}{RT}\eta \tag{4.28}$$

$$\eta \approx -\frac{RT}{F}\frac{i}{i_0} \tag{4.29}$$

由式(4.29)可以看出,极化过电位 η 与净反应速度 i 或交换电流密度 i_0 呈线性关系。由此得到电极/溶液界面的电荷传递电阻 R_{ct} 的表达式:

$$R_{ct} = \left| \frac{d_\eta}{d_i} \right|_{\eta \to 0} = \frac{RT}{Fi_0} \tag{4.30}$$

由式(4.30)可以得出,电荷传递阻抗 R_{ct} 与交换电流密度 i_0 成反比关系,交换电流密度 i_0 越大,电极/溶液界面的电荷传递电阻 R_{ct} 越小。由于 Ag 的交换电流密度 i_0 较大,电荷传递电阻 R_{ct} 小,这有利于电荷在电极/溶液界面的传递。

3) 制作工艺

目前 Ag/AgCl 电极制备工艺有粉末冶金法、电解法和热分解法。其常用制备方法如下所述:

(1) 粉末冶金法。基本工艺是将 Ag 粉和 AgCl 粉末材料通过模具加压使电极成型,然后放在高温下烧结,烧结完经盐酸活化处理,与银棒进行连接即得到固态 Ag/AgCl 电极。

(2) 电解法。将银丝经过处理后放入电解液中进行阳极氧化,用铂丝做阴极,在电解池中通入一定的电流,电解一段时间后,即可得到氧化后的 Ag/AgCl 丝。Ag/AgCl 丝经

过加工后得到 Ag/AgCl 电极。

(3) 热分解法。利用加热分解的方法直接制得 Ag 粉和 AgCl 粉混合物,将铂丝上涂有一定比例的 Ag_2O 和 $AgClO_3$ 的混合物,在坩埚炉中高温加热,使混合物分解成为 Ag 和 AgCl,该电极在稀 HCl 溶液中具有稳定的电位。

粉末冶金法和热分解法是由 Ag 与 AgCl 粉末经提纯、高温烧结工艺得到,有较好的均匀性和稳定性,关键技术在于制备合适的 AgCl 粉末,其电化学特征直接影响电极噪声,不足之处在于工艺步骤复杂,成本较高,各环节参数不易控制,成品率较低。区别于粉末冶金法,电解法的关键步骤在于通过电解法在一定面积的银箔基体表面沉积一层致密、均匀的 AgCl,并为银箔包裹保护罩、引出连接线、解决水密问题。经验证,此工艺成品率较高。采用电解法工艺制备 Ag/AgCl 电极,依次经过引线、密封、组装等步骤制作水下电场传感器。

电解法制备 Ag/AgCl 电极的过程主要包括三个步骤:电极芯的制备、电极的阳极氧化(电解)、电极装置的承压密封。Ag/AgCl 电场传感器主要由传感器主体、传感器腔体、传感器保护罩和水密接插件组成,其结构示意图如图 4.17 所示。涂有 AgCl 的银片通过多孔管与海水进行离子交换;多孔管主要起到透水与物理保护的作用;水密接插件实现海底电场信号与低噪声放大器之间的水密传输。

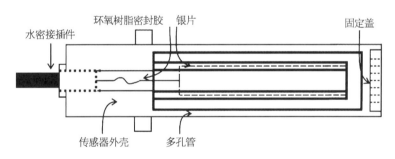

图 4.17 海底电场传感器结构图

抛光粉打磨银线和银管,并依次用丙酮、稀硝酸溶液、去离子水超声清洗。银管与银线一端硬连接,另一端固定在电极管底部,银管内部及银管和电极管之间分别填满 AgCl 粉末和硅藻土的混合物。环氧树脂密封电极管顶部,得到电极芯,并将电极芯浸入蒸馏水中保存。

在室温环境下,对电极芯进行阳极氧化,电解质溶液采用 3.5% 的 NaCl 溶液,整个过程在暗室内进行。电极芯作为阳极参与反应,另一纯净的银箔放入电解质溶液中,作为阴极参与反应。电解原理示意图如图 4.18 所示。

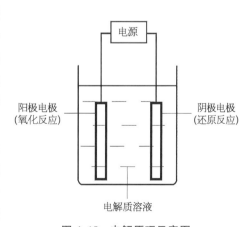

图 4.18 电解原理示意图

电解时通入恒定的电流,银管和银箔分别发生氧化还原反应,银管表面产生一层均匀致密的 AgCl 物质,银箔表面产生大量气泡。

电解过程中阳极发生氧化反应,其反应式为

$$Ag - e \longrightarrow Ag^+ \tag{4.31}$$

$$Ag^+ + Cl^- \longrightarrow AgCl\downarrow \tag{4.32}$$

阴极发生还原反应,其反应式为

$$2H^+ + 2e \longrightarrow H^2\uparrow \tag{4.33}$$

电解一段时间后即可得到 Ag/AgCl 电极,电解完的 Ag/AgCl 电极放入盛满 NaCl 溶液的密闭容器内避光保存。

信号传输接插件引线与 Ag/AgCl 电极芯引线冷焊接,并通过传感器腔体固定连接,接触面通过环氧树脂密封,确保与海水隔离。电极芯置于电极保护罩内,缓冲物质置于电极芯与电极保护罩之间,信号传输接插件用 O 形圈与传感器腔体顶端密封,电极保护盖固定于电极保护罩底部,得到完整的电场传感器装置。

制作的电极实物如图 4.19 所示。电极典型指标为初始极差小于 $100\,\mu V$,极差漂移优于 $20\,\mu V/d$,内阻约 $5\,\Omega@10\,Hz$。

图 4.19　电极实物图

4.2.2　其他类型电极

1) 碳纤维电极

如前所述,Ag/AgCl 电极存在维护过程难(需要避光保存,持续浸泡在盐水中)、不便于运输、寿命短(3~5 年)等不足。这些不足使得人们将目光投向其他材质的电极,而碳纤维便是其中之一。碳纤维电极由多根细碳纤维经过物理化学表面处理,其化学性质为惰性,相比 Ag/AgCl 电极具有皮实耐用的优势,在高频段具有较低的噪声水平,也被应用于水下电场测量。碳纤维电极的实验室研究表明,静态电磁环境中,它们对于较高频率的信号具有很低的自噪声,这使得碳纤维非常适合于远程参考目的或用于快速变化的电场信号测量,且碳纤维电极的频率响应特性与 Ag/AgCl 相比并不差。

碳纤维电极自 20 世纪 70 年代发明以来,已在军事及民用工业的各个领域取得广泛应用,被认为是高科技领域中新型工业材料的典型代表。碳纤维是一种含碳量在 90% 以上的纤维状碳材料,不仅具有碳材料的本征特性,还兼备纺织纤维的可加工性,碳纤维具有密度低、高强高模、耐高温、抗辐射、耐化学腐蚀、导电导热、热膨胀系数小、比表面积很大等一系列优异的性能和特点。采用碳纤维材料制成的传感器有一系列优点:

第一,碳纤维材料非常均匀,因此在高产量的制造过程中,电极具有均匀的特性。第二,碳纤维传感器具有良好的表面重量比,因此容易获得大的表面积,从而降低了与水的接触电位。第三,纤维材料能够承受环境中的化学变化,在沿海水域中,电化学活性高和传感器性能随时间的推移而降低是一个重要特性。第四,碳纤维电极有优越的防污性能,试验证明在 12 m 的浅水里,即在透光区,8 个月后,贻贝苔藓虫和面盘幼虫也不能附着在它们身上。

瑞典国防科研院所研制的碳纤维电极是由一种常用的纤维制成(型号 TORAY T300),表面重量比为 0.5 m^2/g。电极由大约 120 万根纤维组成,单根纤维直径为 7 μm,单根长度为 20 cm。将纤维束所有纤维与外部金属线进行电气连接,并用环氧树脂灌封保证连接点的水密。此后在溶剂中洗涤纤维束,以去除多余的软性环氧涂层,留下清洁的表面,用于与海水接触,传递电场信号。

碳纤维呈电容特性,电极易极化,导致电极电位不稳定。研究表明,对碳纤维进行表面处理可有效改善碳纤维电极特性。常见的处理方法包括表面热处理、纳米处理、生物酶、表面活化处理、碳纤维纸。进行进一步研究,在碳纤维清洗工艺的基础上,在马弗炉的高温(445℃、465℃、485℃)里保温 4 h,静止冷却至室温,用蒸馏水清洗后自然风干待用。结果表明,热处理温度的提高能显著提高电极在海水中的电位稳定性、抗极化性能及电极自噪声稳定速度。

未经表面处理的碳纤维表面碳碳之间以非极性共价键连接,碳纤维晶界间呈平行的石墨微晶乱层结构,导致碳纤维表面度很小,表面呈现化学惰性和憎液性。而经过热处理后的碳纤维,由于比表面积变化、碳纤维表面亲水基团的增加及表面性能的改变,有效提高了电极的稳定性和抗极化性能。碳纤维电极表面修饰技术的实质就是通过改变电极表面修饰物来大范围地改变反应电位和反应速率,在分子水平上实现碳纤维电极的功能设计,使电极本身除具有传递电子的功能外,还能对电化学反应进行某种促进与选择。

碳纤维电极克服了由于温度和盐度的差异等因素引起的化学稳定性,如极化噪声和漂移,这种类型的电极适用于快速布阵模式和高可靠性应用。但是它在 DC 和长周期时传感器噪声超过放大器等效输入噪声,因此对于频率低于约 1 mHz 的电场信号不敏感。

2) Ti 电极

美国加州大学 Scripps 海洋研究所为克服 Ag/AgCl 电极在维护、运输、寿命等方面的不足,开展了 Ti 电极的研制工作。在 Ti 薄板上涂有几十纳米厚的氧化钛层,区别于 AgCl 的电化学原理,Ti 电极为电容电荷耦合原理。

图 4.20 为在现有海底电磁接收机上平行安装有 AgCl 电极和 Ti 电极的实物图,Ti 电极极距分别测试 1 m 和 10 m 两种情况,AgCl 电极极距 10 m。对比了 Ti 电极与已有的

Ag/AgCl 电极性能,进行了平行测试。图 4.21 为海试测试结果,表明 Ti 电极在 1 m 极距条件下的本底噪声大于传统的 Ag/AgCl 电极,而在 10 m 极距条件下噪声水平要优于传统的 Ag/AgCl 电极。

图 4.20　Ti 电极与 AgCl 电极对比测试实物图

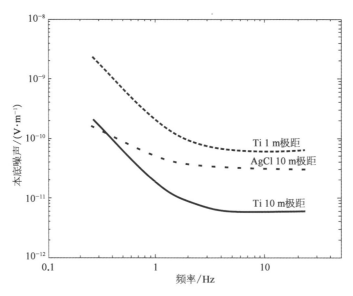

图 4.21　Ti 电极与 AgCl 电极噪声对比图

　　Ti 电极在长极距条件下展现的低噪声水平优于 AgCl 电极,同时还具有干电极(无须浸泡海水保存)的特征,使得 Ti 电极在水下电场观测中展现了强大的生命力。

　　3)镍酸钐电极

　　美国普渡大学的研究人员研发出镍酸钐($SmNiO_3$)传感器,这种传感器可在海水中检测微弱电场,并且颜色随之改变;在盐水中性能稳定,可用于探测舰艇、无人潜航器或海洋生物的电场信号。

　　镍酸钐是一种钙钛矿结构的稀土族镍酸盐,属于具有强电子关联的量子材料。在海水环境的负电位作用下,H^+ 进入镍酸钐晶格,形成氢化镍酸钐。这种质子流导致镍原子的三维轨道电子构型发生变化,电阻特性发生极大改变,导致强烈的莫特—哈伯德电子间作用,材料从金属转变为绝缘体。研究人员将镍酸钐置于 NaCl 溶液中浸泡 24 h,电阻-温度曲线变化极小,表明镍酸钐在海水中具有较好的稳定性。对浸泡在 NaCl 溶液中的镍酸钐施加 0～4 V 的负电压后,镍酸钐的电阻增加了 10 万倍,并伴随明显的颜色变化(由黄色变为蓝色);同时电阻随温度升高而线性下降。施加正压后,材料还可恢复原有的电阻特性。研究人员试验了镍酸钐在 5 mV～0.5 V 的电阻变化情况,电阻-电压曲线呈线性变化,低于 5 mV 的电压作用可通过线性外推获得。使用精度 100 nΩ 的电阻测量器件,镍酸钐传感器的电压灵敏度可达 4.5 μV。

　　镍酸钐传感器可通过检测海水中微弱的电信号监视舰艇、无人潜航器等的活动,为反潜提供了一种新的探测手段。此外,还可用作热电阻、pH 传感器,或用于研究海洋生态系统。

4.2.3　水下电场传感器的结构

1) 电场测量原理

　　舰船电场测量传感器按测量方式可分为接触式和非接触式两种类型。其中接触式传感器由于原理简单、结构简易而广泛用于舰船水下电场测量工作中。接触式电场传感器的工作原理如图 4.22 所示。海水媒质中间距为 L 的两点 A 和 B,在外部电场的作用下会存在电势差 U。将两只测量电极分别布置于 A 和 B 两点,则测量电极对、导线及电压表便组成一个简易的电场测量系统,测量电极之间电势差经过匹配线路,被送到电压表的输入端。通常测量电极的尺寸 d 要远远小于电极极距 L,则电极之间相互作用可以忽略,每个电极的电势与所在测点上的电势一致,即 $L \gg d$ 时,

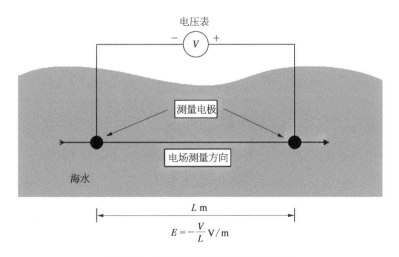

$$E = -\frac{V}{L} \, \text{V/m}$$

图 4.22　接触式电场测量原理示意图

$$U = -E_L L \tag{4.34}$$

式中 E_L ——电场强度矢量 $\boldsymbol{E}$ 在测量方向 $\vec{L}$ 上的投影。

2）电场测量系统基本结构

水下电场测量系统一般由测量电极、信号调理和采集模块、电子舱（密封承压舱）和电源模块等几部分构成。测量电极是电场测量系统的关键元件之一，其性能优劣直接影响到系统的测量精度和稳定性。Ag/AgCl 电极在海洋高压环境下极差小、稳定性高，对海生物生长具有一定的抑制作用，并且技术相对成熟，因此成为最常用的测量电极。Ag/AgCl 电极一般采用圆柱状、球状两种外形结构。

水下电场测量系统结构设计与其用途密切相关。水下电场传感器密封承压舱采用高强度工程塑料（如聚四氟材料等）制作，用于保证承压舱在具有一定的耐压能力同时，自身不会产生附加电场。传感器中测量电极个数一般为 6 个，测量电极两两配对，以一定间距分别固定在承压舱外壳上相互正交的三对圆孔中，组成三轴正交测量系统。当然，通过一些优化措施，利用 5 个和 4 个测量电极也可测量水下电场强度的三个正交分量，如图 4.23 所示。

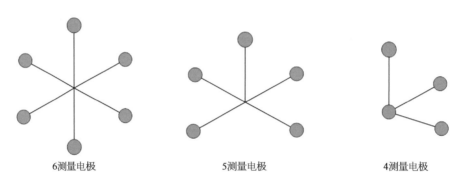

6测量电极   5测量电极   4测量电极

图 4.23　不同结构的水下电场传感器系统

3）电场传感器的等效电路分析

任意的电场传感器都可以用二端元形式的等效电路来置换，也就是采用电动势源和带有一定内阻的电流源来等效（图 4.24）。电路有三个参数：电动势源的空载电压 U_x、电流源的短路电流 I_x 和输出阻抗 Z_f。其中两个参数未知，而第三个可以由以下关系得到：

$$U_x = I_x Z_f \tag{4.35}$$

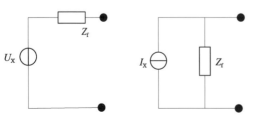

图 4.24　电极二端元等效模型

传感器的输出阻抗由它的结构（几何尺寸、材料）和周围介质（化学组成、电导率）的参数来决定。二端元的电压或者电流和所研究的电场是单值对应的。传感器的工作状态近似于空载，因此对于它们的分析更方便的是研究图 4.24 的等效电路图。等效电路的参数值也成为最主要的传感器特性,进一步把它们用于得到传感器的灵敏度和转换系数。

传感器测量基阵的等效长度为

$$l_{\varepsilon} = \frac{U_x}{E_0} \tag{4.36}$$

这个等效长度 l_{ε} 对于带有点状电极的传感器来说等于电极之间的距离(几何尺度)。基于等效长度、介质电导率和等效电路可以得到传感器的主要参数。阻抗为 Z_f 及其相应传感器输出阻抗的传感器基阵有效长度为

$$l_H = l_{\varepsilon} \left| \frac{Z_H}{Z_i + Z_H} \right| = \frac{l_{\varepsilon} Z_i}{2R_i} \tag{4.37}$$

式中　R_i——输出电压的实部;

　　　Z_H——负载的总电阻。

传感器的转换系数等于输出值和输入值的比率关系。得到比率关系之后可以得到电场强度 E_0,导体介质中的电流密度 $J = \sigma E_0$(σ 为介质的电导率)。

传感器截面的等效面积 s_{ε} 或者电流的传递系数(转换系数)等于短路电流与实际电导电流密度的比值:

$$s_{\varepsilon} = \frac{I_K}{J} = \frac{U_x}{E_0 Z_i \sigma} = \frac{l_{\varepsilon}}{\sigma Z_i} \tag{4.38}$$

传感器的等效体积 V_{ε} 的特点是相当于电场传感器具备相应负载($Z_n = Z'_n$)工作时引出的分布能量范围:

$$V_{\varepsilon} = \frac{U_x I_K Z_i}{2E_0 J R_i} = \frac{l_{\varepsilon}^2}{2\sigma R_i} \tag{4.39}$$

这些能量的一半在传感器的内阻中消耗了,而另一半传递给负载。式(4.39)更体现了传感器作为有用信息转换器的特点。式(4.35)～式(4.39)对传感器体积、截面积和几何长度之间的比率关系说明了长度、面积和体积的利用率,它们表明在给定传感器体积尺寸的情况下如何使结构更加有效。

4) 电场传感器的匹配设计

为了保障电场传感器有很高的灵敏度,必须要有很灵敏的电极和低噪声前放。但是即便是很好的电极和前放的简单连接也完全不能够保证整个通道的高灵敏度。因为电极和前放应该在噪声方面匹配,对于给定的传感器-前放系统要求保障在前放的输出端有最大的信噪比,应尽量考虑噪声的匹配。对于给定的传感器去设计最佳的前放,或者对于给定的前放去挑选电极,不总是能得到最佳结果,因为也许是这些元件中的一个(或两个)没有处于最佳状态,也许是对于好的前放却没有良好的传感器或者是相反。更合理及更显著的方法是电极和前放噪声参数的独立优化,然后结合噪声方面要求进行匹配。对于给定条件,可以将电极和前放设计成最大灵敏度,然后确定它们的噪声和电学参数,结合这

些实现噪声的最优化匹配。当计算匹配时无论是对于传感器和前放还是对于实际匹配装置都必须考虑噪声源。

为了达到测量通道的高灵敏度,必须按顺序解决三个最优化任务:高信噪比电极的研制;低噪声前放的设计;保障整个传感器-匹配装置-前放系统噪声系数最小化装置的最优化匹配。低噪声放大器理论见诸各专业文献。设计者的注意力应集中在传感器和前放的最佳匹配问题上。低水平的自噪声和高灵敏度是必需的,但是这对于保障高的有效灵敏度还远远不够,它取决于外部干扰的水平。干扰不可能完全消除。为此必须确定什么是干扰源,测量通道的哪些元件能够感知它,以及怎样和接收器产生联系。在此之后可以有根据地选择更有效的干扰补偿或抵消的方法。

水下电场传感器主要用于微弱电场信号测量,以 Ag/AgCl 电极组成的电场传感器成熟度最高,具有低噪声、低漂移、宽带的优势,应用最为广泛。碳纤维、Ti 电极等具有皮实耐用的优势,但是低频 $1/f$ 噪声较大,适用于长期观测。实际应用中,具体根据应用需求选择合适的电极,同时还可关注不断发展中的新材质电极。

4.3 海洋磁场传感器

4.3.1 磁场传感器的主要类型

海洋磁场信号观测所用的磁传感器技术要求与陆地磁场观测基本类似,区别主要是解决水密问题,同时对体积、功耗、重量提出了更高的要求。区别于前述的电场传感器,磁场信号可以非接触测量,无须与海水直接接触。弱磁信号观测通常选择磁通门、光泵磁力仪、Overhauser 磁力仪、超导磁力仪、感应式线圈、无自旋交互弛豫态磁力仪(spin exchange relaxation free regime,SERF)等磁传感器,各种类型的磁传感器各有特色,实际使用时根据需求选择。表 4.5 给出了典型的弱磁传感器主要参数对比。目前水下电磁探测主要选用感应式线圈、磁通门、Overhauser 磁力仪三种传感器。

表 4.5 弱磁传感器主要性能对比

类 型	优 势	不 足	应 用 领 域
光泵	高精度、总场	标量、功耗大、带宽受限	总场磁异探测
Overhauser	高精度、总场	标量、带宽受限	总场磁异探测、地磁日变站
SERF	高精度	大装置	生物医疗、实验室级
SQUID	极低噪声	笨重(需要低温冷却)	静态、实验室级

（续表）

类　型	优　　势	不　　足	应 用 领 域
感应式线圈	低噪声、宽带、低功耗、矢量	量程受限、无法移动观测、体积较大	电磁勘探、目标信号检测
磁通门	小体积、低功耗、直流、矢量	高频噪声差、带宽受限	电磁勘探、目标信号检测

　　在地球物理勘探工作中,感应式磁传感器广泛用于陆地的宽频及音频大地电磁方法探测,而磁通门主要应用于长周期的大地电磁(magnetotelluric,MT)测量、地磁台站测量。图 4.25 给出了磁传感器本底噪声与磁平静日天然场源信号的功率谱密度对比图。

天然场源信号本身幅值微弱,1 000 Hz 以下呈 $1/f^2$ 特征,现有的磁传感器本底噪声略低于信号功率谱密度。以 1 Hz 频点为例,一般的感应式磁传感器的本底噪声约为 0.1 pT/rt(Hz),磁平静日条件下 MT 场源信号约为 2 pT/rt(Hz)。高精度观测天然场源 MT 信号对磁传感器的本底噪声水平提出了严格要求。从图可见,感应式磁场传感器频带与天然电磁场活动频带基本一致,其噪声谱比磁平静日时的天然场谱低 10~100 倍。根据图 4.25 给出了磁通门和感应线圈噪声功率谱密度水平和磁平静天然场源的信号功率谱密度水平对比。相比

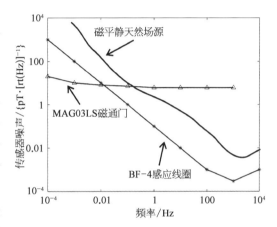

图 4.25　磁通门与感应式线圈传感器
噪声水平对比图

磁通门传感器,感应式线圈具有低噪声、宽频带的优势,适用于海洋 CSEM 方法及 MT 方法测量;而对于更低频的应用如长周期 MT 测量,磁通门在频带、噪声水平、体积、功耗方面更具有优势。Overhauser 磁传感器属于标量测量传感器,具有高精度的总场观测优势,主要应用在海底地磁日变站。

4.3.2　感应式磁场传感器

　　海洋环境下磁场测量对设备自身的浮力配比及水下工作时间有严格要求,这样使得感应式磁场传感器在体积、重量、功耗等方面要求更为苛刻。除解决磁场传感器的水密问题,设备体积和重量应尽可能小,以减小承压舱体积,并减轻观测仪器的水中重量。此外,还需要降低整机功耗,以延长水下连续工作时间。因此在保证本底噪声水平不恶化的前提下,拓展低频响应、降低功耗、减小体积重量是水下感应式磁场传感器的主要发展方向。而传感器的原理决定了体积重量与噪声、带宽三者相互制约,因此水下磁场传感器的研制难点为在压缩体积和重量的同时,还要满足低噪声和足够宽的工作频带。

1) 原理

感应式磁场传感器电子部件主要包括线圈、磁芯、放大电路。如图 4.26 所示,根据法拉第电磁感应定律,空心线圈中轴向磁场变化引起感应电动势输出:

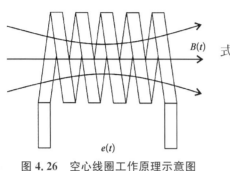

$$e(t) = -N \frac{\mathrm{d}\Phi}{\mathrm{d}t} = -\mu_0 NS \frac{\mathrm{d}B(t)}{\mathrm{d}t} \quad (4.40)$$

式中　$e(t)$——线圈两端输出感应电动势;

Φ——磁通量;

t——时间;

N——线圈匝数;

S——线圈截面积;

μ_0——真空磁导率;

$B(t)$——待测磁感应强度。

图 4.26　空心线圈工作原理示意图

由此式可知,空心线圈感应电动势时域波形 $e(t)$ 幅值与线圈匝数、截面积、磁场变化率成正比。

感应电动势频域表达式为

$$e(\omega) = -\mathrm{j}\omega\mu_0 NSB(\omega) \quad (4.41)$$

式中　$e(\omega)$——线圈两端输出电压;

ω——被测磁场的角频率;

μ_0——真空磁导率;

N——线圈匝数。

j 可以理解感应电动势和磁场输入之间相差 90°,借助理想积分器可补偿相位为 0。

由式(4.41)可知,在实际感应式线圈制作过程中,为增加磁传感器的灵敏度,通常空心线圈中增加高磁导率软磁材料以提升有效磁导率,多匝线圈缠绕成棒状增大线圈匝数及等效面积。给出多匝线圈的频域输出感应电动势计算公式:

$$e(\omega) = \mu_{\mathrm{app}} \pi\omega \frac{(D+D_i)^2(D-D_i)l}{32kd^2} B(\omega) \quad (4.42)$$

式中　μ_{app}——有效磁导率;

D——多匝线圈的外径;

D_i——多匝线圈的内径;

d——漆包线直径;

k——填充系数;

l——长度。

另外,由式(4.41)可知,感应电压输出与磁感应强度成正比,呈线性关系。MT 方法的工作频率为 2 000 s - 1 kHz,考虑到实际待测信号的宽频带特征,通常高频待测信号灵敏度很高,而低频信号灵敏度严重不足。为获得平坦的传感器频率响应,一般采用负反馈的补偿技术来保证足够宽的工作频带。从式(4.42)可知,传感器的输出电压只与变化的磁场输入有关,只能测量交变磁场,对直流磁场不敏感,低频信号被抑制。同时高频交变磁场的灵敏度又非常高,当磁场变化频率高于线圈共振频率后,线圈自身电容的存在使得信号输出随频率增加而减小。补偿方式一般采用电路补偿或磁补偿方式,电路补偿方案技术相对简单,易实现,不足在于引入额外的噪声,导致传感器某一频带噪声水平增大,灵敏度降低。为改善线圈的频率响应,磁通负反馈技术是常用的方法之一,改善后 $f_1 \sim f_h$ 频段呈现平坦特征。磁通负反馈有效拓展了响应带宽,改善了频率响应。图 4.27 描述了感应线圈的频响曲线。

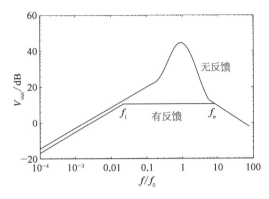

图 4.27　磁通负反馈改善前后频率响应对比图

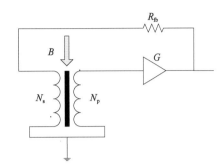

图 4.28　磁通负反馈原理

磁通负反馈技术是将传感器最终输出量以磁场的方式直接反馈至被测量磁场,在保证带宽的同时,无额外噪声。其结构示意图如图 4.28 所示,主线圈输出接低噪声放大器,增益为 G,通过串联一个反馈电阻 R_{fb} 和反馈线圈形成回路,其中反馈线圈和主线圈方向相反,主线圈和反馈线圈匝数分别为 N_p 和 N_s。

基于磁通负反馈结构的感应式磁场传感器等效电路图如图 4.29 所示,主线圈部分等效为电感 L_p 与电阻 R_{sc} 串联,再与等效分布电容 C 并联,主回路和反馈回路采用变压器耦合,互感为 M,反馈线圈电感为 L_s,热电阻为 R_s。

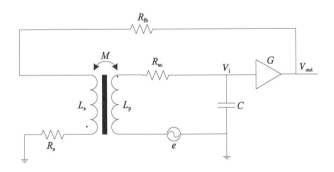

图 4.29　感应式磁场传感器等效电路图

根据图 4.29,放大电路输入端的感应电压 V_i 大小为

$$V_i = \frac{\dfrac{1}{j\omega C}}{\dfrac{1}{j\omega C} + R_{sc} + j\omega L_p} e \tag{4.43}$$

不妨假设 $R_{fb} \gg j\omega L_s + R_s$，则传感器输出 V_{out} 和感应电压 e 的关系为

$$\frac{V_{out}}{e} = \frac{G}{1 + j\omega C R_{sc} + (j\omega)^2 L_p C + \dfrac{j\omega MG}{R_{fb}}} \tag{4.44}$$

通常情况下，传感器的分布电路能够满足如下条件：$R_{sc}C \ll \dfrac{MG}{R_{fb}}$，则式(4.44)可表示为

$$\frac{V_{out}}{e} = \frac{G}{1 + j\omega \dfrac{MG}{R_{fb}} + (j\omega)^2 L_p C} \tag{4.45}$$

又根据式(4.41)，式(4.45)可表示为

$$\frac{V_{out}}{B} = \frac{-j\omega \mu_{app} N_p SG}{1 + j\omega \dfrac{MG}{R_{fb}} + (j\omega)^2 L_p C} \tag{4.46}$$

式(4.46)为磁通负反馈结构下，感应式磁场传感器的输出电压(V_{out})与输入磁场(感应磁场强度 B)之比的理论关系式，比值 V_{out}/B 为被测磁场和输出电压的转换关系，也就是磁场传感器的灵敏度。

2) 噪声分析

磁传感器本底噪声水平与体积、重量、带宽等参数相互制约。基于磁通负反馈结构的感应式磁场传感器噪声主要来源于磁芯噪声、感应线圈热噪声、放大器等效输入电压噪声、放大器等效输入电流噪声、反馈线圈电阻热噪声等。其中磁芯噪声主要是指被测磁场在磁芯材料内部的涡流损耗噪声，在计算时，可归到感应线圈的热噪声中。感应式磁场传感器噪声等效模型如图 4.30 所示。

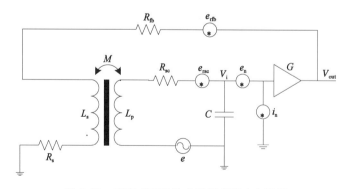

图 4.30　感应式磁场传感器等效噪声电路图

由图 4.30 计算可得，放大器等效输入电压噪声 e_{ni} 可以表示为

$$| e_{ni} |^2 = | e_n |^2 \frac{| 1 + j\omega R_{sc} C - \omega^2 L_p C |^2}{\left| 1 + j\omega \left(R_{sc} C + \dfrac{MG}{R_{fb}} \right) - \omega^2 L_p C \right|^2} \tag{4.47}$$

式中　M——主线圈和反馈线圈的互感。

放大器等效输入电流噪声等效输入噪声 e_{ii} 可以表示为

$$| e_{ii} |^2 = | i_n |^2 \frac{| R_{sc} + j\omega L_p |^2}{\left| 1 + j\omega \left(R_{sc} C + \dfrac{MG}{R_{fb}} \right) - \omega^2 L_p C \right|^2} \tag{4.48}$$

感应线圈热电阻等效输入噪声 e_{rsc} 可以表示为

$$| e_{rsc} |^2 = \frac{4 k_b T \Delta f R_{sc}}{\left| 1 + j\omega \left(R_{sc} C + \dfrac{GM}{R_{fb}} \right) - \omega^2 L_p C \right|^2} \tag{4.49}$$

式中　k——玻尔兹曼常数；

　　　T——电阻工作时的开尔文温度；

　　　Δf——测量系统的带宽。

反馈电阻等效输入噪声 e_{rfb} 可以表示为

$$| e_{rfb} |^2 = \frac{\left| \dfrac{\omega M}{R_{fb}} \right|^2 4 k_b T \Delta f R_{sc}}{\left| 1 + j\omega \left(R_{sc} C + \dfrac{GM}{R_{fb}} \right) - \omega^2 L_p C \right|^2} \tag{4.50}$$

感应式磁场传感器总等效输入噪声 e_{nt} 可以表示为

$$| e_{nt} |^2 = | e_{ni} |^2 + | e_{ii} |^2 + | e_{rsc} |^2 + | e_{rfb} |^2 \tag{4.51}$$

感应式磁场传感器等效磁场噪声 B_n 可以表示为

$$B_n = \frac{| e_{nt} |}{2\pi f \mu_{app} N_p S} \tag{4.52}$$

由式(4.47)~式(4.52)可知,感应式磁场传感器噪声水平由多个参数决定,随频率升高、线圈面积增大和磁芯有效磁导率 μ_{app} 增加,感应式磁场传感器噪声水平降低,但线圈面积增加会导致传感器体积和重量增加。磁场传感器噪声输出呈现 $1/f^2$ 特征,随频率降低噪声水平增加。同时噪声输出还与放大器的等效输入电压噪声、等效输入电流噪声、主线圈等效电阻、反馈线圈等效电阻相关。采用磁通负反馈结构的感应式磁场传感器无额外引入噪声,同时保证了磁场传感器的工作带宽。

3）制作工艺

感应式磁场传感器主要由内部高导磁芯、主线圈、反馈线圈、标定线圈、放大电路、防水外壳、接插件组成。感应式磁场传感器内部结构如图 4.31 所示。

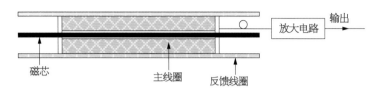

图 4.31　传感器内部结构图

一般情况下,衡量磁性能的参数为相对磁导率 μ_r,由于圆柱形磁芯存在退磁场,衡量磁芯性能的参数有效磁导率 μ_{app} 可表示为

$$\mu_{app} = \frac{\mu_r}{1 + N_B(\mu_r - 1)}$$

式中　N_B——消磁因子常数,可表示为

$$N_B \approx \frac{D_c^2}{l_c^2}\left(\ln \frac{2l_c}{D_c} - 1\right)$$

式中　L_c、D_c——磁芯的长度和直径,由此可见磁芯的长径比和相对磁导率共同决定有效磁导率的大小。

图 4.32 表示不同的初始磁导率和长径比情况下磁芯有效磁导率的大小。

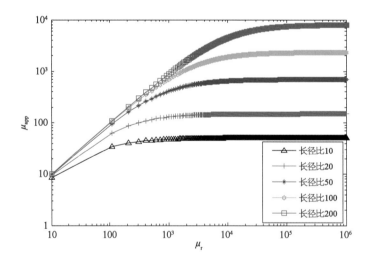

图 4.32　有效磁导率、相对磁导率与磁芯长径比的关系

由图可见,对应不同的长径比,随着相对磁导率 μ_r 不断增大,有效磁导率 μ_{app} 趋于稳定,即当 μ_r 变化时,选择适当的磁芯尺寸,则 μ_{app} 几乎不变。为获得较高的 μ_{app},磁场传感器通常加工成细长圆棒形。

磁芯选择相对磁导率不小于 30 000 的坡莫合金,其主要成分为 Fe、Ni、Mo 三种元素,坡莫合金由于其较高的初始磁导率,广泛用于磁场传感器等电子元器件中。可以采用叠片的形式来减小磁芯材料的涡流损耗,坡莫合金叠片之间采用绝缘涂层覆盖,以保证层与层之间是相对绝缘。

　　感应线圈采用精密漆包线绕制而成,可应用分段绕法或者准随机绕法以降低分布电容。密封在防水压力舱中磁场传感器实物如图 4.33 所示。

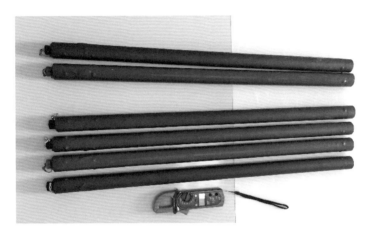

图 4.33　感应式磁场传感器实物图

4) 放大电路

　　水下磁场传感器输出的电压信号变化缓慢,可近似为直流信号,由于运算放大器泛在的 $1/f$ 噪声、温度漂移等效应,线圈输出信号往往淹没在低频噪声中。为了抑制 $1/f$ 噪声,依据斩波技术原理,先将被测电场信号转变为高频交流信号,再进行低噪声放大处理,可以避免因直流放大器的低频 $1/f$ 噪声和直流漂移产生的不利影响。

　　斩波放大过程中信号与噪声(失调)的变化如图 4.34 所示,输入信号(DC)经过斩波器被调制为高频交流信号(AC),然后通过放大器 A 进行放大(AC)。与此同时,噪声和失调(dc)也经过放大器进行放大(dc),经过解调器后,放大的信号被解调为直流信号(DC),而放大的噪声和失调被调制为交流信号(ac),经过低通滤波器后,放大的噪声和失调被滤除,只剩下放大的直流信号。可以实现低频信号的低噪声放大,避免了运放 $1/f$ 噪声的影响。斩波放大过程中的信号频谱图如图 4.35 所示。

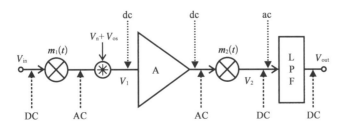

图 4.34　斩波放大过程中信号与噪声(失调)的变化图

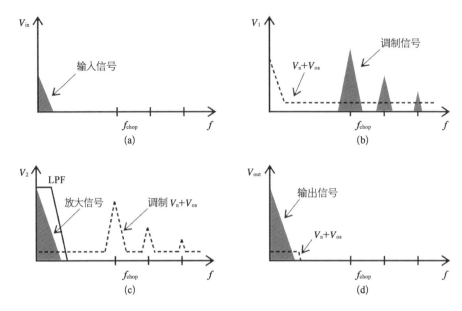

图 4.35　斩波放大过程中的信号频谱图

采用斩波方式产生方波信号代替正弦信号,可以拓展工作频率范围以满足工作带宽要求。传感器内置放大器电路如图 4.36 所示。

图 4.36　磁场传感器内置斩波放大电路实物图

4.3.3　磁通门传感器

磁通门技术以其低噪声、高灵敏度、小体积、技术成熟度高的综合性能成为磁传感器界研发热点,并在 MT 测深、瞬变电磁、地震地磁台网观测、随钻测斜等勘探地球物理领域,舰船消磁、磁异探测、地磁导航等军事领域,卫星姿态检测、深空探测等空间领域得到广泛应用。小型化的磁通门传感器探头将更适合磁场空间梯度较大的测量场合,有助于提高磁场梯度观测精度。

1) 原理

磁通门多采用平行激磁二次谐波法(图 4.37),外部待测磁场 H_{ext} 与激励磁场 H_0 平行,通过测量感应线圈输出电动势 $u_2(t)$ 中的二次谐波来检测外部待测磁场 H_{ext}。

正交基模磁通门传感器区别于传统平行激励二次谐波方案的磁通门技术,采用正交激励方案,即将带有偏置的激励电流直接对磁芯进行激励,周向激励磁场与待测磁场正交,无激励线圈,激励电流为含有直流偏置单极性的交流正弦电流,通过感应线圈拾取载有外部被测磁场信号的基模信号,经放大、相敏检波、积分、低通后获得与外部磁场线性相关的电压信号。带有偏置的单极性激励电流源,大幅抑制了磁芯的巴克豪斯噪声,使得正交基模传感器相比传统平行二次谐波方案具有低噪声的优势。磁通门传感器原理框图如图 4.38 所示,主要由非晶丝

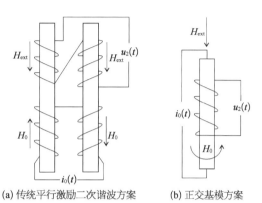

(a) 传统平行激励二次谐波方案　(b) 正交基模方案

H_{ext}—外部待测磁场;H_0—激励磁场;$i_0(t)$—激励电流;$u_2(t)$—感应电动势

图 4.37　磁通门探头原理示意图

磁芯、感应线圈、激励电流源、前置放大器、相敏检波器、积分器、低通滤波器、反馈通道组成。

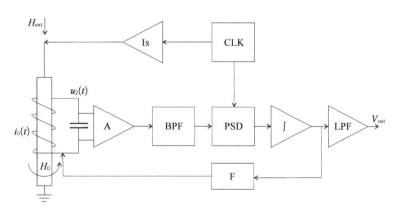

A—前置放大器;BPF—带通滤波器;PSD—相敏检波器;Is—恒流源;CLK—时钟源;∫—积分器;LPF—低通滤波器

图 4.38　正交基模磁通门传感器原理框图(单轴)

图 4.38 中,激励电流源直接对非晶丝进行激励,轴向方向的激励电流产生了圆周方向的激励磁场 H_0,磁芯在激励电流作用下处于周期性深度饱和变化,磁芯磁通量的变化引起磁导率的变化,磁导率与激励电流源同频变化,在外部磁场作用下,根据电磁感应定

律,感应线圈输出的基模信号被外部待测磁场调幅输出,测量电路完成含有待测磁场的基模信号的放大、相敏检波、积分,实现待测磁场信号的检测。

2)带宽分析

为分析传感器的带宽,给出了传感器控制仿真模型(图4.39)。对各模块建模,建立各模块的传递函数,并借助 Simulink 仿真软件,建立仿真电路模型(图4.40)。

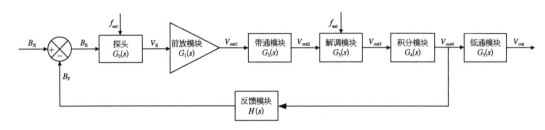

图 4.39　磁通门传感器数学模型

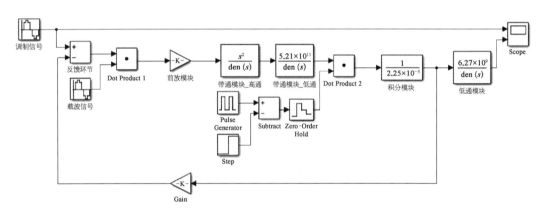

图 4.40　磁通门传感器仿真电路模型

带宽仿真结果如图4.41所示,仿真结果表明磁通门传感器带宽可达10 kHz,另带宽主要受限于探头本身、传感器电路的积分模块、低通模块。相比传统平行激励二次谐波方案具有带宽的优势。

3)噪声分析

磁通门传感器研制过程就是与噪声做斗争的过程。为进一步减小噪声,需要先获取传感器的噪声模型,并分析各模块噪声增益,找出噪声的主要贡献者。图4.42给出了正交基模磁通门传感器噪声模型,其中 e_{n1} 为探头噪声,e_{n2} 为前放模块输入噪声,e_{n3} 为解调模块输入噪声,e_{n4} 为反馈环节噪声,e_{n5} 为激励电流噪声。

借助 Simulink 软件,对正交基模磁通门传感器噪声仿真模型进行噪声分析(图4.43),分模块计算各模块对整机噪声的贡献情况,计算结果见表4.6。结果表明,探头噪声和前放模块噪声是传感器噪声的主要来源,其他模块的噪声对最终的输出噪声影响不大,在传感器研制过程中,需重点减少探头和前放电路的噪声。

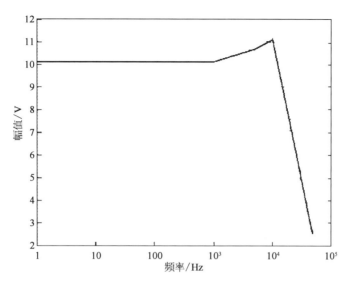

图 4.41 磁通门传感器带宽仿真结果

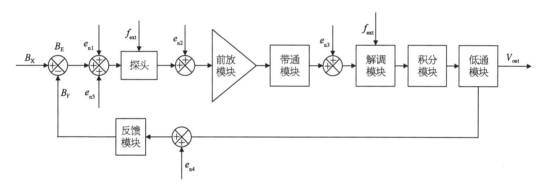

图 4.42 正交基模磁通门传感器噪声模型

表 4.6 各个模块噪声对输出结果影响比例

噪 声 源	噪声增益	噪 声 源	噪声增益
探头噪声	4.266 4	反馈环节噪声	0.424 3
前放模块输入噪声	6.646 1	激励电流噪声	0.357 3
解调模块输入噪声	0.040 5		

4）探头制作工艺

探头部分是由钴基非晶丝材料和感应拾取线圈组成。钴基非晶丝属于软磁材料，主要的合金元素有 Co、Si、Fe 等，具有低矫顽力、高磁导率和良好的磁滞回线等特性。图 4.44 为双线圈 U 形探头，非晶丝直径约 $140\ \mu m$，长约 5 cm。U 形设计有助于减小直流偏置输出和抑制噪声。

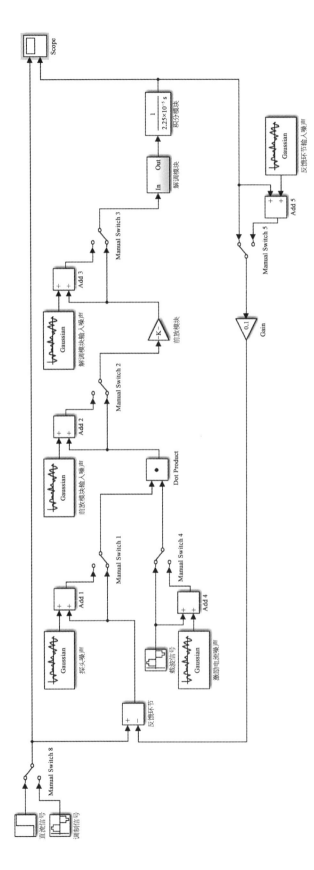

图 4.43　噪声增益分析模型

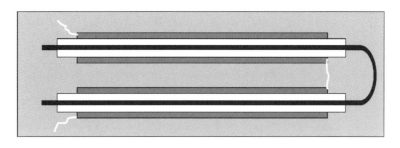

图 4.44　探头结构图

　　一种典型的正交基模磁通门传感器的制作方法及相关参数如下：线圈相关参数见表 4.7，安装结构如图 4.45 所示，采用线芯直径 0.08 mm 与 0.1 mm 两种规格漆包线绕制拾取线圈，均匀绕 6 层。探头骨架采用 99.5％氧化铝陶瓷管材，直径 0.3 mm 双孔，非晶丝穿过管孔，呈 U 形，内部和两端采用胶固定。由于拾取线圈同时作为反馈线圈使用，估算了线圈在 10 kHz(探头响应截止频率)频点的感抗，以及线圈反馈系数(每 1 mA 反馈电流在线圈轴向上产生的磁场)，作为探头与传感器设计的重要参数。

图 4.45　正交基模磁通门探头示意图(单轴)

　　单轴磁通门探头正交组装，构成三轴磁通门探头，实现磁场矢量测量。三轴磁芯的结构如图 4.46 所示。为避免轴间干扰，采取正交非同心结构。在以上探头骨架和线圈基础上，安装三个正交的探头，并使三个感应线圈相互正交。然后采用封装胶进行固定封装，最后将灌封好的探头安装在探头封装壳体中。实物如图 4.47 所示。

表 4.7　线圈参数

参　　数	数　　值	参　　数	数　　值
骨架长度	20 mm	线圈匝数	1 070
线圈长度	18 mm	线圈电阻	20 Ω
线圈内径	1.0 mm	线圈电感	140 μH
线圈外径	2.2 mm	线圈感抗	9 Ω@10 kHz
漆包线直径	0.08 mm	线圈反馈系数	74 000 nT/mA
线圈层数	6		

5) 测量电路

　　三轴磁通门测量电路设计原理框图如图 4.48 所示，激励电压信号由微控制单元(MCU)控制直接数字式频率合成器(DDS)分频产生。恒流源电路中，功率三极管提供电流驱动。三轴磁芯材料采用串联驱动的方式，保证每个通道的驱动电流信号幅值大小、相

图 4.46　三轴磁通门探头结构图(正交非同心)　　图 4.47　三轴磁通门探头实物图

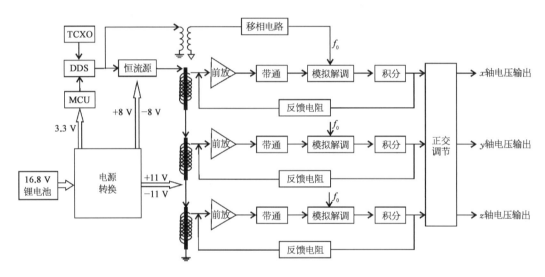

图 4.48　三轴磁通门测量电路原理框图

位等都相同。感应线圈输出的电压信号经前置放大、带通滤波、模拟解调、积分、低通滤波处理,最终输出的电压信号反映了被测磁场幅值。三轴正交调节电路用于补偿探头因机械安装导致的三轴正交度偏差。测量电路实物如图 4.49 所示。

6) 数字磁通门传感器

研究表明,传统平行激励二次谐波方案磁通门传感器的噪声水平已接近极限,正交基模磁通门传感器在低噪声、小型化等方面的性能提升已得到验证。优化非晶丝磁性参数、降低传感器测量电路本底噪声、拓展带宽及量程是未来正交基模磁通门传感器技术主要的攻关方向。

磁通门传感器噪声主要来源于探头磁芯巴氏噪声和驱动电路噪声。随着非晶丝材料技术的发展,以及正交基模磁通门传感器技术的研究应用,磁芯噪声得到有效抑制,驱动电路噪声对传感器整机噪声的"贡献"越来越大,成为进一步提升传感器噪声水平的瓶颈。

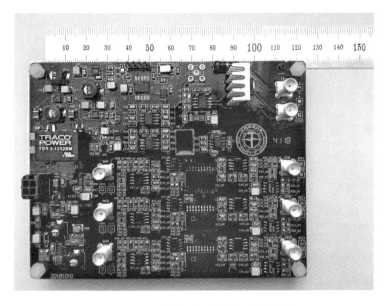

图 4.49　三轴磁通门测量电路实物图

驱动电路噪声主要来源于激励电流源、前置放大器、解调器、积分器、反馈通道等环节,由于电子开关实现的解调器存在固有开关电荷噪声,使得解调噪声成为驱动电路中不可忽视的成分。数字化驱动电路可有效消除模拟解调器中固有的电子开关电荷注入噪声。

　　数字磁通门电路主要有激磁电流源电路、前置放大器、ADC 电路、数字解算方法、DAC 电路和反馈电流源电路等模块。磁通门基模信号的宽频低噪自适应闭环测量方法,区别于传统的模拟解调方案,通过高精度模数转换、数字同步相干解调、数字积分、高精度大动态范围数模转换等数字闭环实时控制处理,降低模拟电路引入的开关电荷噪声及特征参数离散;自适应闭环反馈控制算法实现低噪声大动态范围快速反馈补偿,有助于提升传感器的噪声、带宽、量程等关键参数。数字化方案采用数字解算模块中的数字采样、数字解调、数字积分、数字反馈替代以往的电子开关模拟解调、模拟积分、模拟反馈,从而具有较低的噪声。

　　数字磁通门原理框图如图 4.50 所示。

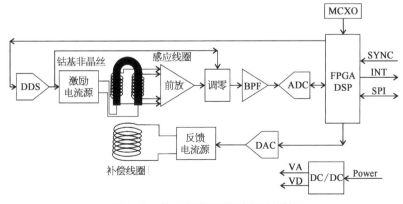

图 4.50　数字磁通门原理框图(单轴)

水下磁场传感器以感应式线圈和磁通门为主,两者各有优势,具体根据应用需求选择合适的传感器。同时磁传感器还在朝小体积、低功耗、低噪声、低漂移的方向持续发展,期待新体制、创新型传感器的出现。

参考文献

[1] Bazinet R, Jacas A, Confalonieri G A B, et al. A low-noise fundamental-mode orthogonal fluxgate magnetometer[J]. IEEE Transactions on Magnetics, 2014, 50(5): 1 - 3.

[2] Butta M, Sasada I. Effect of terminations in magnetic wire on the noise of orthogonal fluxgate operated in fundamental mode[J]. IEEE Transactions on Magnetics, 2012, 48(4): 1477 - 1480.

[3] Constable S C, Orangr A S, Hoversten G M, et al. Marine magnetotellurics for petroleum exploration: part Ⅰ, a sea-floor equipment system[J]. Geophysics, 1998, 63(3): 816 - 825.

[4] Drung D, Storm J H. Ultralow-noise chopper amplifier with low input charge injection[J]. IEEE Transactions on Instrumentation and Measurement, 2011, 60(7): 2347 - 2352.

[5] Dufay B, Saez S, Dolabdjian C, et al. Development of a high sensitivity giant magneto-impedance magnetometer: comparison with a commercial flux-gate[J]. IEEE Transactions on Magnetics, 2013, 49(1): 85 - 88.

[6] Filloux J H. Techniques and instrumentation for study of natural electromagnetic induction at sea [J]. Physics of the Earth and Planetary Interiors, 1973, 7(3): 323 - 338.

[7] Gondran C, Siebert E, Yacoub S, et al. Noise of surface bio-potential electrodes based on NASICON ceramic and Ag-AgCl[J]. Medical and Biological Engineering and Computing, 1996, 34(6): 460 - 466.

[8] Grosz A, Paperno E, Amrusi S, et al. A three-axial search coil magnetometer optimized for small size, low power, and low frequencies [J]. IEEE Sensors Journal, 2011, 11(4): 1088 - 1094.

[9] Paperno E. Suppression of magnetic noise in the fundamental-mode orthogonal fluxgate[J]. Sensors and Actuators A (Physical), 2004, 116(3): 405 - 409.

[10] Paperno E, Grosz A. A miniature and ultralow power search coil optimized for a 20 mHz to 2 kHz frequency range[J]. Journal of Applied Physics, 2009, 105(7): 167.

[11] Prance R J, Clark T D, Prance H. Ultra low noise induction magnetometer for variable temperature operation[J]. Sensors and Actuators A (Physical), 2000, 85(1 - 3): 361 - 364.

[12] Sasada I. Orthogonal fluxgate mechanism operated with DC biased excitation[J]. Journal of Applied Physics, 2002, 91(10): 7789 - 7791.

[13] Sasada I, Kashima H. Simple design for orthogonal fluxgate magnetometer in fundamental mode [J]. Journal of the Magnetics Society of Japan, 2009, 33(2): 43 - 45.

[14] Seran H C, Fergeau P. An optimized low-frequency three-axis search coil magnetometer for space research[J]. Review of Scientific Instruments, 2005, 76(4): 57 - 65.

[15] Tumanski S. Induction coil sensors — a review[J]. Measurement Science and Technology, 2007, 18(3): 31 - 46.

[16] Wang Z D, Deng W, Chen K, et al. Development and evaluation of an ultralow-noise sensor

system for marine electric field measurements[J]. Sensors and Actuators A (Physical)，2014，213(7)：70 - 78.

[17]　Yan B，Zhu W，Liu L，et al. An optimization method for induction magnetometer of 0.1 mHz to 1 kHz[J]. IEEE Transactions on Magnetics，2013，49(10)：5294 - 5300.

[18]　Tashiro K. Induction coil magnetometers[M]//Grosz A，Haji-Sheikh M，Mukhopadhyay S. High Sensitivity Magnetometers. Smart Sensors，Measurement and Instrumentation：Vol 19. Cham：Springer，2017.

[19]　邓明,刘志刚,白宜城,等. 海底电场传感器原理及研制技术[J]. 地质与勘探,2002,38(6)：45 - 49.

[20]　邓明,杜刚,张启升,等. 海洋大地电磁场的特征与测量技术[J]. 仪器仪表学报,2004,25(6)：742 - 746.

[21]　巨汉基,朱万华,方广有. 磁芯感应线圈传感器综述[J]. 地球物理学进展,2010,25(5)：1870 - 1876.

[22]　申振,宋玉苏,王月明. 高性能碳纤维水下电场电极制备及其性能测量[J]. 兵工学报,2017,38(11)：2190 - 2197.

[23]　王言章,程德福,王君,等. 基于纳米晶合金的宽频差分式磁场传感器的研究[J]. 传感技术学报,2007,20(9)：1967 - 1969.

[24]　王月明,宋玉苏,申振. 浓硝酸氧化碳纤维制备海洋电场探测电极[J]. 材料导报,2017,31(S2)：173 - 177.

[25]　卫云鸽,曹全喜,黄云霞,等. 海洋电场传感器低噪声 Ag/AgCl 电极的制备及性能[J]. 人工晶体学报,2009,38(8)：394 - 398.

[26]　张燕,王源升,宋玉苏. 纳米 AgCl 粉末制备高稳全固态 Ag/AgCl 电极[J]. 武汉理工大学学报,2008,30(9)：32 - 35.

[27]　朱万华,底青云,刘雷松,等. 基于磁通负反馈结构的高灵敏度感应式磁场传感器研制[J]. 地球物理学报,2013,56(11)：3683 - 3689.

第 5 章　海洋电磁法在地球物理勘探中的应用

良导海水对电磁场存在很强的吸收作用,人们很少关注电磁场在海洋研究中的应用。长期以来,海洋地球物理勘探以地震方法为主,重、磁等为辅。但随着海洋地质调查工作的开展,一方面人们发现在海底火山岩覆盖区,碳酸盐岩、珊瑚礁、泥底辟等分布区地震信号反射较差,地震勘探十分困难;另一方面,声波阻抗对高饱和度油气变化不敏感,迫切需要寻找其他有效的地球物理方法加以配合。研究表明,基于海底以下介质的电性差异,海洋电磁法可为油气水合物资源探测、海洋底构造地质研究提供有价值的电性依据。海洋电磁法分支众多,本章介绍了包括海底大地电磁、可控源电磁、自然电位、直流电阻率、多道瞬变电磁、瞬变电磁等主流的海洋电磁法及其应用案例。需要说明的是,后续章节所介绍的自然电位方法和直流电阻率方法不能称为严格意义上的电磁方法,应该划分为电法的范畴,考虑到海洋地球物理的勘探应用,也就一并介绍。

　　另外,在开展电磁方法技术研究的同时,还应看到其不足的一面,其方法本身并不是万能的。采用先进仪器装备和资料处理方法固然重要,但还应根据具体目标任务选取合适的方法技术,设计合理的工作参数,结合其他地球物理手段、地质资料,方能取得较好的地质成效。但值得肯定的是,海洋电磁法在基础地学、油气勘探、水合物调查、多金属硫化物探测、近岸地下水评估等应用领域发挥了独特优势。

5.1　应　用　简　介

　　海底以下介质的电性参数(如电阻率等)较之其他物性参数能更好地反映岩石性质(如岩性、组分、孔隙度、水饱和度等),以及岩石所处的物理状态(如温度、压力、熔融、脱水等)。图 5.1 是根据理论公式描述的地震波阻抗变化率和电阻率两个物性参数与油气饱

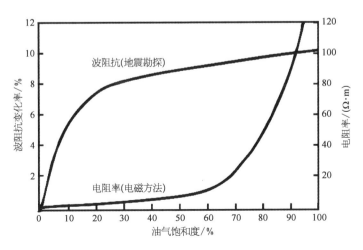

图 5.1　地震波阻抗和电阻率与油气饱和度的关系

和度变化的关系。在油气饱和度低的区间,波速变化对油气饱和度变化敏感,而在油气饱和度较高的区间,电阻率对饱和度变化更敏感。这表明地震勘探和电磁勘探在油气勘探中扮演了不同角色,两者可互为补充;结合电阻率资料,对地震资料进行解释,可以提高解释精度,从而降低油气钻探的风险。

海洋电磁法自 20 世纪 50 年代发展至今,经历几十年的探索、验证与应用,已在洋脊扩张、海底火山、板块等构造地质领域和海底油气勘探、天然气水合物调查、多金属硫化物、地下水等地球物理勘查领域取得了显著的成果。海洋电磁法分支众多,主要包括海底大地电磁测深法(marine magnetotelluric,MT)、海洋可控源电磁法(marine controlled-source electro magnetic,CSEM)、海底自然电位法(marine self-potential,SP)、海底激发极化法(marine induced polarization,IP)、海底直流电阻率法(marine direct current resistivity,MDCR)、海洋多通道瞬变电磁法(marine multi-channel transit electro magnetic,MTEM)、海底瞬变电磁法(marine transit electro magnetic,TEM)等,表 5.1 概括了各分支方法的优势与不足。从已有学术界及工业界勘探案例来看,其中以 MT 和 CSEM 方法在学术界和油气工业界的应用居多。本章主要介绍各方法原理,同时给出相应的应用案例。

表 5.1 海洋电磁法各分支方法对比

对比项目	方 法 分 支					
	MT	CSEM	MDCR	SP	MTEM	TEM
主动源/被动源	被动源	主动源	主动源	被动源	主动源	主动源
频率域/时间域	频率域	频率域	时间域	时间域	时间域	时间域
交流/直流	交流	交流	直流	直流	交流	交流
探测深度	几千米至几百千米	几十米至几千米	几米至几十米	几米至几十米	几米至上千米	几米至几百米
应用领域	洋脊、火山等板块运动,油气资源勘探	油气、水合物等资源勘探	水合物等浅部探测	多金属硫化物调查	油气	水合物、油气等资源勘探
优势	探测深度大、对作业船要求低	效率高、浅部分辨率高	横向分辨率高	对硫化物灵敏	分辨率高、作业效率高	作业效率高、横向分辨率高
不足	分辨率低、作业效率低	成本高、作业船舶要求高	探测深部浅	主要针对自然电位异常,其他应用受限	目前仅适用在浅水	纵向分辨率差

5.2　海底大地电磁测深法

5.2.1　方法简介

海底大地电磁测深法是 20 世纪 50 年代由苏联、法国地球物理学家提出,并经过多国科学家多年努力发展起来的以天然交变电磁场为场源的一种地球物理方法。海底 MT 测深即是把仪器布置在海底,通过测量天然场源电磁场以平面波向海洋及海底穿透并在海底以下介质中感生出与地下电性结构相关的大地电磁场,经过处理得出海底测点上的视电阻率和阻抗相位的频率响应,从而研究海底以下不同深度上介质导电性的分布规律,进而根据不同地质体或地质构造的电性差异,推断地质结构,达到解决地质问题的目的。由于大地电磁测深是一种天然场源的方法,其设备相对简便,容易在海洋条件下施工,不受高阻层屏蔽的影响,对低阻层反应灵敏且探测深度可以达到下地壳和上地幔。海洋 MT 测深根据水深不同,主要运用的信号频率范围为 $10^{-5} \sim 10$ Hz 不等,其最大探测深度可达到上地幔。因此在电磁法众多的方法分支中,成为海洋深部探测的首选方法,也是少数的深部探测地球物理手段之一。

早先人们认为海底被厚厚的导电海水覆盖,在海底开展 MT 方法不具备可行性。后来美国加州大学 Scripps 海洋研究所 Cox 等人借助海底 MT 方法,成功进行了关于洋脊扩张运动的地下电性结构探测。但受当时技术水平限制,所用仪器仅能有效观测频段在 300 s 以低的海底 MT 信号。此后在 Constable 等人的推动下,进行了新一代海底 MT 仪器的研制,包括低噪声 Ag/AgCl 电场传感器、宽频感应式磁传感器、AC 耦合低噪声高增益放大器及相对高带宽的数据采集器。与之前技术相比,新一代仪器显著降低了噪声及功耗,同时将有效带宽拓展至 $3 \sim 1\,000$ s,拓展了 MT 方法在浅部勘探的应用,并成功用于海底油气资源探测。近年来随着半导体技术、计算机技术、材料技术等多学科的发展,海底 MT 方法在仪器技术、数据采集技术、数据处理与反演和解释技术等方面都有了长足进展,该方法的有效性和实用性得到大幅提升。目前,海底 MT 主要用于海洋岩石圈结构研究、大陆架区域地质调查和海洋油气资源勘探,无论在基础地学研究或资源勘探开发利用方面都发挥了重要作用。

5.2.2　方法原理

从方法原理上看,海底 MT 测深方法与陆地上广泛应用的 MT 测深完全一样,只是观测技术与数据处理技术有所不同。海底 MT 测深是把仪器布设在海底,仪器自容式记录海底大地电磁场 E_x、E_y、H_x、H_y、H_z 五个分量的宽频带时间序列及仪器的方位角;观测一段时间(根据观测频段决定,通常 1～2 周)后将仪器打捞回收;之后下载数据经过傅里叶变换把时间序列数据转换到频率域,并估算其阻抗张量;分别计算出阻抗和相位的频率响应,用以反演计算研究海底以下不同深度的岩层导电性结构。以下从场源特征、阻抗、海上数据采集、资料处理四个方面对 MT 方法原理进行介绍。

1) 场源特征

电磁波向导体内部透入时,因为能量损失而逐渐衰减。波幅衰减为表面波幅 e^{-1} 倍

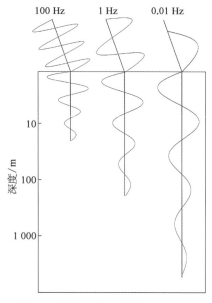

图 5.2　趋肤深度示意图(0.3 Ω·m 海水均匀半空间,波长仅为示意,不是实际比例)

的深度称为交变电磁场对导体的趋肤深度。在海底 MT 方法信号观测中,天然场源在海水中受趋肤效应影响,不同频率成分的信号受到不同程度的衰减。相比高频信号,低频信号幅值衰减程度低、趋肤深度大、穿透能力强。图 5.2 给出了趋肤效应示意图。对于 0.3 Ω·m 的海水均匀半空间,100 Hz 频点信号趋肤深度约为 27 m,而 0.01 Hz 频点信号的趋肤深度约为 2 700 m。

MT 场源主要为太阳风对地球磁层扰动及高空雷电,如图 5.3 所示。太阳风的微粒具有相当高的导电能力,地球正常偶极子磁场不能穿透它而受到影响产生畸变,在导电的电离层形成很强的电流。雷电提供了高频场源,据统计,每秒大约有 100 个闪电发生在地球大气层中,所以也可看成连续的电磁场源。

良导的海水可视为一个低通滤波器,高频的电磁场信号衰减严重。图 5.4 给出了不同水深、不同频率时海底与水面信号的衰减程度。1 000 m 水深时,10 Hz 频点海底电磁场信号幅值相比水面衰减了近 1 000 倍。

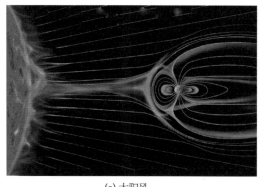

(a) 太阳风

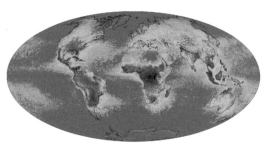

(b) 雷电

图 5.3　MT 信号场源

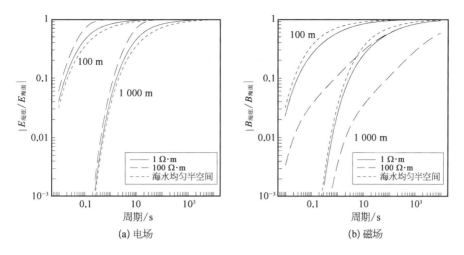

图 5.4　场源信号衰减示意图(图片源自 Constable,1998)

　　图 5.5 给出了海平面、深水海底信号噪声功率谱密度及观测仪器本底噪声功率谱密度的对比图。对于电场而言,深水条件下高于 0.1 Hz 频段的噪声强于信号,无法获得有效数据。观测仪器的本底噪声必须低于有用信号的功率谱密度,才能获得保证原始数据的信噪比。

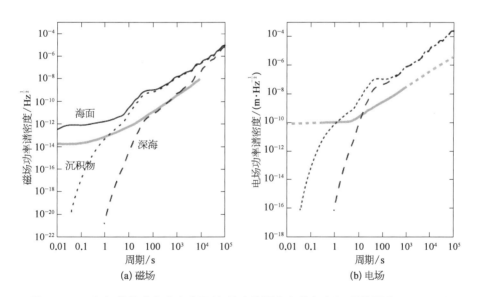

图 5.5　MT 场源信号功率谱密度图(灰线为仪器本底噪声水平,图片源自 Key,1998)

　　在研究海底 MT 场源特征时,环境干扰电磁噪声同样值得关注。海底 MT 的噪声来源主要分为运动海水感应电磁噪声、近岸人文干扰、附近船舶及生物噪声、仪器自身噪声。图 5.6 给出了运动海水的感应电磁噪声能量分布,其中以 100～1 s 频率范围内噪声严重。

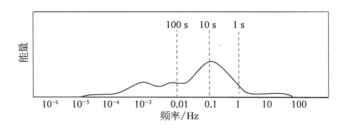

图 5.6　运动海水电磁噪声能量分布图(图片源自 Kinsman, 1965)

2) 阻抗

引入波阻抗来研究电阻率和海底所测电磁场之间的关系。波阻抗 $\boldsymbol{Z}$ 可表示为电场水平分量 $\boldsymbol{E}$ 和磁场水平分量 $\boldsymbol{H}$ 之间的比值,其单位为 Ω,它们之间的关系为

$$\boldsymbol{E} = \boldsymbol{Z}\boldsymbol{H} \tag{5.1}$$

$$\begin{pmatrix} E_x \\ E_y \end{pmatrix} = \begin{pmatrix} Z_{xx} & Z_{xy} \\ Z_{yx} & Z_{yy} \end{pmatrix} \begin{pmatrix} H_x \\ H_y \end{pmatrix} \tag{5.2}$$

在一维、二维情况下,电磁场可以分为 E 偏振和 H 偏振,两个正交测量轴上的波阻抗可表示如下:

$$Z_{xy} = \frac{E_x}{H_y} = \frac{\omega\mu}{k_z} = \sqrt{\omega\mu\rho}\,(\mathrm{e}^{-\mathrm{i}\frac{\pi}{4}}) \tag{5.3}$$

$$Z_{yx} = \frac{E_y}{H_x} = -\frac{\omega\mu}{k_z} = -\sqrt{\omega\mu\rho}\,\left[\mathrm{e}^{-\mathrm{i}\left(\frac{\pi}{4}+\pi\right)}\right] \tag{5.4}$$

在均匀各向同性介质中,电场和磁场是相互正交的,故而在地面任意方位的正交测量轴上测得的波阻抗都相等,即均匀各向同性介质中波阻抗是与测量轴方位无关的标量,称为标量阻抗,此时的波阻抗 Z_{xy} 和 Z_{yx} 振幅相同而相位不同,电场与磁场的相位差为 $45°$ 或者 $-135°$。对于一维模型,在均匀各向同性介质中,波阻抗是标量:

$$Z_{xx} = Z_{yy} = 0 \tag{5.5}$$

$$Z_{yx} = -Z_{xy} \tag{5.6}$$

$$|Z| = |Z_{xy}| = |Z_{yx}| = \sqrt{\omega\mu\rho} \tag{5.7}$$

对于二维介质,电磁场可以沿着电性主轴(如构造走向和倾向,且电阻率分别为 ρ_1 和 ρ_2)分解为两组互相独立的线性偏振波,这两组线性偏振波就像分别在电阻率为 ρ_1 和 ρ_2 的均匀各向同性介质中传播一样,相应波阻抗为

$$Z_{xy} = \frac{E_x}{H_y} = \sqrt{-\mathrm{i}\omega\mu\rho_1} \tag{5.8}$$

$$Z_{yx} = \frac{E_y}{H_x} = \sqrt{-\mathrm{i}\omega\mu\rho_2} \tag{5.9}$$

$$Z_{xy} \neq Z_{yx} \tag{5.10}$$

$$Z_{xx} = Z_{yy} = 0 \tag{5.11}$$

对于三维介质,

$$\left.\begin{array}{l} Z_{xx} \neq 0 \\ Z_{yy} \neq 0 \end{array}\right\} \tag{5.12}$$

通过波阻抗定义,可以得到视电阻率和波阻抗的关系,卡尼亚视电阻率及相位计算公式为

$$\rho_{xy} = \frac{1}{\omega\mu} \mid Z_{xy} \mid^2 \tag{5.13}$$

$$\varphi_{xy} = \arctan\left[\frac{\mathrm{Im}(Z_{xy})}{\mathrm{Re}(Z_{xy})}\right] \tag{5.14}$$

3) 海上数据采集

根据勘探目标收集相关地质地球物理资料后,合理设计测线和测点,由多台海底电磁接收机开展海底 MT 数据采集工作,按照设计好的测线和测站坐标,逐点"投放"仪器,在海底布设 MT 测深剖面。在仪器到达海底后,通常还需借助水声定位设备对海底的仪器进行水下定位,以获取仪器在海底的准确位置。海底电磁接收机按预先设计的采样率观测,自容式采集三个正交分量磁场和两个正交分量电场。仪器在海底工作数天至数月后回收,仪器回收后及时下载数据,整理原始班报以便进行后续处理。图 5.7 为中国地质大学(北京)开发的海底电磁接收机,用于海底 MT 或 CSEM 海上数据采集。

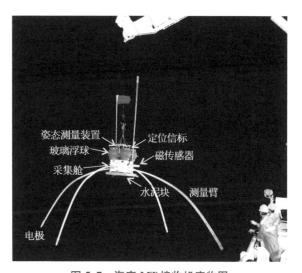

姿态测量装置　定位信标
玻璃浮球　磁传感器
采集舱
水泥块　测量臂
电极

图 5.7　海底 MT 接收机实物图

理论研究结果表明,海底 MT 场源的磁场分量随空间位置变化比较平稳,因而在一定范围内不同测点之间磁场分量变化所引起的观测误差可以忽略。考虑到海底施工存在较大风险,同时也考虑提高海上作业效率、降低成本,海底 MT 观测通常采用阵列式观测方法,即使用一个采集电磁场五分量的"基站"带若干个二分量电场的海底电场接收机组成观测系统,采用多个观测系统沿测线依次排列的布置方式。为了抑制磁场不相关噪声,提高阻抗估算精度,有时需要布设陆地远参考站,另外海底 MT 数据采集还需要解决方位测量、时漂校准、水下定位等问题。

　　海底电磁接收机内置姿态测量模块,获取电极及磁传感器的方位角,用于后期数据校正;仪器在水下工作一周至数月不等,由于时钟误差导致多台接收机之间的时间序列存在偏差,需要借助 GPS 进行校钟以减少时漂导致的资料处理误差,一般采用时钟误差线性补偿;水下定位方案之一是采用伪斜距定位,即测量多次处于不同位置时水面作业船位置处的水深及其与海底仪器的距离,再估算仪器的海底坐标位置,该方案适合未安装超短基线 USBL 信标的作业船只,其定位精度差且耗费船时,仅适用于站间距较大对定位误差要求不高的情况。更高精度的水下定位方案是在电磁接收机上加装 USBL 信标,其定位精度可达到斜距的 0.2%。

　　4) 资料处理

　　海底 MT 测深数据处理的基本流程与陆地 MT 测深数据处理基本上是一致的。但是由于海底大地电磁仪器是以自由沉放的方法放置在海底,因而各个测站仪器测量系统的坐标系并不统一,同时也很难保证测量系统保持水平状态。所以在对采集数据进行常规处理之前,必须进行方位和水平状态的畸变校正。另外由于海水始终处于复杂的运动状态,其运动形式包括波浪、涌浪、潮波、海流等,海水运动切割地磁场产生的感应电磁场具有频带宽、幅值强的特点。因此实测的海底 MT 数据中包含了运动海水电磁噪声的干扰。这一干扰较强,处理海底 MT 测深数据前有必要进行运动海水电磁噪声干扰的压制。通常可以采用相关滤波的方法从实测海底 MT 信号中剔除运动海水电磁噪声。

　　对实测的海底 MT 数据进行上述校正与降噪处理后,再进行常规处理,从而获得各海底测点的大地电磁阻抗资料,并由以下公式计算视电阻率与相位 ρ_{xy}、ρ_{yx}、φ_{xy}、φ_{yx}:

$$Z_{xy} = \frac{E_x}{H_y} = -\frac{\omega\mu}{k_z} = \sqrt{\omega\mu\rho}\,(\mathrm{e}^{-\frac{\mathrm{i}\pi}{4}}) \tag{5.15}$$

$$Z_{yx} = \frac{E_y}{H_x} = -\frac{\omega\mu}{k_z} = \sqrt{\omega\mu\rho}\,(\mathrm{e}^{\frac{\mathrm{i}\pi}{4}}) \tag{5.16}$$

$$\rho_{yx} = \frac{1}{\omega\mu}\,|\,Z_{yx}\,|^2 \tag{5.17}$$

$$\rho_{xy} = \frac{1}{\omega\mu}\,|\,Z_{xy}\,|^2 \tag{5.18}$$

$$\varphi_{xy} = \arctan\frac{\mathrm{Im}(Z_{xy})}{\mathrm{Re}(Z_{xy})} \tag{5.19}$$

$$\varphi_{yx} = \arctan\frac{\mathrm{Im}(Z_{yx})}{\mathrm{Re}(Z_{yx})} \tag{5.20}$$

　　图 5.8 为常规 MT 数据处理流程图。从图中可以看到,MT 数据处理流程主要分为时间序列分析、频谱估计、功率谱计算、张量阻抗估算及视电阻率与相位求取。

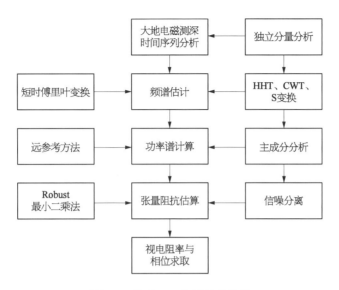

图 5.8　海底 MT 资料处理流程

5.2.3　应用案例

1）东太平洋洋脊构造研究

2000 年，美国 SIO 的 Key 等为获得东太平洋洋脊的地壳及上地幔电性结构，开展了海底 MT 探测工作。第一次使用了宽频带海底大地电磁仪器，该仪器的扩展高频性能使其比传统海洋 MT 仪器（当时有效带宽通常不高于 300 s）有更高的浅部地层分辨率。由于宽带海底 MT 对地壳和地幔的低阻体很敏感，而干冷的洋壳圈的电阻率非常高，如果在洋壳扩张中溶入少量的岩浆或海水，使电阻率大大降低，让洋脊结构成为 MT 方法的有效探测目标。2000 年 2 月，Key 等在 $9°50'$N 附近的东太平洋海隆（EPR）上部署了宽带海洋 MT 仪器，该宽带 MT 仪器装配有宽屏感应式磁传感器和电场接收偶极，该仪器使用交流耦合传感器设计以测量在 $0.1\sim10\,000$ s 周期范围内的微弱海底电场和磁场信号变化。不过此次试验中，最短的可测量周期受到导电海洋的衰减限制，约为 18 s。图 5.9 为作业布置图，在脊轴附近布置四个 MT 站位。

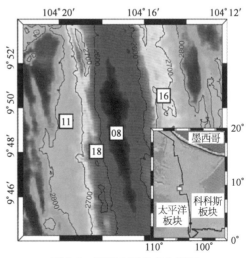

图 5.9　海底 MT 站点布置图

借助 Robust 方法对采集得到的时间序列开展 MT 阻抗估计，获得了 $18\sim6\,000$ s 频段的 MT 阻抗数据。阻抗张量主轴和偏离角估计表明地层呈二维结构，但也表现出在阻抗张量主轴方向的频率依赖性，阻抗张量主轴估计中存在两个主要的分组，在频率小于

100 s 时,阻抗张量主轴方向与山脊走向几乎一致,这与深水脊结构是一样的;在大于 100 s 的频段,阻抗张量主轴方向聚集在距北境约 20° 的地方。长周期数据的走向变化可能是由结构走向的深度偏移、地磁海岸效应引起的长周期 MT 场变形或地幔橄榄石的电各向异性引起的。为了实现二维建模,在 100 s 周期内旋转数据,最大限度地减小非对角阻抗分量,而在大于 100 s 的周期内,将数据减少到 8° 和 20° 的脊线。图 5.10 显示了每个站点旋转后的 MT 测深曲线,TE 和 TM 模式之间表现出强烈的不对称性。

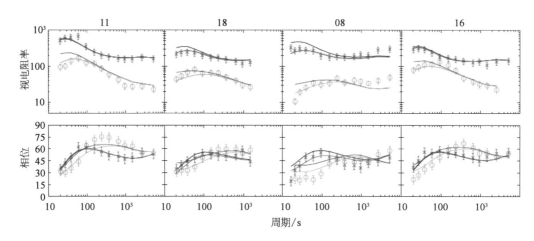

图 5.10　各站位 MT 测深曲线(图片源自 Key,2002)

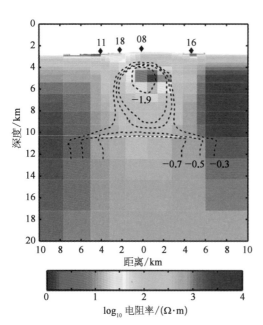

图 5.11　二维反演地电模型(图中虚线为地震方法获得的地层速度结构,图片源自 Key,2002)

结合有限元正演模型代码,进行了 MT 二维反演,图 5.10 是反演拟合的视电阻率与相位曲线。反演模型给出了约 20 km 深的二维电阻率结构,并且在洋脊下 6~12 km 深处具有高导电区域(1~10 Ω·m),MT 站点剖面较短(距脊 5 km 内的四个地点),并不能约束观测剖面之外的深度电性结构。因此将解释重点放在模型的地壳和上地幔,如图 5.11 所示。

反演得到的地电模型给出了地壳和上地幔电性结构,该模型的左侧和右侧显示出海底以下约 1 km 的深度呈一维层状结构,其电阻率为 10~100 Ω·m,随深度增加电阻率迅速增大到约 10 000 Ω·m。虽然该结构位于观测剖面两端,并没有受到很好的约束,但它确实与东北太平洋 4 000 万年洋壳上的 CSEM 测深结果一致。反演模型表明低电阻率主导的脊轴上存在岩浆系统,并与两侧干冷高阻岩石圈存在过渡带,深度在 6~10 km。

在海底以下 1.5~6 km 处洋脊两侧延伸约 3 km 内地壳导电带电阻率为 1~100 Ω·m,并与地震观测到的低 P 波速度和低 S 波速度区域一致。为证明 MT 响应对这个特征的敏感性,计算反演模型响应。在图 5.10 中,蓝线和黑线对于周期小于约 100 s 的响应在所有站点上相差明显,表明数据对高导电区域具有很好的约束。

二维反演模型在 9°50′N 东太平洋海隆(EPR)四个 MT 站点收集的数据证明了在地壳和上地幔电阻率结构成像方法的可行性。虽然测点试验远远不足以提供地质结构上的严格约束,但低电阻区在地壳部分的反演模型与地震层析成像结果依然吻合得很好。

2) 北海道近岸地下水研究

2014 年,日本地质调查局为评估北海道的幌延沿海地区的咸水/淡水分布和水文结构,进行了近海 MT 探测工作。浅水区和沿海地区开展电磁方法探测的难点在于:① 渔业活动受限;② 浅水导致传统的大型调查船无法作业;③ 海浪引起的感应电磁噪声,特别是 0.01~100 Hz 频段。因此需要采用不会对渔业活动产生影响的被动源 MT 方法,并且浅水限制大船的航行必须借助小船。另外还要克服运动海水引起的电磁噪声,为此定制开发了新的 MT 观测系统,其体积小、抗海浪,适用于小船开展投放回收作业,在陆地及海底 MT 联合数据采集中都获得了高质量的数据。海岸到海底的现场数据二维反演结果表明,由测井确定的一个厚度为几百米的第四纪沉积层为淡水层,在海平面以下延伸几千米。图 5.12 为测线布置图,线上开展了海底 MT 和陆地 MT 工作、近海和陆地的地震勘探工作、钻探工作,另外还在日本本州岛东北部建立了一个远参考站点,距离海洋 MT 测量点大约 500 km,远参考处理有助于提高陆地和海洋的 MT 数据处理效果。

为适应浅水 MT 数据采集的新开发 MT 接收机实物如图 5.13 所示,由基板、电场测量臂、数据记录舱和感应式磁传感器压力舱组成,整体高度小于 250 mm,这样的扁平设计

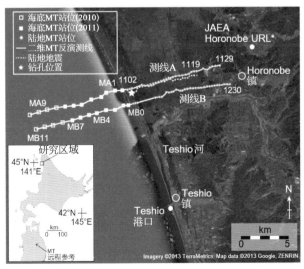

图 5.12　测线布置图(包括陆地及海上 MT 测点、地震测线、
　　　　　钻孔位置,图片源自 Ueda,2014)

减少了电磁传感器受海浪振动的干扰。底板上还附着了一个小型电子罗盘,用来记录仪器水下作业时的方位角。图 5.14 为现场作业图。

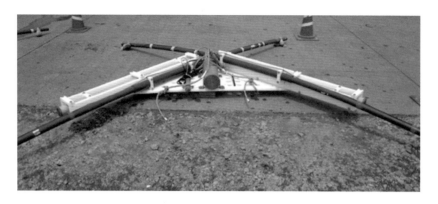

图 5.13　MT 接收机实物图(图片源自 Ueda,2014)

图 5.14　作业现场示意图(图片源自 Ueda,2014)

　　图 5.15 示出了陆上和海底 MT 数据迭代反演计算的测量线 A 的二维电阻率模型及地震解释。二维电阻率模型和地震解释清楚地表明,通过钻探确定的几百米厚的第四纪沉积层为淡水层,并且在海底延伸了几千米,从测量线 B 的反演也得到了类似的结果。在二维电阻率模型(图 5.15)中,陆上 MT 站点(1101～1111)下大约 50 m 深度上有一个电阻背景(10～100 Ω·m)下的薄的(10～30 m)相对导电(1～10 Ω·m)层,通过陆上时域 EM 调查也发现了该导电层。据分析,该层被认为是淤泥质黏土的潟湖沉积。这种导电层对于浅层和更局部的水文研究非常重要。1120～MA3 区间下方显示淡水区域,最深达 500 m,淡水层并向海域延伸。

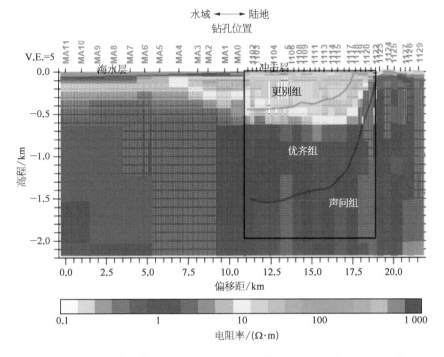

图 5.15　测量线 A 的二维电阻率模型及地震解释(图片源自 Ueda,2014)

此案例为了解决浅水 MT 作业过程所遇到的难题而开发的新型海洋 MT 测量系统,体积非常小,能够减少运动海水所产生的干扰;其结构紧凑,使得吨位小的测量船来实施设备投放回收变得可行。在日本北海道幌延沿海地区的陆上 MT 调查和近海数据采集都获得了高质量的数据。二维反演表明,通过钻探确定的一个厚度为几百米的第四纪沉积层为淡水层,并且在海底延伸了几千米。本次研究结果充分说明所提出的海洋 MT 系统可用于核废料场地评估咸水/淡水在沿海地区的分布和结构。

3）南黄海油气勘探

针对南黄海盆地深层地震地质条件差、地震波受屏蔽、能量严重衰减、在海洋反射地震资料中很难识别反映中-古生界的反射地震波组、不能满足南黄海盆地前第三系油气资源前景评价的需要等问题,中国地质大学(北京)于 2006 年 5 月开展了南黄海海域海底 MT 测深试验。在盆地内五莲斜坡和胶州凹陷区布设了三个海底 MT 测深点,取得了可靠的海底观测数据。对试验观测资料进行处理和反演,并结合地质、物性资料进行综合分析,结果表明在南黄海盆地海底以下深部还存留有古生代地层,这对于南黄海前第三系含油气前景的评价具有重要意义。试验结果也证明了海底 MT 测深技术在研究古生代残留盆地方面的问题可以发挥相当好的作用。

钻井资料显示,南黄海盆地内自下而上发育有古生代、中生代和新生代地层(见图 5.16)。其中古生界由海相碎屑岩及碳酸盐岩组成,厚达数千米;中生界主要为陆相断陷盆地碎屑沉积岩,厚度 0～6 000 m;新生界下第三系以陆相断陷盆地碎屑岩沉积为主,上第三系主要为浅海沉积,厚度为 500～3 000 m。区内表层沉积物类型复杂,包括中砂、

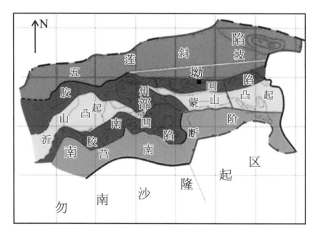

图 5.16　南黄海盆地区域构造简图（图片源自魏文博，2009）

细砂、粉细砂、黏土质粉砂、粉砂质黏土等。针对南黄海中-古生界深层地震波屏蔽、衰减引起的深部地层无连续地震波组反射，很难揭示南黄海盆地中-古生界分布等问题，而采用深部成像的大地电磁测深方法，就可以获得为南黄海前第三系油气成藏规律认识、油气资源潜力评估所需的地质信息。

图 5.17 是南黄海三个试验点的海底 MT 测深曲线。从图 5.17a、b 上看，MT100 和 MT110 号点 xy 和 yx 两个极化模式的视电阻率测深曲线类型与 H 形曲线相近；而 MT120 号点两个模式的测深曲线类型却与它们相差甚远，类似于 Q 形曲线（图 5.17c）。这说明实际上 MT100 和 MT110 号点应处在同一构造区内，即处在胶州凹陷内，只有

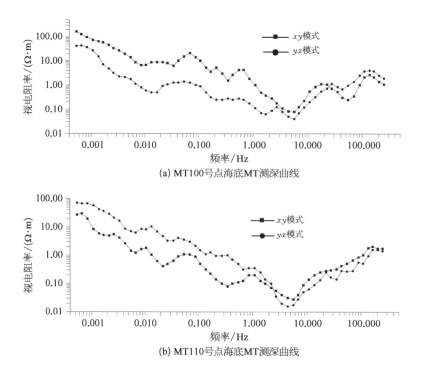

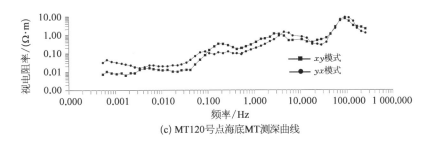

(c) MT120号点海底MT测深曲线

图 5.17　南黄海试验点的海底 MT 测深曲线（图片源自魏文博，2009）

MT120 号点是在五莲斜坡带上。

　　根据 MT 测深曲线对海底电性结构进行一维反演，反演拟合情况如图 5.18 所示。根据钻孔资料可知，胶州凹陷内地下上部为新生界上第三系，其底界深度为 1 119 m，岩性以泥岩为主；其下为下第三系，底界深度在 1 340 m，岩性仍以泥岩为主。中生界白垩系深度在 1 340～1 410 m，岩性为砾石层；1 410～1 987 m 深度为三叠系上青龙组含泥质岩屑灰岩；1 987～2 812 m 深度为下青龙组灰岩。2 812 m 深度以下是古生界二叠系大隆组，其底界在 2 930 m 深度，岩性以砂泥岩为主；其下至孔深 3 259.84 m 仍未穿透二叠系龙潭组，岩性以泥岩、粉砂质泥岩夹灰岩为主。而根据反射地震剖面的结果，在 MT100 号点海底以下 1 119 m 深（双程走时 1.1 s）为上第三系底界；1 410 m 深度（双程走时 1.25 s）为下

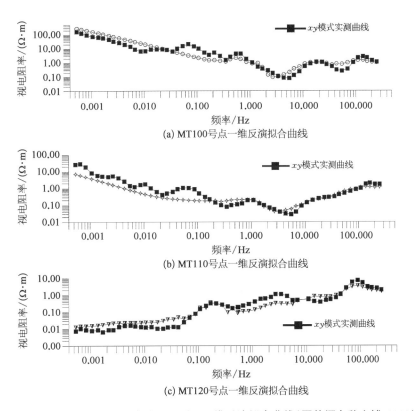

(a) MT100号点一维反演拟合曲线

(b) MT110号点一维反演拟合曲线

(c) MT120号点一维反演拟合曲线

图 5.18　南黄海试验点的海底 MT 测深一维反演拟合曲线（图片源自魏文博，2009）

第三系加白垩系底界;2 812 m深(双程走时1.7 s)为三叠系青龙组底界;3 600 m深度(双程走时 2.2 s)为二叠系龙潭组底界。在 MT120 号点海底以下 900 m 深(双程走时0.94 s)为第三系底界;2 700 m深(双程走时1.54 s)为三叠系青龙组底界;3 300 m深度(双程走时1.8 s)为二叠系龙潭组底界。

南黄海海底 MT 测深试验研究的结果给出一个重要认识:在南黄海盆地海底二叠系以下还存留有古生代地层,这对于南黄海前第三系含油气前景的评价具有重要意义。试验是成功的,结果也证明了海底 MT 测深技术在研究古生代残留盆地方面问题可以发挥比较好的作用。

海底 MT 是为数不多的海底深部探测方法,尤其在地震方法效果较差的区域发挥着独特的优势。在海底板块构造、油气勘探、浅部地下水调查中取得了较好的效果。近年来在深部探测需求的驱动下,在方法技术、仪器设备进步的支撑下,海底 MT 正焕发新的生命力。

5.3 海洋可控源电磁法

5.3.1 方法简介

海洋可控源电磁法作为海洋电磁法的一个重要分支,具有浅部分辨率高、海上作业效率高、高阻异常识别能力强的优势,已成为地球物理学界认可的一项探测天然气水合物和深水油气的高新勘探方法。广义的 CSEM 方法根据源和观测装置的不同可分为水平电偶-偶装置、垂直电偶-偶装置、水平同轴磁偶-偶装置、垂直同心磁偶-偶装置等,另外观测装置也有海底静止观测和拖曳观测区别,各装置各有特色,体现在海上作业方式、观测方式、作业效率、资料处理、横向纵向分辨率、探测深度等方面。本节介绍的 CSEM 方法为水平电偶源和海底静态电磁观测组合装置。

海洋 CSEM 海上作业时将可控源电磁发射机拖曳至近海底,通过发射偶极向海底发射大功率电磁波,由若干台固定在海底电磁接收机采集含有海底以下不同深度介质电性信息的感应电磁场信号。将导航、发射和接收数据经过专门的处理和反演计算,获取海底以下介质的导电性结构特征。该方法对海底含烃类碳氢化合物的高阻地层有较好的探测能力,是目前进行海洋油气资源调查的主流手段。海洋 CSEM 的早期商业应用主要是作为海上地震勘探的一种辅助手段,探明地震指示的圈闭构造中是油还是水,以减少干井率,在海洋油气资源勘探和海洋天然气水合物资源量评价方面,都取得了很好的效果。

5.3.2 方法原理

MT 测深时,由于导电的海水大大抑制了 MT 信号的高频部分,使得海底以下浅部地层电阻率成像信息缺失,因此 MT 方法被认为在针对浅部油气(水合物)目标探测中存在盲区。海洋 CSEM 方法借助大功率人工发射源在近海底建立人工源电磁场,以弥补高频段信号,实现浅部地层的电磁成像。借助海底电磁接收机对含有海底以下地层电性信息的人工场源电磁信号进行高精度采集,经后续资料处理得到海底地层电性信息,用于推断海底以下介质的电性异常,从而评估油气(水合物)储层。相比 MT 适合深部的低阻异常体探测,CSEM 更适合浅部高阻异常体识别。下面从场源特征、异常识别、海上数据采集、资料处理、模型反演五个方面介绍 CSEM 的原理与工作流程。

1) 场源特征与异常识别

从发射源到观测点,海底电磁波共有四种传播路径,如图 5.19 所示。其中反射波和折射波携带有海底以下介质的电性信息,直达波(包括沿海水和海底沉积层两种途径传播)和空气波是干扰信号。反射波和折射波的幅度在短收发距情况下均小于直达波;在浅海(水深小于 300 m)水域较小的收发距条件下反射波和折射波的幅度也小于空气波。因此在浅海水域探测海底目标体应当选取合适的工作参数,以保证得到有效的反射波和折射波信息,从而达到探测高阻异常体的目的。

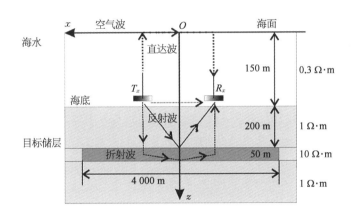

图 5.19　海底电磁波传播路径图

在海洋水平均匀层状半空间中的水平电偶源电磁场的数值模拟计算中,为了提高计算精度和计算速度,在模拟海底电偶源三维电磁问题时采用 Zhdanov 等人提出的预条件体积分方程法,实现海底天然气水合物储层的可控源电磁响应模拟。水平均匀层状半空间模型如图 5.20 所示。对于海洋 CSEM 方法而言,电偶源一般位于海水层中,也就是模型的第一层中。

采用预条件体积分方程法对海洋轴向水平电偶源激励下的海底均匀半空间和一维天然气水合物储层的电场频率响应进行数值模

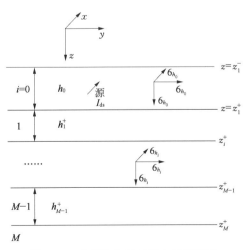

图 5.20　水平均匀层状半空间模型图

拟计算,研究观测系统收发距离和侧向偏移、发射偶极源参数、储层几何参数和物性参数等变化对储层异常特征的影响。这为海洋可控源电磁法勘探仪器设计和海上数据采集方案制定提供了理论依据,同时也可以为研究实测资料处理、解释方法奠定基础。

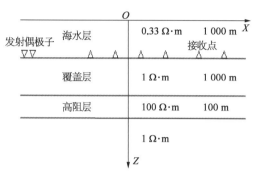

图 5.21　含高阻层(天然气水合物储层)的一维模型示意图

图 5.21 是一维海底天然气水合物储层模型,为四层模型。第一层是海水层,厚度 1 000 m,电阻率设为 0.33 Ω·m;第二层是低阻覆盖层(沉积层),厚度 1 000 m,电阻率设为 1 Ω·m;第三层是高阻天然气水合物储层,厚度 100 m,电阻率设为 100 Ω·m;第四层是向下延伸到无穷远的低阻层,电阻率设为 1 Ω·m。

若不存在高阻层时,相应的模型为两层模型,即海底均匀半空间或称为背景模型;其可控源电磁响应称为背景响应。

取发射频率为 0.5 Hz,数值模拟计算结果如图 5.22 所示,从图 5.22a 可以看出,随着收发距增大,两个模型(有异常层模型和背景模型)的电场响应 E_x 分量幅值都迅速减小。在收发距小于 1 000 m 或大于 17 000 m 的范围内,两个模型响应的 E_x 幅值曲线基本重合。在 1 000~17 000 m 内,两条曲线明显分开,含储层模型的电场响应 E_x 分量幅值大于背景模型响应的 E_x 分量幅值。也就是说,只有收发距保持在 1 000~17 000 m 时,接收点观测到从海底水合物储层反射的电磁波才能反映异常信息。

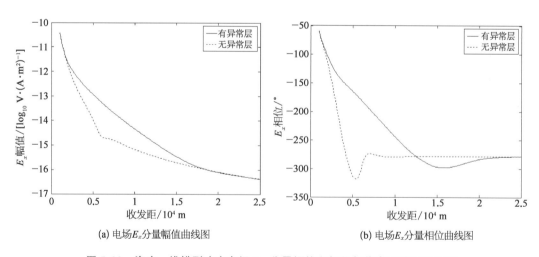

(a) 电场 E_x 分量幅值曲线图　　　　(b) 电场 E_x 分量相位曲线图

图 5.22　海底一维模型响应电场 E_x 分量幅值和相位与收发距关系曲线图

模型响应的电场分量 E_x 相位与收发距的关系如图 5.22b 所示。由图可见,收发距在 1 000~21 000 m 时,两条相位曲线相差较大,尤其在中间段差异明显。在 1 000~12 500 m 的收发距范围内,模型响应的 E_x 分量相位超前背景模型响应的 E_x 相位;而在

12 500～21 000 m 的收发距范围内,模型响应的 E_x 分量相位落后背景模型响应的 E_x 相位。

由图 5.22 可知,高阻层在 E_x 分量的幅值及相位具有异常显示,但是对应的收发距位置不同,引起的异常值也不同,实际勘探工作方案设计过程中,应该根据模型正演计算结果制定最佳观测参数。

用背景模型响应对含异常体模型的响应做归一化处理,可得电场的归一化幅值:

$$E_g = \frac{E_z}{E_b}$$

式中　E_g——电场归一化幅值;

　　　E_z——含异常体模型响应的电场幅值;

　　　E_b——背景模型响应的电场幅值。

相位的归一化处理:

$$\varphi_g = \varphi_z - \varphi_b$$

式中　φ_g——归一化幅值;

　　　φ_z——含异常体模型响应的相位;

　　　φ_b——背景模型响应的相位。

模型响应的电场分量 E_x 归一化幅值曲线和归一化相位与收发距关系曲线如图 5.23 所示。由图 5.23a 可知,随着收发距的增加,模型响应的电场 E_x 分量归一化幅值逐渐增大,在 6 000 m 处取得极大值 25;之后随着收发距的增加,归一化幅值逐渐减小,到 15 000 m 后幅值基本为 1。由图 5.23b 可知,模型响应的电场 E_x 分量归一化相位曲线形态与幅值曲线形态基本一致,也是随着收发距的增加,归一化相位逐渐增加,在收发距约 5 000 m 处达到极大值 150°,然后开始减小。只是归一化相位曲线在收发距 16 000 m 处存在极小值。归一化相位极大值对应的收发距小于归一化幅值极大值对应的收发距。

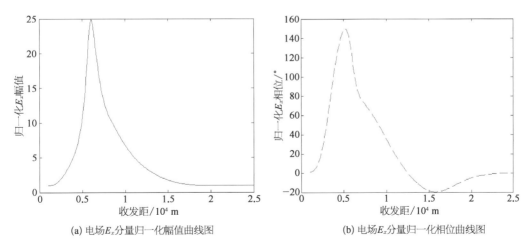

(a) 电场E_x分量归一化幅值曲线图　　(b) 电场E_x分量归一化相位曲线图

图 5.23　海底一维模型响应电场 E_x 分量归一化幅值和归一化相位与收发距关系曲线图

最佳观测窗口可以根据模型响应归一化幅值曲线和归一化相位曲线选取,窗口中心一般取归一化幅值极大值或归一化相位极大值对应的收发距,窗口宽度应该以包含归一化相位曲线特征点和归一化幅值曲线特征点为准。这样才能观测到最大的海底水合物高阻异常反应。

2)海上数据采集

海洋CSEM海上作业时主要包括作业船及船载大功率甲板电源、船载深拖缆及绞车、船载导航及水下定位设备、大功率拖曳发射机和若干台海底电磁接收机。海洋可控源电磁发射系统用于激励大功率人工电磁场信号。该系统是由船载大功率发电机提供电力,通过甲板变压及监控单元和水下深拖缆,将电力和监控信号输送至海底的电磁发射机,再经过水下变压和整流单元,在发射机主控单元的控制下,通过功率波形逆变单元和发射偶极,把电磁场发射到海底介质中。甲板监测单元可与水下的发射机通信,通过信号电缆完成控制命令和数据交互,查看和更改发射机的运行状态。海底电磁接收机部件分为电子及机械两部分,电子部件包括电场传感器、磁场传感器、采集电路、水声换能器、定位信标、姿态测量装置、甲板单元等;机械部件包括玻璃浮球、框架、测量臂、声学释放器、水泥块、电腐蚀脱钩器及配套的甲板遥控端。其核心功能是实现海底电磁信号的高精度采集。实现这一目标需要解决接收机的高可靠投放与回收、深水耐压、低噪声大动态范围观测、多台接收机与发射机同时工作、导航系统高精度时间同步、水下长时间连续作业、海上高效作业等一系列关键技术问题。

海洋CSEM海上作业示意图如图5.24所示。作业流程主要分为以下步骤:

(1)接收机投放。根据目标工作区域测线预设的点位,将海底电磁接收机依次投放至海底。

(2)接收机定位。借助船载USBL水下定位系统对海底接收机位置进行精确定位,并为后期数据处理提供坐标信息。

(3)发射作业与CSEM数据采集。拖曳发射机按照设计的路线及频率进行大功率电流激发,接收机采集CSEM信号与MT信号,此时MT信号为噪声。

(4)MT数据采集。在接收机着底后至回收之前(一般持续1~2周)一直采集海底

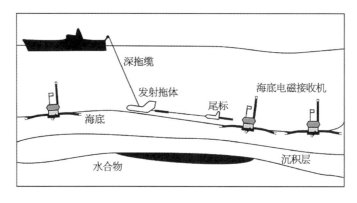

图5.24 海洋CSEM海上作业示意图

MT 信号。

（5）回收接收机。借助释放回收系统对接收机进行逐点打捞回收。

（6）现场数据预处理。下载接收机中的数据文件，结合发射电流文件、导航及水下定位数据，进行 CSEM 数据处理与海底 MT 数据处理，并对数据质量进行现场质量评估。

海上作业结束前，需要提供作业班报、导航数据（作业船舶定位、拖体水下定位、接收机水下定位、方位角）、多台接收机观测的电磁场时间序列、发射电流文件等。

3）资料处理

海洋 CSEM 资料处理的本质是将接收机数据、发送源数据及导航数据等资料融合，包括时域滤波和合并航行数据，通过这两个步骤可以得到人工源电磁场的幅度随偏移距变化（magnitude versus offset，MVO）和相位随偏移距变化（phase versus offset，PVO）曲线。调整校正的方法来提高原始数据的信噪比，这些方法包括时窗调整分析、极化椭圆分析、场分量旋转、压制空气波、噪声估计及尖峰去噪等。

根据海洋 CSEM 数据处理的特点，采用模块化处理的思想，如图 5.25 所示，将基本处理步骤和调整校正方法有机结合起来，可把整个处理流程归纳为四个主要环节：① 初始处理；② 方位校正；③ 压制噪声处理；④ 合并航行数据。其中方位校正处理包括极化椭圆分析和场分量旋转，压制噪声处理包括噪声估计、压制空气波和尖峰去噪。这两个模块里的各种处理方法之间相对独立，处理人员可根据实测资料情况合理选择，并比较不同

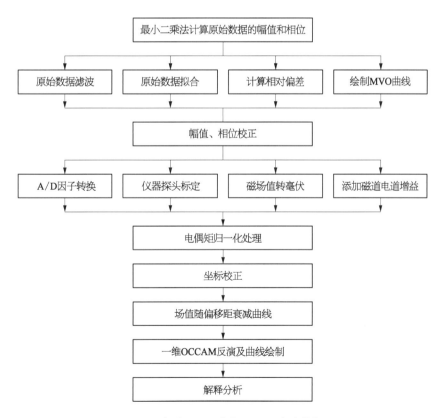

图 5.25　海洋 CSEM 数据处理程序结构框图

处理方法的应用效果,得到最佳处理结果。

4)模型反演

(1) OCCAM 反演算法。

OCCAM 算法的目标函数 U 表示为(Key,2009)

$$U = \parallel \partial m \parallel^2 + \parallel P(m - m_*) \parallel^2 + \mu^{-1} \times \left[\parallel W(d - F(m)) \parallel^2 - \chi_*^2 \right] \quad (5.21)$$

其中右端第一项为模型粗糙度范数,m 为 M 维的模型参数向量,∂ 为一阶差分算子;第二项为模型参数 m 与参考模型 m_* 的偏差,P 为确定模型参数与其参考值 m_* 粗糙度的权重对角阵;第三项为模型正演响应与数据的拟合项,μ 称为拉格朗日乘数,用于平衡模型粗糙度与数据拟合差的作用,W 为数据方差权重函数,d 为观测的 N 数据向量,F 为模型响应的正演算子,χ_*^2 为目标拟合差。

求解目标函数 U 最小值的标准方法是令其一阶导数为 0。在对初始模型 m_k 线性化之后,得到如下模型参数更新公式:

$$m_{k+1} = \left[\mu(\partial^T \partial + PP) + (WJ_k)^T WJ_k \right]^{-1} \times \left[(WJ_k)^T W \hat{d} + \mu P m_* \right] \quad (5.22)$$

其中,$\hat{d} = d - F(m_k) + J_k m_k$,$J_k$ 为线性化的第 k 次迭代模型响应对电导率对数的一阶偏导数矩阵,称为雅可比矩阵:

$$J_k = \nabla_m F(m_k) \quad (5.23)$$

$$J_{ij} = \frac{\partial F_i(m_k)}{\partial m_j} = \frac{\partial F_i(m_k)}{\partial \log_{10} \sigma_j} \quad (i = 1, \cdots, N; j = 1, \cdots, M) \quad (5.24)$$

反演中,采用均方根(RMS)拟合差公式衡量更新模型的正演响应与数据的拟合情况:

$$\chi_{RMS} = \sqrt{\frac{\chi^2}{N}} = \sqrt{\frac{1}{N} \sum_{i=1}^{N} \left[\frac{d_i - F_i(m_{k+1}(\mu))}{s_i} \right]^2} \quad (5.25)$$

式中 S_i——第 i 个观测数据的误差。

利用 OCCAM 算法对海洋 CSEM 数据进行二维反演,能够得到光滑的地电模型并保留模型的主要特征,避免产生过大或过小的模型电阻率参数值及小的虚假构造。

(2) 非线性共轭梯度反演算法。

根据 Tikhonov 和 Arsenin 提出的理论,采用正则化方法定义非线性共轭梯度的目标函数:

$$\psi(m) = [d - F(m)]^T V^{-1} [d - F(m)] + \lambda m^T L^T L m \quad (5.26)$$

其中正则化参数 λ 为正数,正定矩阵 V^{-1} 表示误差向量 e 的方差,L 定义为与三角网格剖分有关的二阶差分算子。通过对关于 m 的目标函数最小化,得到最佳模型:

$$m_0 = given$$

$$\psi(m_l + \alpha_l p_l) = \min_\alpha \psi(m_l + \alpha p_l) \tag{5.27}$$

$$m_{l+1} = m_l + \alpha_l p_l (l = 0, 1, 2, \cdots) \tag{5.28}$$

式中　P_l——模型空间的搜索方向；

　　　α_l——该搜索方向上的最优步长。

搜索方向可通过式(5.29)及式(5.30)迭代求解。式(5.30)中的左端第一项为最速下降方向，第二项用于修正最速下降方向。在线性共轭梯度求解中用于保证当前迭代方向与上一个迭代方向共轭，而在非线性共轭梯度求解中则不做此类要求，只需要共轭搜索方向与梯度满足式(5.31)中给出的弱条件：

$$p_0 = -C_0 g_0 \tag{5.29}$$

$$p_l = -C_l g_l + \beta_l p_{l-1} (l = 1, 2, \cdots) \tag{5.30}$$

$$p_l^T (g_l - g_{l-1}) = 0 \ (l > 0) \tag{5.31}$$

5.3.3　应用案例

1）挪威近海气田的 CSEM 探测

自海洋 CSEM 方法诞生以来，学者们都认为海洋 CSEM 方法在水深大于 1 000 m 的深水才能取得较好的勘探效果，原因是浅水层难以压制空气波的干扰而影响数据质量。挪威地球物理电磁服务公司（EMGS）为了验证其设备在浅水中的应用效果，2003 年 12 月—2004 年 1 月在挪威北海大陆坡的东北部 Troll 海域进行了 CSEM 勘探。此海域水深 333～350 m，西南浅东北深，海区油气已知分布如图 5.26 所示，共有西部油区、西部气田及东北部气田。油气层电阻率为 250 $\Omega \cdot m$，而覆盖层的侏罗纪砂岩电阻率为 2.5 $\Omega \cdot m$，电阻率的差异为海洋 CSEM 方法提供了良好的物性基础。

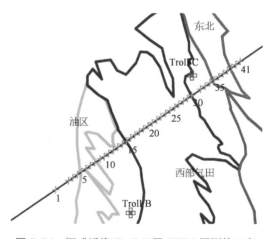

图 5.26　挪威近海 Troll 工区 CSEM 探测施工布置图（图片源自 Johnstad, 2005）

图 5.27 展示了 R16、R25、R41 三个测站的资料处理结果，左面为 MVO 曲线，右面为 PVO 曲线。两幅图都清晰地显示在 2.5～10 km，相对于 R41 作为参考点（已知没有油气异常的点位），R25 与 R16 测站的 MVO 与 PVO 曲线都有明显差异。这一结果证明 CSEM 方法在浅水油气勘探的有效性。

图 5.28 是 EMGS 公司在 Troll 海域西部气田区块进行的一次勘探试验的海区地质简图。其中右上角小图为 CSEM 施工方案，粗线为接收机站位，细线描述了发送源的航

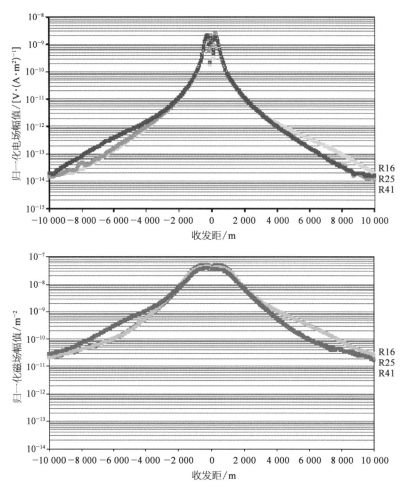

图 5.27 挪威近海海洋 CSEM 探测结果对比图(图片源自 Johnstad,2005)

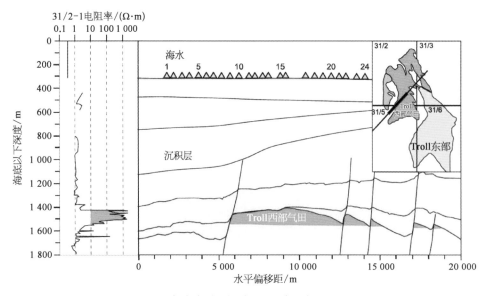

图 5.28 Troll 海域地质结构简图(图片源自 Johansen,2005)

迹图,此次试验共投放了 24 台接收机,水深在 330～360 m。图 5.28 的左面描述了 31/2-1 井位电阻率测井结果,与图中间显示的西部气田储层对应一致。图 5.29 说明了 CSEM 资料处理结果——归一化场值异常图,在偏移距为(6.5±0.5)km 的位置出现了异常极大值,这一结果与图下方的西部气田地震资料解释结果基本吻合。这一试验也再次证明 CSEM 方法在浅水海域油气勘探应用的正确性与可行性。

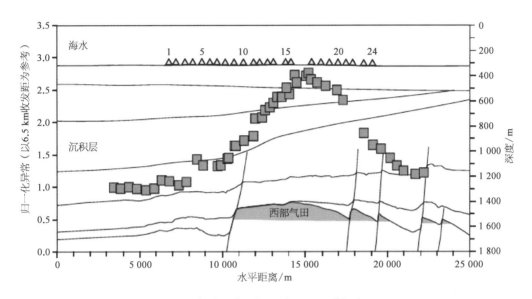

图 5.29　CSEM 结果与地震资料解释对比图(图片源自 Johansen,2005)

2) 美国西海岸水合物调查

图 5.30 为美国加州大学 Scripps 海洋研究所于 2004 年 8 月在美国西海岸进行的水

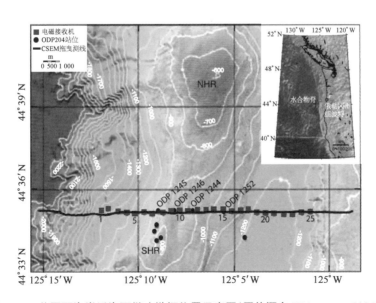

图 5.30　美国西海岸近海可燃冰勘探位置示意图(图片源自 Weitemeyer,2006)

合物探测案例地形概图。此区域之前已经进行了三维地震勘探、钻探与测井工作,水深在800~1 200 m,图中紫色方块显示了接收机投放点位,由西向东共投放 25 台接收机,点距600 m,共14.4 km。25 台接收机中 12 台仪器观测水平分量的电场磁场信号共四分量,另外 13 台只观测相互正交的三分量电场信号,而不记录磁场信号,所有仪器采样率设置为125 Hz。图中粗实线为发送源拖曳航迹,黑色圆点为 ODP 点位,沿线共有四个 ODP 点位(ODP1245、ODP1246、ODP1244、ODP1252),同时也是地震 230 测线的施工路线。发送源共进行了三次拖曳航行,第一次发送电流 5 Hz、峰值 102 A,源偶极距 90 m,第二次发送电流 15 Hz、峰值 200 A、极距 90 m,第三次发送电流 15 Hz、峰值 200 A(后降至 100 A)、极距 200 m。整个航行发送过程中发送电极距离海底高度约为 100 m,速度约 2 km/h。

资料处理结果对比如图 5.31 所示,图 5.31a 和 b 分别为发送频率为 15 Hz、5 Hz 时的资料处理饱和度与电阻率断面图,图上方标示了不同饱和度对应的电阻率值。15 Hz发送频率的断面图反映了海底 300 m 以浅的电阻率信息,5 Hz 发送频率的断面图反映了海底 500 m 以浅的电阻率信息,两幅图的信息在海底 300 m 以浅基本吻合。在 S18~S25区间为盆地,电阻率值较小,而在 S1~S5 区间电阻率值较大,指示可能有高阻体存在。图5.31c 为几个标记点的一维反演结果。图 5.31d 为 230 线地震资料结果,地震资料显示图中似海底反射层的存在,在 S1~S5 之间的区域存在 GH(gas hydrate),这一结果与

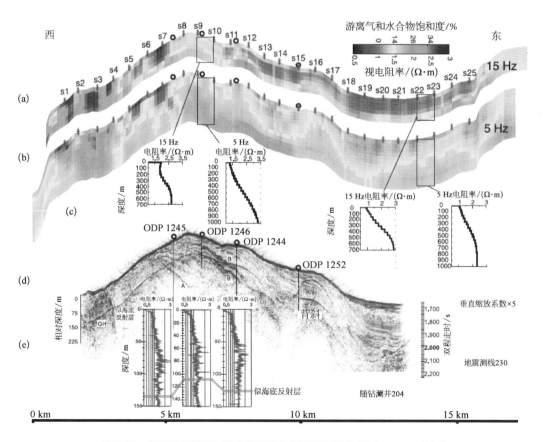

图 5.31　CSEM 与地震、测井资料对比图(图片源自 Weitemeyer,2006)

CSEM 方法处理结果是一致的。图 5.31e 为测井电阻率资料,三次钻井资料与地震剖面资料吻合较好,同时也证实了地震资料结果的正确性。钻孔资料显示了高阻体的存在,这一结果与 5 Hz 发送频率的电阻率断面图结果一致,而 15 Hz 发送频率的电阻率断面图未显示更深部的高阻信息。

通过这一案例得知,海洋 CSEM 方法借助高频人工电磁场源,实现了距海底数百米的电阻率成像,弥补了 MT 方法的不足。在水合物勘探的成功应用证实了海洋 CSEM 方法在水合物探测上是切实可行的。

3) 南海神狐海域水合物调查

近年来采用高分辨率地震调查手段,在琼东南盆地发现了指示天然气水合物底界面的似海底反射(bottom simulating reflector, BSR)。但是由于研究区海底较为平缓,BSR 与海底地层近于平行,且极性反转特征并不明显,加之多次波、气泡效应等在形态上与 BSR 相似,从而增加了 BSR 识别难度,这极大地影响了该海域天然气水合物评价与成藏模式的研究。2016 年广州海洋地质调查局联合中国地质大学(北京),在琼东南盆地进行了 CSEM 剖面探测任务(工区位置如图 5.32 所示),获得了研究区的电阻率断面图像,结合水合物稳定带的估算与反射地震剖面资料,对研究区水合物分布和游离气运移等问题进行分析,可以初步给出研究区海底水合物的成藏模式。

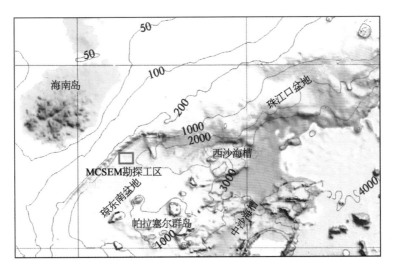

图 5.32　琼东南盆地海洋 CSEM 探测位置(红色矩形框,景建恩等,2018)

根据区域地质构造走向,布设了一条垂直地质走向的 NW-SE 向 CSEM 剖面。这条剖面长 4.5 km,设计 10 个接收站位(编号 R1~R10),站间距为 500 m(图 5.33)。接收机按照设定的坐标进行投放,当沉至海底后,利用多点声学斜距测量技术,确定水下接收机的相对位置,并参考调查船的 GPS 坐标得到每台接收机在海底的实际地理坐标。通过铠装的光电复合拖缆,发射机被施放至距离海底约 50 m 高度处,从观测剖面一端 5 km 外开始激发,以约 2 节的速度沿观测剖面均速拖曳行进,到达剖面另一端点外侧 5 km 处停止发射。为了对浅海底水合物稳定带及游离气的运移通道进行电磁成像,激发了 0.5 Hz 和 1.5 Hz 组合频率、2 Hz 单频、8 Hz 单频的双极性方波信号,发射电流达到 210 A。

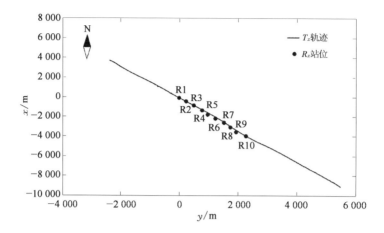

图 5.33 琼东南盆地海洋可控源电磁探测发射与接收布置图

对 10 个测站 0.5 Hz 和 1.5 Hz、2 Hz、8 Hz 的数据进行了处理,获得各分量的 MVO 与 PVO 数据。图 5.34 给出了各站位的处理结果,图中横轴为测线距离。MVO 曲线纵轴为归一化振幅的常用对数,电场单位为 V/(A·m²),磁场单位为 T/(A·m)。由图 5.34 可知,0.5 Hz 和 1.5 Hz 有效信号的收发距可达到 4 000 m;2 Hz 有效信号的收发距可达 3 500 m;8 Hz 有效信号的收发距可达到 2 000 m。系统本底噪声水平在 1.5 Hz 频率处低于 10^{-14} V/(A·m²)。

在前述数据处理的基础上,对 10 个测站的 MVO 数据进行合并处理与二维反演。对 0.5 Hz 和 1.5 Hz 数据进行 9 个反演任务的尝试,对不同频率、不同类型的电磁数据进行反演,最后将数据的均方根残差降到 2.0 以下,停止迭代,得到较为可靠的二维电阻率模型,如图 5.35 所示。

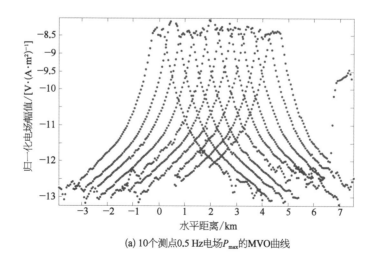

(a) 10 个测点 0.5 Hz 电场 P_{max} 的 MVO 曲线

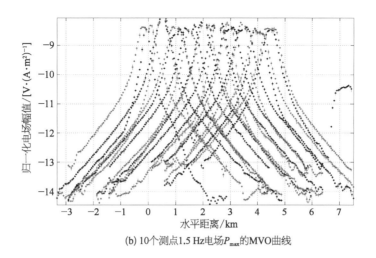

(b) 10个测点1.5 Hz电场P_{max}的MVO曲线

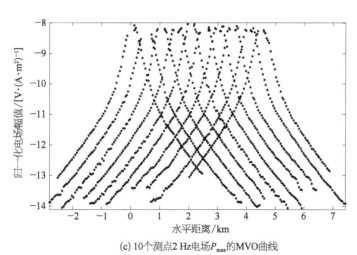

(c) 10个测点2 Hz电场P_{max}的MVO曲线

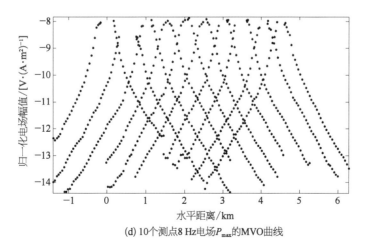

(d) 10个测点8 Hz电场P_{max}的MVO曲线

图 5.34　各站位的处理结果

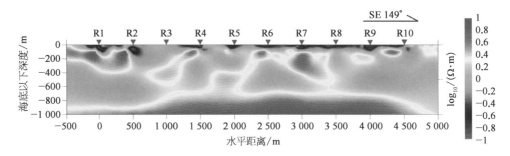

图 5.35　0.5 Hz 和 1.5 Hz 组合数据二维反演电阻率模型(景建恩等,2018)

根据有效观测信号的最大收发距,估计 0.5 Hz 和 1.5 Hz 组合电磁数据的探测深度约为 1 000 m。

剖面中在浅海底约 60 m 以上,地层电阻率多表现为低阻特征,除 R3、R4 和 R5 外,低阻层的横向分布较为连续。在海底的 60~320 m,地层中出现多个规模不一的高阻异常体,高阻体的电阻率介于 2~10 Ω·m,它们在横向上具有不连续的分块特征。320~660 m 深度主要出现三处高阻异常体,这些异常体呈树杈状结构,并与其上的高阻体相连。R3~R9 测点下方的 660~800 m 深度处,海底地层电阻率表现为中高阻层状特征,电阻率值大于 5 Ω·m。800 m 深度之下,地层表现为高阻特征,电阻率值在 10 Ω·m 上下。

根据上述电阻率分布特征,对剖面下方的地层进行分层处理,分层结果如图 5.36 中虚线所示。由上至下共分为五层,第一层为低阻沉积盖层,第二层可能为天然气水合物稳定带,第三层为游离气运移带,第四层为饱气带,第五层为高阻基底(可能含游离气)。根据高阻体的特征推断,第三层中的高阻异常体可能对应着深部游离气向上运移的三个通道,如图中箭头所示。深部来源的游离气有可能通过这三个运移通道向水合物稳定带聚集,最后在第二层中局部富集而形成天然气水合物。

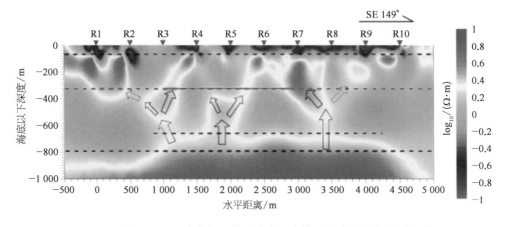

图 5.36　0.5 Hz 和 1.5 Hz 组合数据二维反演电阻率模型及地质解释(景建恩等,2018)

　　将上述解释结果与对应的地震剖面叠加,如图 5.37 所示。可以看到,电阻率剖面的解释结果与地震所反映的地质特征具有很好的对应关系。图中箭头所示的运移通道与地震反射空白特征相对应,且反射同相轴出现明显的不连续或错断特征;根据电阻率推断的水合物稳定带底界也与地震推断的 BSR 基本一致(图中粗实线)。

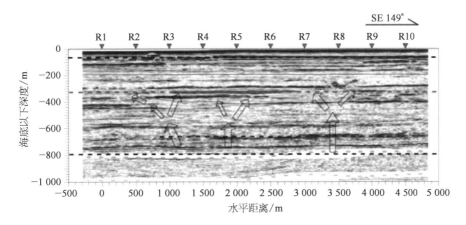

图 5.37　推断解释结果与地震剖面叠合图(景建恩等,2018)

　　针对水合物调查需求,海洋 CSEM 方法实现了海底以下介质电阻率的二维成像,根据反演的电阻率断面,参考反射地震剖面资料,将研究区海底划分为四个电性层。在 BSR 模糊不清或不确定时,综合利用电阻率、热力学条件和地震反射信息,推断天然气水合物稳定带的底界深度,给出水合物稳定带的内部结构及游离气运移通道,这为研究区天然气水合物资源预测与钻探目标优选提供了依据。

　　随着近年来的不断发展,海洋 CSEM 方法已经成为海洋油气及水合物勘探有效手段之一,在完善传统地震资料解释并提高钻井成功率方面发挥着举足轻重的作用。未来海洋 CSEM 方法必将得到更为广泛的应用。

5.4　海底自然电位法

5.4.1　方法简介

　　海底自然电位法借助电场传感器记录近海底电场电位梯度,通过 SP 异常指示某些矿体的存在。该方法主要用于海底多金属硫化物探测、海底热液活动研究、海底洋流监测等。海洋 SP 方法相比陆地具有如下优势:

（1）噪声小。海水与电极的接触电阻通常较小，远小于陆地测量时电极的接地电阻，低的接地电阻有助于降低观测噪声。另外作为陆地测量时的噪声主要来源——气象和水文地质因素在海洋中影响也是很小的。

（2）效率高。海洋 SP 观测采用拖曳测量方式，比陆地测量时单点耗时短，可以开展连续剖面作业。

5.4.2 方法原理

1）场源

氧化还原作用是海洋自然电位产生的主要机制之一。在海底存在氧化还原梯度差的情况下，硫化物矿体穿过氧化还原界面，由于硫化物具有良好的导电性而成为电子运移的通道，电子由下向上运移，在矿体上表面积累负电荷，深部积累正电荷，并形成长期稳定的电流，在海底硫化物上方产生负的电位异常，因此通过在海底观测电位异常可用于圈定多金属硫化物的分布。在硫化物矿上可观测到数百毫伏的负电位异常，梯度达每米数毫伏级，如图 5.38 所示。

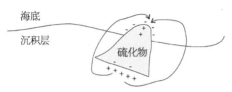

图 5.38 自然电位异常原理图

氧化还原性质的差异是自然电位产生的条件。在陆地环境中，穿过矿体的地下水位作为了还原氧化的边界。在海洋环境中，矿体周围的流体循环具有有氧海水的引入，这加剧了海底下方氧化还原反应的发生。除上述氧化还原机制外，SP 还有其他三种产生机制：

（1）不同流体浓度界面处出现扩散电势。

（2）流体在多孔介质中流动，由于孔隙压力梯度而产生电动势。

（3）温度变化的区域可以产生热电势。

2）观测系统

海底 SP 测量可作为单一调查设备独立测量，或者加挂在其他海底调查设备（如摄像拖体）上进行协同测量。海底 SP 测量装置通常包含电场传感器、拖曳导线和采集舱三个主要部分。其中电场传感器通常采用 Ag/AgCl 电极；拖曳导线实现电极至采集舱之间的信号连接；采集舱用于放大、记录、存储和传输电位信号。其常见的加挂方式有三种（图5.39）：一是悬挂在光缆或同轴缆上进行垂直观测，记录自然电场的垂直分量；二是加挂在拖体后方进行水平观测，测量自然电场的水平分量，通过调节电极距的长短来改变不同的观测方式，在水平拖曳时，为保证传感器的水平，需要合理配置浮力，并在尾部加挂阻尼伞；三是借助 AUV 搭载观测装置进行小范围灵活自主详查。船载测量时，调查船以 1～2节的速度拖曳测量仪在海底上方 20～50 m 高度匀速前行，记录近海底 SP。AUV 近海底测量时，可同时测量正交的三分量自然电位，相比船载深拖能更接近异常体，观测精度更高，更适用于小范围异常体的详查。

拖体及 AUV 通常还搭载磁力仪、高度计、深度计、USBL 定位信标、CTD 等辅助设备。高度计及深度计实时监测拖体离地高度；USBL 定位信标实时记录拖体水下位置，为

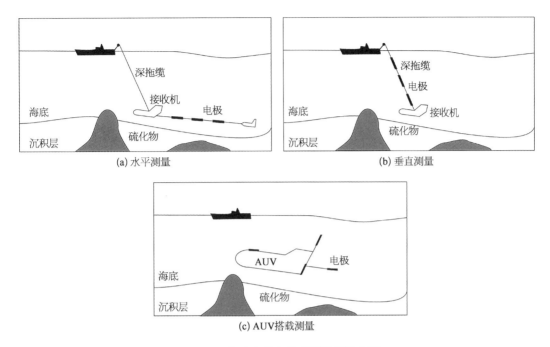

(a) 水平测量　　　　　　　　　(b) 垂直测量

(c) AUV搭载测量

图 5.39　海底自然电位观测装置示意图

后期资料处理提供空间坐标;CTD 用于测量海水温度、电导率等;磁力仪用于观测矿体的
磁异常信息,通常搭载 Overhauser 磁力仪或光泵磁力仪。AUV 搭载更具有灵活性,可根
据目标体自定义勘测路线,实现小范围精细调查。

3）噪声分析

SP 观测过程中有三种噪声源：① 来自外部磁场变化的感应电场；② 来自洋流、潮
汐、波浪等的运动海水感应电场；③ 观测系统自噪声(主要为电极自身极差的漂移)。

在中纬度地区的 SP 测量中,据海底 MT 测量发现,来自海洋外部的大地电磁平面波
磁场源的感应电场,如在大型磁暴期间,典型的电场幅度小于 $20\,\mu\mathrm{V/m}$,在其他时间通常
小于 $2\,\mu\mathrm{V/m}$。研究认为通过固定在原参考站(海底和陆地)的磁力计和大地电磁仪器记
录随时间变化的电离层场源,可用于 SP 观测数据中剔除外源场。

在频率小于 $3\times10^{-4}\,\mathrm{Hz}$(周期大于 $1\,\mathrm{h}$ 水流)的情况下,水流会产生显著的电场。洛
伦兹项 $E_{\mathrm{h}}=V\times B_{z}$,定义 E_{h} 为水平电场大小,其中 V 是流速的水平分量,B_{z} 是地磁场
的垂直分量。因此在 $50\,000\,\mathrm{nT}$ 垂直场中速度为 $0.5\,\mathrm{m/s}$ 水流将产生 $25\,\mu\mathrm{V/m}$ 的水平电
场,这是电流与拖曳牵引方向正交情况下的最大电场。

电极自身极差漂移也是 SP 观测的误差项之一。如第 4 章所述,每个电极都具有相对
于海水的相对参考电位,其由于海水中的杂质和电极的老化而随时间逐渐变化,该变化属
于观测数据的误差项,实际海上作业应该挑选一致性好的电极对。但是电极极差漂移本
身变化较慢,一般在数小时到数天之后会产生相对的漂移。因为这个漂移是相对单调和
平滑的,可以通过减去低阶多项式拟合的趋势来消除漂移的误差。

4）资料处理

通常直接观测电场的变化就能识别 SP 异常，因此在观测装置姿态稳定的情况下直接观测电场分量（E_x、E_y、E_z）的变化；如果在测量过程中观测装置不稳定，发生水平旋转，通常计算总的水平电场强度，即 $E_h = \sqrt{E_x^2 + E_y^2}$。在进行海底矿产勘查时，也常将实测的水平电位梯度沿测线方向进行积分，换算成等效电位：

$$V_{\text{eff}} = \int_{x_0}^{x_{\text{end}}} E_x \, \mathrm{d}x$$

用等效电位解释自然电位的源更加直观。

5.4.3 应用案例

1）南澳大利亚 SP 测量

1998 年为确定南澳大利亚的埃尔半岛糜棱岩走向，Flinder 大学 Heinson 等人开展了 SP 测量工作。借助拖船同时安装有磁力仪和 SP 测量装置，其中磁力仪近水面拖曳，SP 近海底拖曳，水平电极距为 3 m。在埃尔半岛南部，利用 SP 方法沿垂直陆上糜棱岩带走向方向探测到了一个 2 km 宽、异常幅度为 100 μV/m 的水平 SP 异常带。自然电位异常与磁场相关性较小，这表明该电位差来源于金属矿物如石墨，或者是由于地下水在断裂带的动电效应。

图 5.40 为埃尔半岛拖曳式测线，测线覆盖了埃尔半岛最南端 2 km 内的区域，并穿越了几个南北走向的航磁异常带。在埃尔半岛采集了近 12 h 试验数据，航速约 3 节，测线长约 65 km。

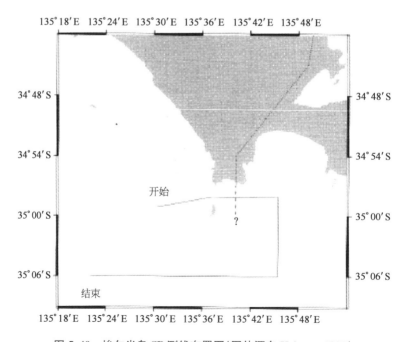

图 5.40　埃尔半岛 SP 测线布置图（图片源自 Heinson，1999）

如图 5.41 所示,磁场数据已刨去 59 000 nT 基线值,SP 数据使用 21 点 Robust 中值滤波器进行滤波以去除运动海底电磁干扰。整个拖曳系统 SP 电场的增加可能是由于电极漂移造成的。初步数据处理结果表明,在北部测线开始拖曳后约 150 min(图中第 550 min 位置,沿主测线大约 13.8 km)产生约 100 μV/m 的 SP 电场异常,该异常具有负峰值和正峰值,其可与海床下方的异常区域边缘相关联。这个异常的宽度从高峰到低谷,这个区域大约有 2 km。之后的时间内还存在有更小和更广泛的 SP 异常。而磁异常大约为 1 000 nT,并且波长比 SP 异常短得多。

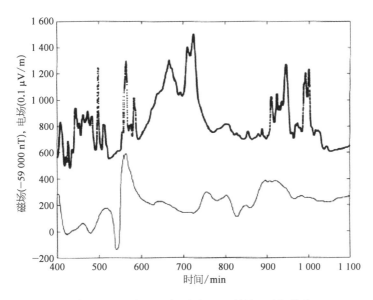

图 5.41　SP 电场(下细)和磁异常(上粗)观测数据(磁场基线 59 000 nT)

SP 电场和磁场之间存在很小的相关性,这表明海洋中高磁化率的矿体不会产生 SP 异常,SP 异常的可能来源是沿着糜棱岩带的石墨,其沿着南北走向穿过半岛的东部边缘。推测可能由于通过浅表层几米沉积物的氧化还原反应形成,并已经通过试验证实。然而图 5.41 中的 SP 异常具有非常长的波长(>2 km),这表明异常的来源比沉积层深得多。

SP 场源的另一种假设是流体通过裂缝流动。流体流动通过电动效应产生电势,海洋流体也可能产生可被测量的电场。特别是如果基底岩石的动电势很大,且根据沿着艾尔半岛东部的糜棱岩带的氡和镭同位素的地球化学分析,糜棱岩带存在深水循环的可能性。因此糜棱岩区可能是地下水流入南部海域的通道。

2)冲绳海域热液矿调查

2016 年,日本 JAMSTEC 的 Kawada 在一个活跃的热液场——Izena 海域进行了一次 SP 调查。该区域位于日本南部冲绳海的中部,已知该区域含有大量黑矿型块状硫化物矿床。此次调查使用深拖曳式阵列连续测量海洋中的自然电位,包括一根 30 m 长杆(加挂一定间隔的电极)和独立数据采集单元。这次调查观察到负电位信号不仅存在于活动

的热液喷口上和硫化物堆积体附近,也在沉积物覆盖的平坦海底之上存在。对采集数据
的分析表明这些信号来源于海平面之下,同时一些信号在高于海底 50 m 依然能观测到,
这表明 SP 方法可以有效探测热液矿床。研究结果证实,自然电位法是一种探测黑矿型海
底热液矿床的简便方法。

Hakurei 热液区位于冲绳海槽中部火山喷口——Izena 喷口的西南侧附近(图 5.42a、
b)。火山口高 400 m,平均水深为 1 600 m。在 Hakurei 热液区观测到许多热液堆积体。
在这些热液堆积体周围观察到强烈的高磁异常。深海钻探显示,硫化物分布在两个深度,
表明 Hakurei 热液区的矿床不仅限于可见的丘状结构,露头硫化物向下延伸约 30 m。此
外,从海底以下约 50 m 也取到了硫化物样品,表明硫化物不只存在浅表层热液堆。但浅
层硫化物堆和深层硫化物之间的连续性目前是未知的。除了这些热液堆外,还有一个活
跃的热液区——Dragon 烟囱体,热液温度高于 300℃。

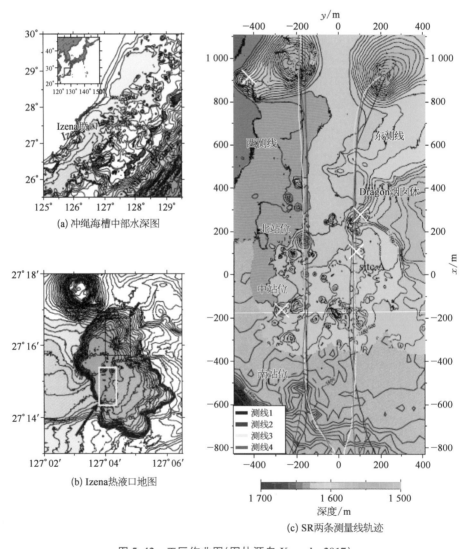

(a) 冲绳海槽中部水深图

(b) Izena 热液口地图

(c) SR 两条测量线轨迹

图 5.42　工区作业图(图片源自 Kawada,2017)

图 5.42a 中,黄色五角星为(Izena)热液口位置;图 5.42b 中,黄色和黑色方块表示
Hakurei 区域;图 5.42c 中,黑色、蓝色、黄色和红色曲线分别表示两条测线拖曳测量时不
同高度的拖曳轨迹。

东西两条测线南北长约 2 000 m,东西约 250 m。在每条测线上测量四次,约 0.5 节
的恒定速度的深拖曳以研究 SP 信号与离底高度的关系。西部测量线的相对海底拖曳
高度分别为 50 m、30 m、20 m 和 5 m,东部测量线 50 m、30 m、5 m 和 5 m。其中为了验
证结果的可重复性,沿东部测线沿同一个拖曳轨道在同一高度拖曳两次深拖曳,但方向
相反。

测量结果如图 5.43 所示,确定了几处主要的负自电位异常,在 x 为 -500 m(南部场
地)、-150 m(中部场地)和 250 m(北部场地)处观测到明显的自电位异常。图 5.43 显示
SP 异常呈现以下几点特征:

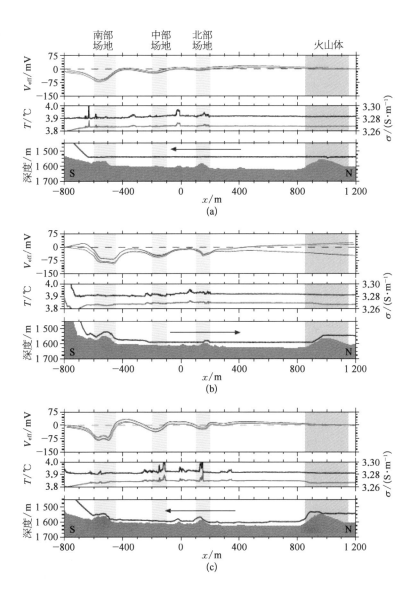

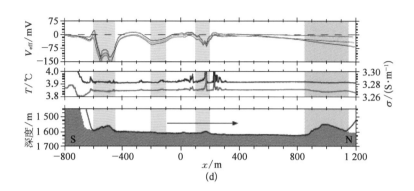

图 5.43 东部测线 SP 测量结果(图片源自 Kawada,2017)

（1）四分图分别为不同拖体离底高度时的测量结果,离底高度越小,SP 负异常值越明显。

（2）不同的通道一致性强。

（3）SP 异常值的同时在其上也观察到温度和电导率异常。

在测线北面的火山区域未发现明显的 SP 异常,推测该点位无热液活动。

SP 方法是进行初步调查的有力工具,可以根据如下特征探索海底热液矿床:首先,SP 方法可以探测硫化物堆积体的位置,在热液丘地点及活动的热液喷口位置可观察到负电位异常,其他出露的丘状结构无这种现象,可以利用自然电位排除非热液活动的海山;其次,SP 方法可探测到海底以下隐伏的热液矿床。当海底以下隐伏的热液矿床穿过氧化还原梯度带时,会产生大于其他位置的自电位异常,同样可以被自然电位方法探测到。

3）西南印度洋多金属硫化物勘探

2018 年 5 月,海洋二所组织大洋 49 航次在西南印度洋的玉皇海山进行了 SP 测量工作,旨在开展多金属硫化物调查。如图 5.44 所示,玉皇热液区位于西南印度洋中脊第 29

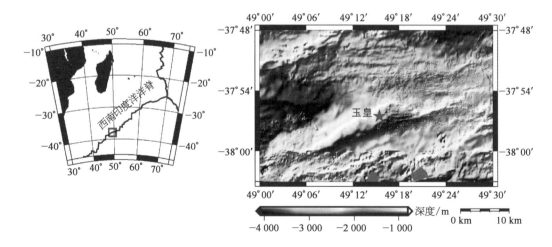

图 5.44 玉皇热液区位置

脊段南侧,距离中央洋脊 7.5 km。已有
的钻孔和取样资料表明,在玉皇海山的北
面出露硫化物堆积体,暂未观测到热液活
动。SP 设备搭载在瞬变电磁仪拖体上,三
组电极等间距排列组成水平阵列,电极距
5 m,采集电场水平分量,装置如图 5.45 所
示。测量时船速 1～2 节,离底高度约 40 m。
原始数据经重采样、滤波后提取的 SP 异常
(电位梯度)如图 5.46 所示,测线在 GMT 时
间 14:00 左右经过玉皇热液区上方,在热液
区上方电位梯度发生变化,异常约 2 mV/5 m。
已有钻孔在该异常西侧约 100 m 见硫化物。

图 5.45　自然电位观测装置(搭载 TEM 拖体)

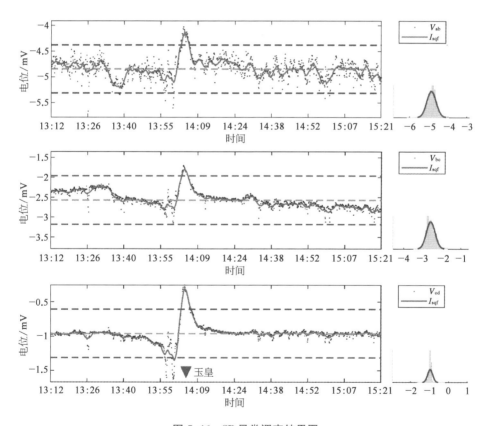

图 5.46　SP 异常调查结果图

　　对于探测海底热液矿床,SP 方法是进行初步调查的有用工具,这种源自 19 世纪的经
典方法目前仍然是检测海底热液矿床信号的最快和最简单的方法。该方法易于实施,仅
在海底上方数十米处牵引电极阵列且不需复杂的分析,适用于勘探暴露的或甚至完全埋

藏的热液矿床。海洋SP测量的成功将翻开硫化物地球物理勘探的新篇章,对于发现海底埋藏的热液矿床具有重要意义。

当然,SP方法也具有局限性。首先,SP方法本身尚不能直接给出海底检测到的SP信号的产生机制。电偶极子的存在可认为是由于流体在海底以下发生的氧化还原反应的结果。矿体周围电荷的空间不平衡通常可以通过电偶极子来近似。找出电流偶极子源是探寻矿体的接下来一步。同时,测量SP和氧化还原电位对于区分SP异常的起源与在海底和排出的热液中发生的氧化还原反应的区别非常重要。其次,在勘探过程中应考虑矿床分布的三维性。由于试验是沿着近乎直线获取相关数据,因此研究数据建立在二维系统中。如果可以提前获得精确的水深数据,则可以估计实际源位置。为了精确找出实际源的位置,基于电场特征,必须在源上设置两条以上的测量线,或者可以沿同一测量线的多个高度调查。在后一种情况下,源强度的响应取决于对测量线的偏移,但无法确定源是位于测量线的左侧还是右侧。

5.5 海底直流电阻率法

5.5.1 方法简介

海底直流电阻率法应用于海底浅部水合物目标区探测,旨在解决现有CSEM方法作业时受限于接收机数量而导致横向分辨率不足的问题。海洋DCR测量系统工作原理与常规的陆地DCR方法接近,借助深海拖曳式多个电极系,可对海底浅部进行快速电阻率成像,而不需要额外的海底电磁接收机,具有高效作业、横向分辨率高的特点。

JAMSTEC开发的一种新型深海拖曳式海洋DCR测量系统,该系统由拖船拖曳,拖体近海底作业,集成一个发射源、一条集成八个源电极及一个电场量通道的160 m长电缆。数值计算表明,这一海洋DCR测量系统可以有效探测水合物层。在日本海Joetsu海域进行了试验,成功采集了一条3.5 km长测线的直流电阻率数据,并观测到了较高的视电阻率值,特别是在甲烷水合物冷泉区,发现了异常高的视电阻率。

5.5.2 方法原理

由JAMSTEC开发的海洋DCR测量系统作业示意如图5.47所示。在深拖框架上添加了新型发射与接收装置来测量电阻率,船只可供应3 kW电力,通过变压器转化为100 V/AC输入给发射机。发射机的最大输出功率为0.8 kW,最大峰值电压为72 V,最大峰值电流44 A,输出电流波形为周期4 s的方波,它还用一个数字记录器来记录输出电压和电流、压力舱内的温度及接收偶极子之间的电位差。最后基于以下方程从各个源偶极子得到了视电阻率值：

$$\rho_a = 4\pi \frac{U}{I} \left(\frac{1}{r_1} - \frac{1}{r_2} - \frac{1}{r_3} + \frac{1}{r_4} \right) \tag{5.32}$$

式中　ρ_a——视电阻率（$\Omega \cdot m$）；

　　　I——源电流幅值（A）；

　　　U——接收电压（V）；

　$r_1 \sim r_4$——电极之间的距离（m）。

P1 - Ci、P1 - COM、P2 - Ci 和 P2 - COM 各自对应，电流电极有七种选择，所以 Ci = C1 ~ C7。

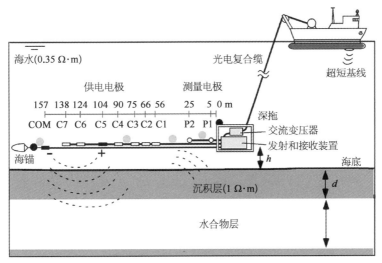

C1~C7、COM——源电极；P1、P2——测量电极；实心圆——声学应答器；灰色圆圈——13 英寸玻璃浮球

图 5.47　海洋 DCR 测量系统示意图（虚线曲线表示人工电场的穿透，图片源自 Goto, 2008）

这一 DCR 测量法是基于偶极-偶极装置，但源偶极子的长度是变化的，并且不同于接收机的偶极子长度。在源电流的一个周期（4 s）中，C1~C7 中的一个电极与 COM 一起形成源偶极子，并且在每个周期之后可以选择切换电极。定性地分析，编号较小的供电电极（例如 C1）更靠近接收机偶极子，因此对海底以下深处的敏感度较低。换言之，C1 - COM 源偶极子给出了浅层电阻率结构的信息，而 C7 - COM 源偶极子给出了更深层的信息。

5.5.3　应用案例

1）日本海水合物调查

2008 年，JAMTSTEC 在日本海 Joetsu 海域开展了 DCR 的水合物调查工作。作业工

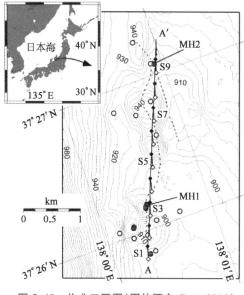

图 5.48　作业工区图(图片源自 Goto,2008)

区图如图 5.48 所示,在 3.5 km 的测线上布设了 9 个测点(S1~S9)。MH1 和 MH2 是已知的水合物发现点。

图 5.49 示出了视电阻率的拟断面图,S7 和 S9 之间的一个区域表现出高视电阻率(>0.6 Ω·m),相对远离接收机的源电极 C4~C7 的视电阻率明显高于源电极 C1~C3 的电阻率。在两个狭窄区域 MH1 和 MH2 以下,C1~C3 源电极上也具有非常高的视电阻率值。在 S1 附近、S4 和 S6 之间的区域得到了低视电阻率值(<0.5 Ω·m),这些区域的 DT 和电缆高度为 20 m 以上,因此低视电阻率值被认为由低电阻率的海水导致,代表海底电性结构的信息较少。在 S7 和 S9 之间的区域中,C4~C7 的源电极也获得高视电阻率值(>0.6 Ω·m),由于在该地区拖曳高度小于 10 m,这些源偶极子呈现出更深的电阻率信息,认为这种高阻体与非暴露的深层水合物有关。

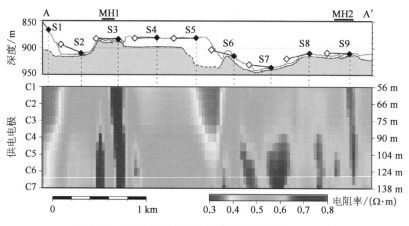

图 5.49　DCR 测量拟断面图(图片源自 Goto,2008)

MH 层深度的估计并不简单,如果拖曳高度较低,则从源电极与接收机间的距离可以推断出海底下近似探测深度。源极 C4~C7 的高视电阻率(在 S7 和 S9 之间的区域)意味着 MH 层的顶部可能比海底以下几十米深。另外,在已知水合物暴露点 MH1 和 MH2 区域,C1 源电极非常高的视电阻率意味着 MH 区的顶部距海底将小于几十米。因此从定性解释可以推断 MH 区顶部深度的非均匀分布。

以上 DCR 方法给出的电阻率拟断面图,与两个已知水合物冷泉的位置吻合较好,另外还新发现了深部可能的甲烷区域,为水合物调查提供了有效的地球物理手段。因此海底 DCR 方法被视为一种新的海底甲烷水合物结构的成像工具。

2）日本近海硫化物勘探

2011 年,日本京都大学的 Goto 等人开展了基于 ROV 的海底 DCR 方法研究,旨在为多金属硫化物调查提供新技术手段。如图 5.50 所示,ROV 用来部署海底电场接收机,ROV 自带电偶源作为供电模块,同时还增加了 CTD 测量、岩石取样和海底摄像功能。

调查结果如图 5.51 所示,给出了平面的视电阻率切片图和极化率异常图。发现的低阻（<0.32 Ω·m）区域和已知烟囱区域较吻合,另外一个明显的高阻（>0.40 Ω·m）区域为中心喷口。高极化率区域分布与喷口位置接近。

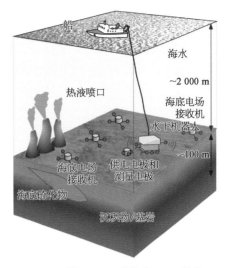

图 5.50　基于 ROV 的海底 DCR 作业示意图（图片源自 Goto,2012）

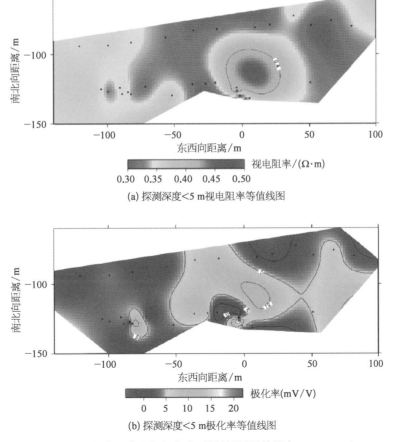

(a) 探测深度<5 m视电阻率等值线图

(b) 探测深度<5 m极化率等值线图

图 5.51　视电阻率和视极化率测量结果（图片源自 Goto,2012）

该项工作验证了借助 ROV 开展海底 DCR 工作的可行性,展现了水下 ROV 作业的灵活性及多功能优势,为硫化物调查提供了电阻率和极化率参数。面向海底浅部水合物和硫化物探测的 DCR 方法展示了其应用效果,具有作业效率高、适合小范围详查的优势,同时受限于供电电流及收发距,探测深度有限,信号衰减迅速,信噪比难以保证。

5.6　海洋多通道瞬变电磁法

5.6.1　方法简介

海洋多通道瞬变电磁法最早起源于 2000 年,由英国爱丁堡大学 Ziolkowski 教授提出,随后成立了 MTEM 公司进行专门研究。后来 MTEM 被挪威 PGS 公司收购,该方法得到继续发展。如图 5.52 所示,该方法海上测量装置由一对发射偶极子和多个观测电极对组成,由作业船拖曳实现近海底观测,发射大功率带编码的电流信号,测量发射电流和多通道电压信号,通过接收电压与发射电流进行反卷积得到大地脉冲响应,多通道观测得到的多个变收发距的时间域大地脉冲响应,并借助拟地震处理方法多次叠加接收,由时间域异常响应反演推断地下电阻率结构。该方法具有作业效率高、探测深度大的优势。

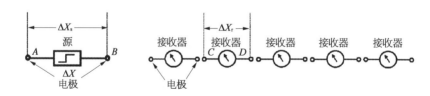

图 5.52　MTEM 方法原理示意图(图片源自 Ziolkowski,2007)

5.6.2　海上数据采集

观测装置如图 5.53 所示,采用双船作业方式,发射电极与接收电极采用轴向装置,一发多收,发射机电流信号采用编码方式。发射船后拖曳发射偶极子,长度 200 m,距离海底高度约 2 m,发射源为伪随机码发射,发射电流幅值 ±700 A,发射源的编码可根据探测目标设置。接收船拖曳接收链,由 30 通道的电极组成,收发距为 1 000~6 000 m,道间距 200 m。在发射电极及接收电极的位置安装有声学应答器,用于电极的水下定位,精度可达到 1 m。整个系统沿测线移动,直至完成整条测线。数据处理类似于地震的共偏移距剖面处理方法。接收船实时进行接收链的数据质量

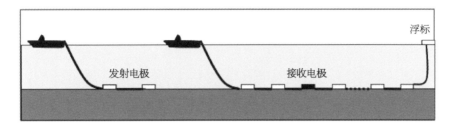

图 5.53　MTEM 方法作业示意图(图片源自 Ziolkowski,2008)

控制和数据预处理,包括去除空气波、反卷积等。

5.6.3　应用案例

1) 挪威北海油气勘探

PGS 公司 2008 年在挪威北海浅水(水深 100 m)开展了海洋 MTEM 油气探测试验,并获得高质量数据。对数据进行了空气波分离处理,借助 Occam 反演获得了与地震异常一致的高阻目标。这些数据集中在一个共中心道集(common middle point,CMP)上,并且从一个简单的均匀半空间开始反演,对于每个道集通过 Occam 反演获得一个一维模型,每个 CMP 位置的模型结果并排显示。图 5.54 显示了一个 MTEM 测线无约束反演的初步结果,相应的地震数据如下。高阻层位位于井位(干井)的左边,与地震勘探结果(括弧包含位置)吻合较好。

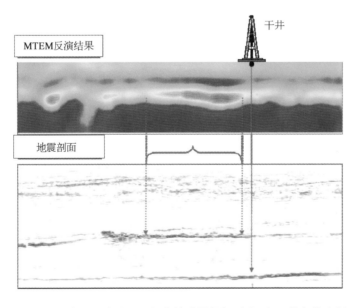

图 5.54　MTEM 方法反演结果和相应的地震数据对比(上图蓝色代表低阻,红色代表高阻,测线长约 22 km,图片源自 Ziolkowski,2008)

2）北海 Harding 油田

北海 Harding 油田油气探测也是一个 MTEM 方法成功应用的范例。2007—2008年，MTEM 公司(现为 PGS 公司)、英国石油公司和英国贸易工业部(现为 DECC)合作研究项目，在北海 Harding 油田进行了 MTEM 方法验证性试验。试验目的：① 对比 MTEM 方法探测结果的重复性；② 评估在 200 m 浅水条件下 MTEM 方法的油气识别能力。

海上作业时发射源偶极长度为 400 m，其余参数与前述一致。图 5.55 给出了工区布置图，黑实线分别为合成测线和电磁测线。测线从 9_23B-7 井横跨油气储量最厚部分到 9_23A-3 井。根据电阻率结果，9_23B-7 钻孔在 1 700 m 深度时电阻率达 1 000 Ω·m，而钻孔 9_23A-3 的电阻率仅为 1～3 Ω·m。2007 年和 2008 年两次海上数据采集工作采用相同的工作参数和相同资料处理程序。资料处理过程中，MT 信号视为噪声，并得到压制，信噪比提升了 20 dB。利用 CMP 进行多道集一维数据反演，反演结果如图 5.56 所示，MTEM 方法探测结果清晰地给出了储层的边界，与地震勘探结果一致。在干井(9_23A-3)中没有高阻体存在，而在另一口生产井(9_23B-7)下面发现了明显的高阻异常体。

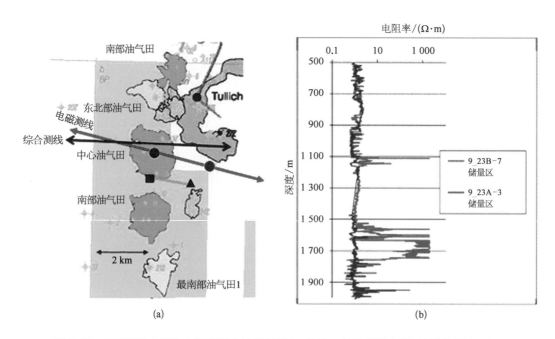

图 5.55　工区测线布置和电阻率测井结果图(图 a 的黑点位于储层中间，钻孔编号 9_23B-7；蓝点位于储层外，钻孔编号 9_23A-3；红线为电磁测线)

MTEM 方法在海上油气勘探中展现了良好的应用效果，借助拖缆作业、大功率发射源、大收发距、类地震方法处理，具有作业效率高、探测深度大的优势。同时在空气波抑制、MT 噪声抑制等提高信噪比方面还需要进一步加强研究。

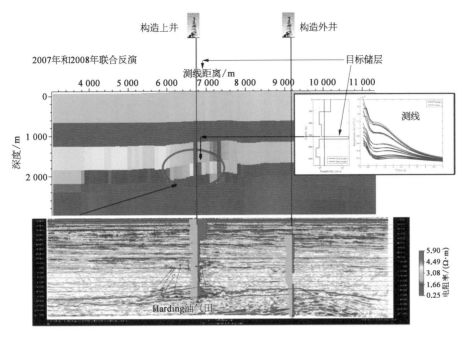

图 5.56　MTEM 反演结果和地震数据对比图(图片源自 Ziolkowski,2009)

5.7　海底瞬变电磁法

5.7.1　方法简介

海底瞬变电磁法根据源的性质可分为电性源、磁性源。在海洋环境中,磁性源受限于线圈体积,而电性源相比磁性源具有大功率的优势。1998 年,多伦多大学提出的一种水平电性源的偶极-偶极观测装置,包含一对发射偶极和两对接收偶极,发射偶极建立人工场源信号,在接收偶极端全波形观测人工场源信号。系统工作示意图如图 5.57 所示,借助作业船只将偶极-偶极装置放置在海底,发射电偶极发射方波,接收偶极观测的人工场源信号包含了海底以下介质信息。电磁信号远离源并穿过导电海水,通过海底沉积物,在高阻的海底沉积物处迅速衰减。它被位于海底并距离发射端一定距离的一个或多个接收器记录。该系统由偶极矩为 5 A×124 m 的发射偶极子(T_x)和两个接收偶极子(R_{x1}、R_{x2})组成,发射源偶极长 126 m,两个接收偶极的收发距分别为 172 m(R_{x1})和 275 m(R_{x2}),整个海底拖曳系统总长度约为 360 m。前导重物附着在阵列的前部以确保其拖曳在海底的稳定性。海底阵列用同轴电缆相连接,并在船后一定距离处进行拖曳。电流信号通过同轴电缆向下发送到 T_x。受限于同轴电缆规格的限制,方波信号周期为 3.36 s,

峰峰值仅为±5 A。接收偶极长度 15 m,采用 AgCl 电极,单通道偶极配有独立的采集单元,采样率 1 ms,采集单元内置放大电路、采集电路和电池组。电磁信号通过海水和沉积物远离 T_x 传播并记录在接收器上,在接收器处收集的数据是与源信号卷积的脉冲响应,通过一维反演可以绘制出海底视电阻率图,到达时间、信号形状和振幅取决于海底电导率结构。

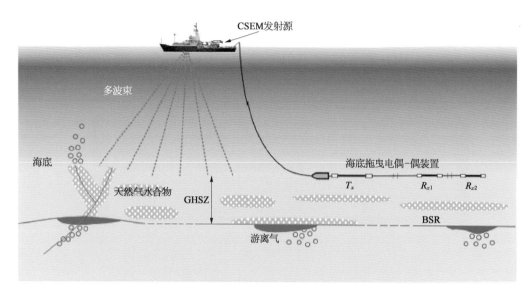

图 5.57　TEM 方法作业示意图(图片源自 Schwalenberg,2009)

5.7.2　方法原理

可以用瞬态阶跃响应阐明瞬变电磁理论:通过海底的信号首先到达接收器,在响应初至的时间点处反映海底以下浅部介质的电导率信息,在晚期的时间里,响应在海底以下深部介质的电导率信息。海底的阶跃响应是输入信号(人工激励场源)与海底脉冲响应的褶积,该褶积可表示成输入函数与脉冲响应函数的积分形式。对获取海底地层的瞬态阶跃响应进行时间域反演处理,可得到海底以下介质电阻率信息。磁理论表明,时域中的信号在到达时间及在一定时间范围内接收偶极处记录的信号幅度和形状取决于海底电阻率结构。高电阻物质(如天然气水合物和气体)的存在增强了介质的电阻率,从而增强了观察到的电场。

利用瞬态阶跃响应解释,可以给出更加清晰的物理过程和方法原理。图 5.58 为多层地电模型,图 5.59 为该模型下的瞬态阶跃响应。在瞬态阶跃响应中,对于不同的电导率比值,初至时间之间和初至振幅之间均存在着差异,海底介质的电阻率

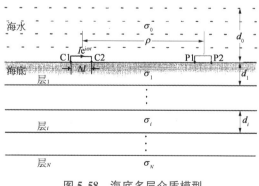

图 5.58　海底多层介质模型

越高,初至时间就越早。这与物理学的基本结论是相适应的:响应的延迟与海底介质的电导率有某种正比例关系。在时间轴上,振幅一开始有所增加,其值增加到约大于晚期振幅值的一半,这是由信号在海底介质中的传播引起的。在海水中传播的信号较晚到达接收端。较晚时间到达的电场是静态偶极场,研究表明电场在介质中传播的旅行时与该介质的扩散常数 $\tau = \mu_0 \sigma_i \rho^2$ 成正比。在瞬态阶跃响应的特征曲线上,可以用第一峰值点(旅行时)上的信息直接求解海底介质的电导率。因此对不同实际情况下的电导率比值而言,瞬态响应特征点处的时间具有重要价值。

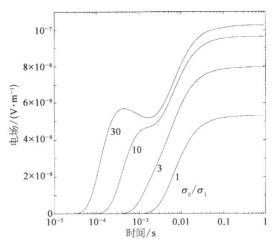

图 5.59　时域阶跃响应(海水电导率与地层电导率的比值越大,地层电阻率越高,所观测信号越早到达,且幅值越大)

由图 5.59 可知,发射与接收之间需要实现严格的时间同步,否则将引入相位误差。另外接收偶极在拖曳过程中,由于水流运动引入电磁噪声,接收端信噪比变差。为进一步提升信噪比,同时减小由于海水引起的场源衰减,该装置在实际作业过程中,偶极-偶极装置贴近海底作业,在海底进行静态作业观测。实际为多个测点作业,还不能实现动态拖曳剖面测量,作业效率受影响,同时静态观测存在设备撞底损坏的风险。

5.7.3　应用案例

1)东太平洋冷泉探测

东太平洋加拿大近海 CASCADIA 海域似海底反射层 ODP146 发现了水合物储层,在冷泉区域,海底地震勘探发现了多处空白带,并存在 BSR。工区如图 5.60 所示,海域水深约 1 300 m,邻近 ODP889 站位附近有四处冷泉,直径 80～400 m 不等,分布在 1 km × 3 km 范围内。活塞取样在目标点处曾发现了大量水合物样品。889 站位电阻率测井显示电阻率位于 1～2 Ω·m 区间。

为进一步获取冷泉区的水合物储层信息,开展了 TEM 方法探测,2004 年和 2005 年分别开展了四条测线工作。所使用的海上装备就是上述多伦多大学开发的水平电偶极-偶极测量系统。

图 5.61 给出了四条测线电阻率计算结果,均显示在目标点存在高阻异常,比背景值大了 4 倍。小的均方误差显示低的均匀半空间误差,与冷泉外围一致,证明在目标点点位存在高阻异常体。

相比 1～1.5 Ω·m 的背景值,冷泉下方存在显著的异常高阻层,电阻率高达 5 Ω·m。经一维反演得到四条测线的电阻率拟断面图,图 5.62 给出了测线 4 的拟断面图,大致可分为三层,近海底的上层良导层电阻率为 0.9 Ω·m,厚约 25 m;中间层约 75 m

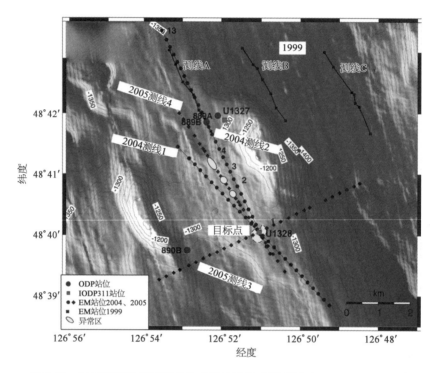

图 5.60　工区布置图(EM 测点构成四条测线,图片源自 Schwalenberg,2005)

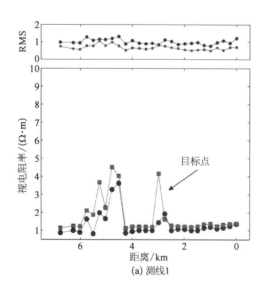

(a) 测线1

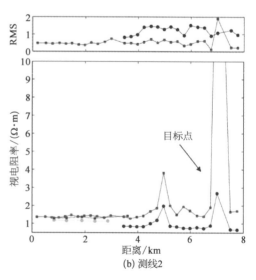

(b) 测线2

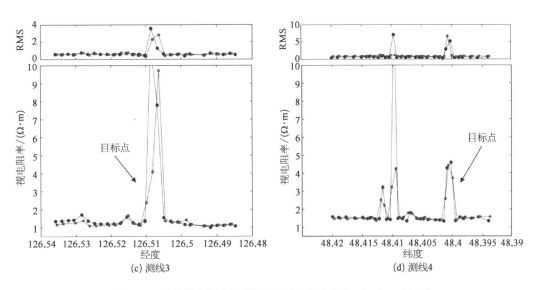

图 5.61　测线视电阻率计算结果(图片源自 Schwalenberg,2005)

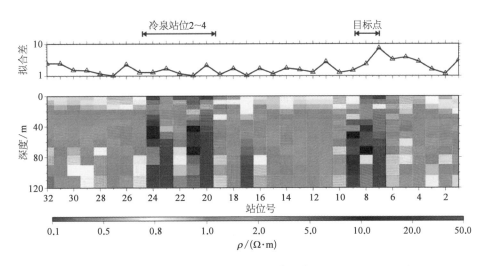

图 5.62　测线 4 视电阻率拟断面图(图片源自 Schwalenberg,2005)

厚,电阻率约为 $1.7\ \Omega\cdot m$;底层 $1\ \Omega\cdot m$ 的均匀半空间。拟断面图显示在冷泉站位 $2\sim4$ 和目标点区域的电阻率值明显高于周边测点。

2)新西兰东海岸水合物探测

2007 年,德国联邦地球科学和自然资源研究所的 Schwalenberg 等人在新西兰东海岸的奥普瓦湾海域开展了水合物调查工作,旨在对几个已知的水合物渗漏点进行地质调查。采用 TEM 方法对海底拖曳水平电偶极-偶极系统进行观测研究,揭示与渗漏点有关的天然气水合物源及甲烷。天然气水合物和气体都是高阻特征的,因而它们附近大片区域中电阻率会升高。甲烷通过天然气水合物的分解从海底释放出来,或者沿着断层和裂缝或与孔隙中水溶液一起通过天然气水合物稳定带(gas hydrate stability zone,GHSZ)运输。

TEM方法技术目的是获取与渗漏相关的天然气和天然气水合物沉积物的分布特征。

图5.63为工区布置图。两条TEM测线分别穿越了南站位和Takahe(测线1)、北站位和南站位(测线2)的两条线。

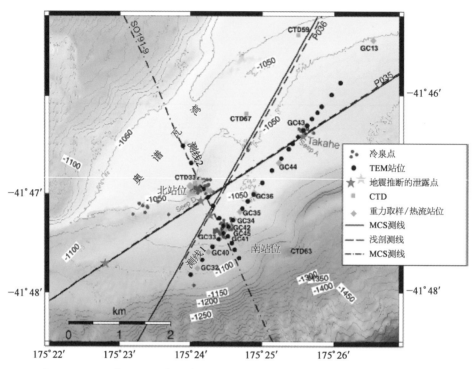

图5.63 工区布置图(黑色圆点为TEM站位,若干测点形成了测线1和测线2,图片源自Schwalenberg,2010)

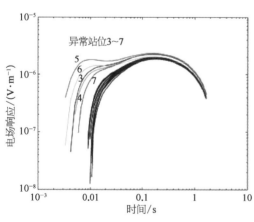

图5.64 实测阶跃响应(测线1,R_{x2}通道,双对数坐标,图片源自Schwalenberg,2010)

每个测点连续观测15 min,对每个站点的两个接收机导出数据进行叠加处理,图5.64给出了测线1部分测点的时域波形,双对数坐标下,3~7测点相比其他点的幅值明显增强,更早的到达时间显示可能存在的高阻异常。

图5.65a显示出了沿测线1的视电阻率测量结果。图中分别列出来自两个接收偶极的数据(蓝色曲线R_{x1},红色曲线R_{x2})和叠加(黑色曲线)。最明显的结果是在南站位处的气体渗漏处观察到异常。视电阻率高达10 Ω·m,而其余部分显示正常值在1.1~1.5 Ω·m。这表明在南站位处位置观察到的异常是由在海底以下的中间深度处的高阻(即天然水合物)引起的,其对在R_{x2}处收集的数据具有更大的影响。在Takahe渗漏

点周围,与其外的剖面相比,来自 R_{x2} 的联合反演和单次反演的视电阻率都略有提高。

每个站点的垂直结构是通过 R_{x1} 和 R_{x2} 的数据联合反演到一维分层模型解释的。在图 5.65b 中,将各个模型拼接在一起以进行二维呈现。这些模型显示了一层靠近海底且非常导电的高度多孔沉积物。在南站位处下方,反演显示厚度在 40~80 m(海底以下深度)的深度区间大于 3 Ω·m 的高异常电阻率层。一些地方甚至高于 10 Ω·m。在 Takahe 处,电阻率在低于 40 m 的深度处同样也略微升高。在这里,异常电阻率的区域是不完整的,并不像南站位下面那样明显。海底的天然气渗漏与其中某处的电阻率升高之间存在明显的相关性,将其归因于天然气水合物储层的存在。南站位处电阻层下方的电阻率异常不明显,显示深部存在一定范围的高阻。

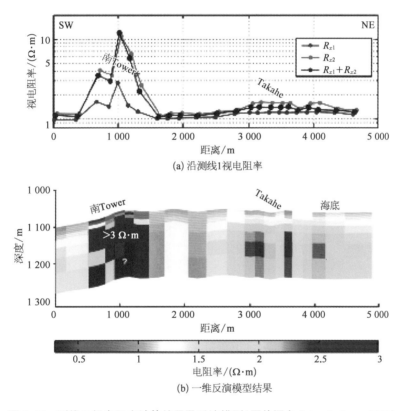

(a) 沿测线1视电阻率

(b) 一维反演模型结果

图 5.65 测线 1 视电阻率计算结果及反演模型(图片源自 Schwalenberg,2010)

参考文献

[1] Anderson C,Mattsson J. An integrated approach to marine electromagnetic surveying using a towed streamer and source[J]. First Break,2010,28(5):71-75.

[2] Baba K,Chave A D,Evans R L,et al. Mantle dynamics beneath the East Pacific Rise at 17°S: insights from the Mantle Electromagnetic and Tomography (MELT) experiment[J]. Journal of Geophysical Research:Solid Earth,2006,111(B02101):1-18.

[3] Behrens J P. The detection of electrical anisotropy in 35 Ma Pacific lithosphere: results from a marine controlled-source electromagnetic survey and implications for hydration of upper mantle [D]. San Diego: University of California, 2005.

[4] Chave A D, Luther D S. Low-frequency, motionally induced electromagnetic fields in the ocean: 1. theory[J]. Journal of Geophysical Research Oceans, 1990, 95(C5): 7185 - 7200.

[5] Chen K, Wei W B, Deng M, et al. A seafloor electromagnetic receiver for marine magnetotellurics and marine controlled-source electromagnetic sounding[J]. Applied Geophysics, 2015, 12(3): 317 - 326.

[6] Constable S C, Orange A S, Hoversten G M, et al. Marine magnetotellurics for petroleum exploration part 1: a sea-floor equipment system[J]. Geophysics, 1998, 63(3): 816 - 825.

[7] Constable S, Heinson G. Hawaiian hot-spot swell structure from seafloor MT sounding[J]. Tectonophysics, 2004, 389(1 - 2): 111 - 124.

[8] Consable S. Marine electromagnetic methods — a new tool for offshore exploration[J]. The Leading Edge, 2006, 25(4): 438 - 444.

[9] Constable S C, Srnka L J. An introduction to marine controlled-source electromagnetic methods for hydrocarbon exploration[J]. Geophysics, 2007, 72(2): WA3 - WA12.

[10] Constable S. Ten years of marine CSEM for hydrocarbon exploration[J]. Geophysics, 2010, 75 (5): 75A67 - 75A81.

[11] Constable S, Kowalczyk P, Bloomer S. Measuring marine self-potential using an autonomous underwater vehicle[J]. Geophysical Journal International, 2018, 215(1): 49 - 60.

[12] David M, Steven C, Kerry K. Broad-band waveforms and robust processing for marine CSEM surveys[J]. Geophysical Journal International, 2011, 184(2): 689 - 698.

[13] Edwards R N, Chave A D. A transient electric dipole-dipole method for mapping the conductivity of the sea floor[J]. Geophysics, 1986, 51(4): 984 - 987.

[14] Edwards R N. On the resource evaluation of marine gas hydrate deposits using sea-floor transient electric dipole-dipole methods[J]. Geophysics, 1997, 62(1): 63 - 74.

[15] Ellingsrud S, Eidesmo T, Johansen S, et al. Remote sensing of hydrocarbon layers by seabed logging (SBL): results from a cruise offshore Angola[J]. The Leading Edge, 2002, 21(10): 972 - 982.

[16] Enstedt M, Skogman J, Mattsson J. Three-dimensional inversion of Troll west oil province EM data acquired by a towed streamer EM system 2012[C]. 75th EAGE Conference & Exhibition Incorporating SPE EUROPEC, 2013.

[17] Evans R L, Law L K, Louis B S, et al. The shallow porosity structure of the Eel shelf, northern California: results of a towed electromagnetic survey[J]. Marine Geology, 1999, 154(1 - 4): 211 - 226.

[18] Goswami B K, Weitemeyer K A, Minshull T A, et al. Resistivity image beneath an area of active methane seeps in the west Svalbard continental slope[J]. Geophysical Journal International, 2016, 207(2): 1286 - 1302.

[19] Goto T N, Kasaya T, Machiyama H, et al. A marine deep-towed DC resistivity survey in a methane hydrate area, Japan Sea[J]. Exploration Geophysics, 2008, 39(1): 52 - 59.

［20］ Heinson G，White A，Constable S，et al. Marine self potential exploration［J］. Exploration Geophysics，1999，30(2)：1 - 4.

［21］ Hsu S K，Chiang C W，Evans R L，et al. Marine controlled source electromagnetic method used for the gas hydrate investigation in the offshore area of SW Taiwan［J］. Journal of Asian Earth Sciences，2014，92(10)：224 - 232.

［22］ Ichiki M，Baba K，Toh H，et al. An overview of electrical conductivity structures of the crust and upper mantle beneath the northwestern Pacific，the Japanese Islands，and continental East Asia ［J］. Gondwana Research，2009，16(3 - 4)：545 - 562.

［23］ Kawada Y，Kasaya T. Marine self-potential survey for exploring seafloor hydrothermal ore deposits［J］. Scientific Reports，2017，7(1)：13552.

［24］ Key K，Constable S. Broadband marine MT exploration of the East Pacific Rise at 9°50′N［J］. Geophysical Research Letters，2002，29(22)：2054.

［25］ Key K. MARE2DEM：a 2 - D inversion code for controlled-source electromagnetic and magnetotelluric data［J］. Geophysical Journal International，2016，207(1)：571 - 588.

［26］ Mattsson J，Skogman J，Bhuiyan A，et al. 3D inversion results from towed streamer EM data in a complex geological setting［J］. World Oil，2013，234(9)：41 - 48.

［27］ Schwalenberg K，Willoughby E，Mir R，et al. Marine gas hydrate electromagnetic signatures in Cascadia and their correlation with seismic blank zones［J］. First Break，2005，23：57 - 63.

［28］ Schwalenberg K，Haeckel M，Poort J，et al. Evaluation of gas hydrate deposits in an active seep area using marine controlled source electromagnetics：results from Opouawe Bank，Hikurangi Margin，New Zealand［J］. Marine Geology，2010，272(1 - 4)：79 - 88.

［29］ Ueda T，Mitsuhata Y，Uchida T，et al. A new marine magnetotelluric measurement system in a shallow-water environment for hydrogeological study［J］. Journal of Applied Geophysics，2014，100(1)：23 - 31.

［30］ Webb S C，Constable S C，Cox C S，et al. A sea-floor electric-field instrument［J］. Journal of Geomagnetism and Geoelectricity，1985，37(12)：1115 - 1129.

［31］ Weitemeyer K A，Constable S C，Key K W，et al. First results from a marine controlled-source electromagnetic survey to detect gas hydrates offshore Oregon［J］. Geophysical Research Letters，2006，33(3)：155 - 170.

［32］ Weitemeyer K A，Constable S，Tréhu A M. A marine electromagnetic survey to detect gas hydrate at Hydrate Ridge，Oregon［J］. Geophysical Journal International，2011，187(1)：45 - 62.

［33］ Yuan J，Edwards R N. The assessment of marine gas hydrates through electrical remote sounding：hydrate without a BSR［J］. Geophysical Research Letters，2000，27(16)：2397 - 2400.

［34］ Ziolkowski A，Wright D，Hall G，et al. First shallow-water multi-transient EM survey［C］. 2008 CSPG CSEG CWLS Convention，2008.

［35］ Ziolkowski A，Parr R，Wright D，et al. Multi-transient EM repeatability experiment over North Sea Harding Field［C］. SEG Technical Program Expanded Abstracts 2009，2009.

［36］ 邓明，魏文博，张启升，等. 激励及地电条件与天然气水合物的电偶源电场响应［J］. 石油勘探与开发，2010，37(4)：438 - 442.

［37］ 邓明，魏文博，盛堰，等. 深水大地电磁数据采集的若干理论要点与仪器技术［J］. 地球物理学报，

2013,56(11)：3610 - 3618.

[38]　何继善,鲍力知.海洋电磁法研究的现状和进展[J].地球物理学进展,1999(1)：3 - 5.

[39]　景建恩,伍忠良,邓明,等.南海天然气水合物远景区海洋可控源电磁探测试验[J].地球物理学报,2016,59(7)：2564 - 2572.

[40]　景建恩,赵庆献,邓明,等.琼东南盆地天然气水合物及其成藏模式的海洋可控源电磁研究[J].地球物理学报,2018,61(11)：4677 - 4689.

[41]　李桐林,林君,王东坡,等.海陆电磁噪声与滩海大地电磁测深研究[M].北京：地质出版社,2001.

[42]　魏文博.我国大地电磁测深新进展及瞻望[J].地球物理学进展,2002,17(2)：245 - 254.

第6章　目标海洋电磁场在军事中的应用

军事上对海洋电磁场的主要关注源于两种需求,第一种需求来自对潜通信,第二种需求则来自水中目标探测。

一方面由于 AIP 技术、燃料电池技术及减振降噪技术等的应用显著降低了声学系统探测能力;另一方面随着冷战结束,海军作战中心逐渐向浅海海域转移,浅海工业噪声干扰、近岸海域所处的环境条件复杂也不利于声探测系统发挥性能。为了探测声安静目标,需要探寻可用的非声探测(non-acoustic)手段。因此水下电磁探测技术已迅速发展成为水下目标非声探测的重要手段。本章围绕海洋电磁场在目标探测中的应用展开论述。

电磁探测技术利用入侵目标引起的电磁异常进行探测,不受浅海复杂声环境条件限制,而且采用传感器间自参考相干滤波技术后可以抵消环境影响。通过把电磁探测阵列布放到更远的距离处,可以变相提高发现距离,弥补探测距离较近的不足。电磁探测既可以自成系统独立工作,也可以与声探测系统相结合通过数据融合提高探测系统的探测和跟踪能力。

6.1　水中目标电磁场的概念

6.1.1　水中目标电磁场的定义

舰船的电磁场是海洋电磁场的主要组成部分之一。习惯上通常把舰船在海洋中引起的电磁场称为水下电磁场,以区分于广泛意义的空气中电磁场。本章涉及目标海洋电磁场均称为水下电磁场。水中目标的水下电磁场是水中目标(例如水面舰船、潜艇、UUV、AUV 等)处于海洋中对外呈现的电场和磁场的总称。通常传感器观测到的是海洋环境电磁场和目标水下电磁场的叠加合成场,目标的水下电磁场则是这种合成场与背景场之差。水下电磁场作为水中目标在海水中对外呈现的物理场之一,可以被电、磁传感器在一定的距离上探测到,自第一次世界大战开始逐渐在军事中得到了较为广泛的关注。

6.1.2　水中目标电磁场的分类

水中目标电磁场按照物理量可分为水下电场和水下磁场;按照场源类型可分为电性源水下电磁场、磁性源水下电磁场及铁磁场。

电性源水下电磁场是指源于舰船金属结构流经海水媒质构成的闭合电流激发的电磁场。磁性源水下电磁场是由在舰船上的金属结构中流动的电流和铁磁性船体运动产生的感应电流激发的电磁场。铁磁场是指由铁磁性材料建造的舰船受地磁场磁化产生的磁场,主要由两部分组成:舰船在建造过程中形成的磁场,称之为固定磁场;处于地磁场中的舰船,受地磁场磁化形成的磁场,称之为感应磁场。

按照频率划分,水中目标电磁场可以划分为静电场、静磁场及交变电磁场。静电场和静磁场是指场强大小和方向不随时间变化的电场和磁场;交变电磁场是指场强大小和方向随时间变化的电磁场,其能量主要分布在 0.5 Hz~5 kHz。

6.2 水中目标电磁场的产生

本节以频率范围分类为主线,阐述水中目标电磁场的主要场源及影响因素。

6.2.1 静电场

静电场主要由腐蚀相关静电场、磁性船体运动感应静电场等组成。静电场一般用水下电势和水下电场强度来描述其测量的物理量,两者在一定条件下可以相互转化。

6.2.1.1 主要场源

1) 腐蚀相关静电场

腐蚀相关静电场主要来源于舰船壳体异种金属电化学效应在海水中产生的腐蚀电流及舰船腐蚀防护系统产生的防腐电流,分为腐蚀电场和防腐电场两部分,是静电场最主要的成分。

(1) 腐蚀电场。绝大多数舰船都是利用铁磁性材料建造的,而螺旋桨一般由镍铝铜材料制成(nickel-aluminum-bronze,NAB)。根据电化学原理,船体浸入海水中,由于金属与海水电解质之间的电化学反应,两者之间会产生一定的电势差,称为金属在海水中的电极电位。各种金属在海水中的化学活性不同,因此不同金属在海水中的电极电位是不同的。不同材料典型的电化学电势以 Ag/AgCl 电极为参考,钢大约为 -650 mV,NAB 近似为 -230 mV。当由不同材料建造的舰船处于海水环境时,就形成了电化学电池。在螺旋桨部位,电子从金属到海水,这就是阴极反应。而在钢铁壳体,金属氧化形成阳极反应。舰船产生的腐蚀电流的主要驱动电压是钢质船壳和镍铝青铜螺旋桨之间的电化学电势差。

产生腐蚀电场基本原理如下:虽然钢和 NAB 之间 420 mV 的电势差看起来很小,但是船壳巨大的表面积和海水的高电导率导致了相当大的腐蚀电流。由于铜的电极电位要高于钢铁,螺旋桨与船壳之间会产生电势差,电流由螺旋桨通过螺旋桨与船体连接点流向船壳,然后又通过海水媒质流回螺旋桨,海水、螺旋桨和船壳会形成一个闭合回路,如图6.1所示,在海水中形成电流场。由此产生的静电场称为腐蚀静电场。

腐蚀电场场源可以用阴极和阳极组成的电解偶来表征,钢制船壳-铜质螺旋桨是非常典型的电解偶。当舰船其他部件如球鼻艏、计程仪、声呐等与船壳、螺旋桨金属材料不同,且存在电连接时,也会形成不同特性的电解偶,在海水中激励腐蚀电场信号。

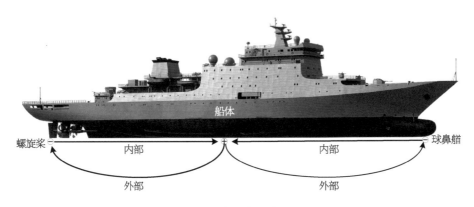

图 6.1 舰船腐蚀电场产生原理图

（2）防腐电场。舰船在服役过程中，由于长期的海水浸泡、磕碰及海生物附着，导致表面的防护涂料受损剥落，则会发生导致金属材料受损的电化学腐蚀反应。为了延长舰船的使用寿命、保证船舶功能寿命的实现，一般舰船上都配有阴极保护系统。

舰船的阴极保护系统是目前最为有效、直接的保护金属船壳在水中免受腐蚀的装置，现代舰船上的阴极保护系统一般分为两类，一类是牺牲阳极保护系统，另一类是外加电流阴极保护系统。

牺牲阳极保护系统是一种被动阴极保护系统，通常在船壳上焊接一些自腐蚀电位低于船壳材料的金属块，使船壳与金属块之间构成腐蚀原电池，让腐蚀电流由金属块流向被保护的船壳。以锌合金块为例，锌的自腐蚀电位为 $-1\ 000$ mV，将其安装到船壳成为阳极后，船壳相对成为阴极，防腐电流由阳极（锌合金）流向被保护的阴极（船壳），从而实现阴极保护。随着时间推移，作为阳极的锌合金块自身将受到严重腐蚀，必须定期更换。

外加电流阴极保护系统（impressed current cathodic protection system，ICCP）是通过安装在船壳浸入海水部分上的辅助阳极向海水中输送电流，电流的大小由 ICCP 的恒电位仪装置进行控制，使得壳体与参比电极之间的电压达到设定的保护电位。参比电极一般选择 Ag/AgCl 电极，将其安装在船壳规定位置，监测阳极与参比电极之间的电势，通常 ICCP 系统相对船壳设定电势的最优范围为 $-800\sim-850$ mV。随着船壳材料腐蚀程度的变换，ICCP 系统辅助阳极的电压必须不断调整，以保证有足够的电流流入船壳。

无论是牺牲阳极还是外加电流方法，都会在海水中形成对应的防腐电流，从而形成相应的电场，该电场即为防腐措施产生的静电场。

2）磁性船体运动感应静电场

舰船及其内部件由铁磁性材料建造而成的部分受地磁场磁化而产生磁性，当舰船航行时或者舱内磁性金属运动部件（曲轴、螺旋桨等）运行时会引起空间磁通的变化而产生感应电磁场。

磁性物体运动产生的电场公式如下：

$$E = v \times B \tag{6.1}$$

式中 E ——感应电场;

v ——舰船航行速度;

B ——磁性物体产生的磁感应强度。

计算式(6.1)可得

$$E_x = B_z v_y - B_y v_z \qquad (6.2)$$

$$E_y = B_x v_z - B_z v_x \qquad (6.3)$$

$$E_z = B_y v_x - B_x v_y \qquad (6.4)$$

如果磁性物体沿 x 轴方向运动,即

$$v_y = 0 \qquad (6.5)$$

$$v_z = 0 \qquad (6.6)$$

将式(6.5)、式(6.6)代入式(6.3)、式(6.4),可得

$$E_y = -B_z v_x \qquad (6.7)$$

$$E_z = B_y v_x \qquad (6.8)$$

如果令舰船航行速度单位为 m/s,磁感应强度单位为 nT,电场强度单位为 μV/m,则式(6.7)可转化为

$$E_y = \frac{-B_z v_x}{1\,000} \qquad (6.9)$$

磁性船体运动产生的电场与航速和其自身磁场大小成正比,因此为了减小这种电场,舰船应采用东西航行方式,使自身受地磁场磁化最小。通常来说,磁性船体运动感应电场中包含的静电场要远小于腐蚀和防腐产生的腐蚀相关静电场。

6.2.1.2 影响因素

舰船电场影响因素主要分为船体自身因素、航行工况及海洋环境因素三部分。

(1) 船体自身因素主要指船体尺度、材料、防腐系统、涂层状态等。由于水中目标产生的静电场主要来源于腐蚀相关电场,因此其主要受舰船船体各种金属材料的腐蚀状态及布置的阴极保护系统状态的影响。随着舰船服役年限增加,船体表面涂层会逐渐老化与破损,一方面会导致舰船腐蚀电场场源增加,从而增大舰船的腐蚀电场;另一方面会增加保护面积,尤其对于外加电流方式来说,为了使船体达到保护电位,会增加辅助阳极的输出电流,从而使防腐电场变大。

通常当船体金属材料一致时,船体尺度越大,则水下浸水部分面积越大,所需要的阴极电流越大,则产生的电场强度越大。舰船螺旋桨、外壳等金属材料选择也会影响电场强度和分布,当上述部件材料电极电位接近时,由于电势差降低,则海水中产生的电场会显著降低,另外通过在外壳敷设涂层,也会显著降低腐蚀和防腐电场强度。

(2) 航速也是舰船运动过程中腐蚀相关电场的一个影响因素。在一定条件下,海水

与金属的相对运动速度增大会带来两方面的效应:一方面能提高氧气在海水中的扩散速度,增强氧的去极化作用,从而增大金属材料的腐蚀电流密度和腐蚀速率,使得舰船腐蚀电场增大;另一方面,随着时间的推移,舰船壳体表面会生成钝化膜,阻止壳体进一步腐蚀,该阶段腐蚀电场会出现较小的情况。当航速增大,船体与海水相对运动产生的剪切力破坏壳体表面的钝化膜,会使得防腐电流大幅增加。当航速达到临界航速时,船壳材料腐蚀速率和消耗氧的速率达到动态平衡,防腐电流不再明显变化,腐蚀相关静电场的值也趋于稳定。

运动舰船速度变化除了对船壳材料的腐蚀状态产生影响,也会对防腐系统中参比电极产生影响,由于当前大部分舰船防腐系统使用的参比电极都为 Ag/AgCl 电极,该类电极在海水冲刷作用下,电化学性能会发生变化,导致其自腐蚀电位出现漂移,使得防腐电流出现波动,最终影响腐蚀相关电场的分布。

(3)由第 2 章电磁场传播分析,可知舰船腐蚀相关电场同样受到环境参数的影响,如海水温度、盐度、电导率、海底介质参数等。海洋环境参数主要指海水温度、盐度和含氧量等参数,在电磁学上主要体现为海水电导率参数。在一定浓度范围内,海水盐度的增加会加速金属腐蚀速率,增加腐蚀电流密度,从而导致与船舶腐蚀相关的电磁场场源强度增加。海水中含氧量的增加会导致使阴极氧量增加,加快阴极反应速度,导致阳极局部腐蚀加剧,促使金属进一步腐蚀。海水电导率还会影响电场空间分布,当场源一定时,海水电导率增加,会导致海水中电场强度减小。

6.2.2 静磁场

6.2.2.1 主要场源

舰船静磁场来源于地球磁场对铁磁性船体的磁化作用产生的铁磁场、磁性船体运动感应磁场、金属船体运动产生感应磁场等。另外,舰船在海水中形成的稳恒电流分布会形成具有空间分布特性的腐蚀相关静态磁场。

1)铁磁场

建造舰船的铁磁性材料在地磁场磁化作用下,其内部的原子磁矩按一定方向规则排列,从而整体呈现磁性。舰船的铁磁场是由固定磁场和感应磁场组成,其中固定磁场是舰船在建造期内和服役过程中长期磁化累积而成的,是舰船的剩磁。即使地磁场为零,舰船固定磁场也不会消失,因此该部分磁场可认为固定不变。感应磁场随着地磁场的变化而变化,其量值与地磁场的大小和方向呈一定的比例关系。

物质具有磁性主要是电子的自旋磁矩起作用。自旋电子产生偶极子磁场是物质铁磁性的根本产生源。由于电子带负荷,它的磁场可以看作是一个线圈产生的,线圈中的约定电流(正的)方向与电子的旋转方向相反。单个自旋电子的磁偶极子力矩近似等于 9.27×10^{-24} A·m²。原子核周围轨道上的电子绕着自身的轴在两个方向中的一个进行旋转,称为左旋或者右旋。在例如铁等铁磁性元素的原子内,除了三维轨道,所有的轨道都填满了相同数量的左旋和右旋的电子。在三维轨道内不成对的电子产生非零磁旋力矩,会影响晶体内邻近原子的不成对三维电子。

元素具有三维轨道内不成对的电子还不足以使其具有铁磁性。在一个晶体结构内相邻原子之间的距离必须有利于这些非成对电子交换能量,以影响彼此的自旋。具有正能量交换的这些元素趋向于铁磁性,例如铁——舰船钢铁中的主要元素。

元素合金能够通过改变晶体间隔而改变它们的铁磁性质。例如,锰与铜、铝和锡的合金,原子间隔会增加,结果是尽管这些元素自身没有磁性,合金却具有磁性。相反地,如果铁与铬和镍组成合金,由于原子间的间隔不支持能量交换,合金就不具有磁性。铝和非磁性钢在海军舰船结构上使用,降低其磁场信号,就是上述原理的一个重要应用。含有大量铬的钢称为不锈钢。不同类型的不锈钢的制造是通过合金处理时改变铁、铬、镍、碳和其他元素之间的比例,然而并非所有不锈钢是非磁性的。某些马氏体不锈钢(高碳不锈钢)仍具有高磁性,而某些奥氏体不锈钢(高铬含量)具有非常低的磁导率。然而奥氏体不锈钢的价格、特殊焊接规程要求和腐蚀特性,使其不能成为铁磁性舰船钢材的直接替代品。

2)腐蚀相关磁场(CRM)

该场主要是由海水中的电流产生,靠近舰船的电流向周围辐射的腐蚀相关磁场符合右手定律。由于海面和海底电导率的不连续性,海水中的电流产生的磁场较小。静态腐蚀相关磁场信号的衰减慢于铁磁性或涡流场,原因是腐蚀相关磁场的源是电偶极子,而后两种分量是由磁偶极子产生的。这是两个源重要的差别。在距离舰船相当的距离处,CRM 场可能是唯一被探测到的信号分量。CRM 场开始比另两个场显著的范围与它们相对的源强度有关。假设传感器系统的信噪比足够探测到,只有磁偶极子源大于 CRM 场,在远距离时 CRM 场才重要。另外,如果铁磁性和涡流源显著降低或补偿掉,尤其是非磁性壳体的舰船,CRM 场甚至在近距离上就占据优势地位。

3)金属船体运动产生感应磁场

在壳体表面未完全绝缘的情况下,在船舶运动过程中,船体切割地磁场产生的感应电动势将在船体内形成体电流,并通过未绝缘船体表面,在海水中形成传导电流从而产生感应电磁场。由于该情况产生的水下电场幅值相对较小,导致感应磁场的量级也相对较小,相对于铁磁场的量级来说,其量级也忽略不计。

6.2.2.2 影响因素

舰船静磁场影响因素主要分为船体自身因素、航行海区、航向、电磁防护效果四部分。

(1)铁磁材料在地磁场中磁化产生的磁场是舰船静磁场的主要来源,舰船自身因素影响舰船的固定磁场,也影响感应磁场的特性。包括舰船所用材料的磁特性,舰船形状、尺寸和设备的分布情况、制造舰船地区地磁场分量的大小、在船坞内和建造期间舰船的船艏向、制造舰船的工艺情况等。在特殊情况下,舰船在执行任务过程中受强烈振动或在高海况下长期航行及大修后,固定磁场也将会发生显著变化。此外,舰船执行任务期间长期更换基地或在不同纬度的海域长期活动,其固定磁场也会发生明显变化,其固定磁场将会接近于该海域地球磁场相对应的数值。特别是舰船建造完成后的一段时间内,固定磁场会慢慢接近某一固定值。

(2)以北半球为例说明航行海区的影响。地球磁场的磁力线由船体上层甲板向船底贯穿。船体将受到地球垂直分量和水平分量磁场的作用,作用于船体的地磁场垂直分量和水平分量的比例会随着纬度的不同而发生变化,从而导致舰船感应磁场发生变化。

（3）航向的影响与船体的形状有密切关系。船体处在地磁场中,舰船可以看作一个均匀磁化的椭球体,椭球长轴方向为船艏—船艉方向,短轴方向为船宽—型深方向。根据椭球体计算公式,船艏方向朝北或朝南时将会产生最大的感应磁场;朝东或朝西时感应磁场将会最小。

（4）随着舰船隐身技术的提升,现代化的舰船均会安装舰载消磁系统和电场防护系统,同时各国还会对舰船进行固定的消磁处理。舰船消磁装置和电场防护装置性能的效果会直接影响静磁场的磁场强度和空间分布。

6.2.3　交变电磁场

6.2.3.1　主要场源

舰船在海水中同样会产生交变电磁场。舰船电磁场静态分量在测量过程中通常认为其频率上限为 0.1 Hz;交变分量来源于与时间有关的源,其频率范围一般为 0.5 Hz～5 kHz。

极低频磁场主要有防腐电流经螺旋桨调制产生极低频电场和外加电流的阴极保护系统引起的电磁辐射,大功率交流电动机、变压器和消磁装置等交流电气设备产生交变磁场,通信系统和控制系统发射的电磁波,旋转的螺旋桨和钢铁船体等导电材料所感应的交变磁场及舰船在地磁场中的运动等。

舰船电磁场的基本源从频带上来看,可以划分为三组:亚低频组、电网组和通信组。

第一组:亚低频组。主要是足够慢旋转着的铁磁结构体（例如轴、塔等）。当使用时这些物体在机械负荷、大地磁场和其他源的作用下被磁化,并在它们旋转时再产生散射交变场。该组信号的频率范围为 $f \in (1\ \text{Hz}, 15\ \text{Hz})$。相关的电磁场也属于这一组。

第二组:电网组。主要是由大功率的交流电动机、变压器和分布的加热器的散射产生的。分配电网回路和非电磁的执行机构和装置也是这部分的主要成因。对于有电介质船体的舰船（玻璃钢的、木头的等）,由于没有屏蔽,散射场强度比较显著。对于钢制船体的舰船,屏蔽系数是由船体的磁导率来确定的。为了降低恒定磁场,采用了低磁导率的钢,交变场成分显得尤为重要。当电网频率的额定值为 50 Hz 时,这个组的一次谐波频率范围为 $f \in (48\ \text{Hz}, 52\ \text{Hz})$。此外,通常出现该组源的三次和五次谐波。这个频段和岸上源的散射磁场重合。对于舰船交变电磁场,这些场是强烈的同频背景干扰。在舰船交变磁场特性测量时必须采取措施进行抑制。

第三组:通信组。它是由分布在舰船上的通信系统和控制系统产生的。对于用金属建造船体的舰船,由于壳体的屏蔽作用,信号很弱。对于非金属船体的舰船,有时信号会相当明显。这组的频段在 $f \in (300\ \text{Hz}, 5\ 000\ \text{Hz})$ 范围内。

6.2.3.2　影响因素

舰船交变电磁场影响因素主要包括螺旋桨转速、海水电导率及海床电导率等参数。交变电磁场中重要成分轴频电磁场特性与舰船螺旋桨转速密切关联,轴频电磁场基频频率与螺旋桨转速基本对应,存在正相关,转速越高则基频频率越高。海水电导率也会影响轴频电磁场强度和分布：一方面，海水电导率会影响电场源强度，在螺旋桨主轴调制率一定的情况下，海水电导率增大会导致腐蚀防腐电流增大，造成轴频电场强度变大；另一方面，在轴频电场源的强度恒定时，海水电导率的增加将导致电场衰率的增加。由此可见，海水电导率对轴频电场的影响较为复杂，需要从源强度和空间衰减两方面统一考虑。海底底质也会影响轴频电磁场的衰减和分布特性，海底电导率一般要小于海水，会在一定程度上延缓电场衰减。

交变电磁场还与电气设备的电磁散射有关，已知相关因素有源的磁回路磁阻、电气设备中交流回路的面积及通向该设备的引线、大功率整流器输出端的交流脉动值、交流电气设备的绝缘电阻及屏蔽措施的采取情况。

6.3　水中目标电磁场特性

水中目标电磁场特性是指水中目标产生的固有的、可测量的、可辨认的、可识别的电磁场特征属性，研究范围包括数学表征模型、分布特性、特征提取方法等。本节介绍了常用的几类水中目标电磁场源数学表征模型，给出了水中目标电磁场基本的时域、空域和频域分布特性。

6.3.1　电磁场源的数学表征模型

6.3.1.1　静电场表征模型

静电场数学建模基本原理是从水下电场满足的拉普拉斯方程出发，结合相应的边界条件，采用边界元等数值计算方法实现舰船水下静电场的模拟、仿真和预报。静电场数学建模方法主要包括边界元和等效源两种方法。边界元法计算过程中纳入了舰船尺度、结构等诸多参数，且具有较高的计算精度，在舰船防腐系统优化设计方面应用广泛；等效源法则是基于唯一性定理，利用偶极子或点电流源及其组合来等效模拟舰船目标静电场，对实测数据反演实现模型构建，相对于边界元等数值计算方法具有先验信息需求少、实时计算能力强的优点，并兼顾一定的模拟精度，常用于舰船电场空间换算和环境推演。

1）静电场边界元表征模型

假定海洋环境为空气-海水两层线性、均匀、各向同性媒质模型。建立直角坐标系（图6.2），xOy 平面与空气-海水交界面重合，z 轴垂直向下。

舰船与腐蚀相关电场的电位 u 满足拉普拉

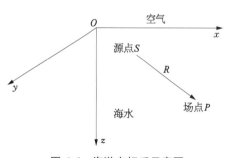

图 6.2　海洋坐标系示意图

斯方程：

$$\nabla^2 u = \frac{\partial^2 u}{\partial x^2} + \frac{\partial^2 u}{\partial y^2} + \frac{\partial^2 u}{\partial z^2} = 0 \in \Omega \tag{6.10}$$

边界条件为

$$\left. \begin{aligned} j_n &= f(u) \in S_1, S_2, S_3 \\ j_n &= \text{const} \in S_4 \\ j_n &= 0 \in S_w \\ j_n &= 0 \in S_\infty \end{aligned} \right\} \tag{6.11}$$

其中 n 为边界外法线方向，j_n 为电流密度法向分量，与电位 u 存在如下关系：

$$j_n = -\sigma \frac{\partial u}{\partial n} \tag{6.12}$$

式中　σ——海水电导率；

Ω——海水电解质区域；

S_1——船体浸水部分涂层完好表面；

S_2——涂层破损表面；

S_3——牺牲阳极表面；

S_4——辅助阳极表面；

S_w——海水-空气交界面；

S_∞——无穷边界。

通过三维格林公式，将上述微分方程转化为积分方程，则空间内部 Ω 和边界上任一点 Γ_s 电位值 u_p 可用边界上函数 u 及其电流密度法向分量 $\frac{\partial u}{\partial n}$ 的曲面积分表示：

$$\frac{\omega_p}{4\pi} u_p = \int_{\Gamma_s} \left[u \frac{\cos(r, n)}{4\pi r^2} + \frac{\partial u}{\partial n} \frac{1}{4\pi r} \right] \mathrm{d}\Gamma \tag{6.13}$$

式中　ω_p——p 点对区域 Ω 的立体角。

当 p 点在 Ω 内部时，有 $\omega_p = 4\pi$，这时，

$$u_p = \int_{\Gamma_s} \left[u \frac{\cos(r, n)}{4\pi r^2} + \frac{\partial u}{\partial n} \frac{1}{4\pi r} \right] \mathrm{d}\Gamma \tag{6.14}$$

式中　Γ_s——船体浸水部分表面和无穷包络面总和；

n——边界 Γ_s 的外法线方向。

$$\Gamma_s = S_1 \bigcup S_2 \bigcup S_3 \bigcup S_4 \bigcup S_w \bigcup S_\infty \tag{6.15}$$

式(6.13)是边界积分方程，该方程建立了边界 Γ_s 上的 u 与其法向导数 $\frac{\partial u}{\partial n}$ 的关系。

由于边界 Γ_s 上 S_1、S_2、S_3 面 u 与 $\dfrac{\partial u}{\partial n}$ 满足金属材料极化方程，S_4、S_w、S_∞ 上 $\dfrac{\partial u}{\partial n}$ 为定值，因此可用边界单元法解出边界 Γ_s 上未知的 u 和 $\dfrac{\partial u}{\partial n}$ 来。然后将 u 和 $\dfrac{\partial u}{\partial n}$ 代入式 (6.14)，即可计算区域 Ω 任一点 p 的 u。

利用边界元法求解积分方程 (6.13)。首先将边界 Γ_s 剖分成若干个单元 Γ_e，然后在各单元上插值，则式 (6.13) 中的边界积分可分解为诸单元积分之和，对于单元节点 i，式 (6.13) 可写为

$$\frac{\omega_i}{4\pi} u_i = \sum_{\Gamma_s} \int_{\Gamma_e} \left[u \frac{\cos(r,\,n)}{4\pi r^2} + \frac{\partial u}{\partial n} \frac{1}{4\pi r} \right] \mathrm{d}\Gamma \quad (i = 1, \cdots, m) \tag{6.16}$$

边界元法中，单元插值可分为零次插值、线性插值和二次插值三种。

式 (6.16) 可转换为下列矩阵方程：

$$\boldsymbol{H u} = \boldsymbol{G} \frac{\partial \boldsymbol{u}}{\partial \boldsymbol{n}} \tag{6.17}$$

结合边界条件式 (6.11)，求解方程 (6.17)，便可计算出各节点的 u 和 $\dfrac{\partial u}{\partial n}$，将 u 和 $\dfrac{\partial u}{\partial n}$ 代入式 (6.14)，便可计算空间中的电位 u，利用数值差分可计算出空间电场强度 E_x、E_y、E_z。

2）静电场等效源表征模型

前面提到等效源法一般包括点电流源和偶极子模型，在这里以偶极子阵列模型为例，给出舰船水下电场的等效源表征模型。

通常偶极子以均匀间距布置在舰船艏艉中心线上或两侧。为了便于描述舰船腐蚀相关电场，规定如下坐标系：xOy 平面与空气-海水界面重合，x 轴平行于舰船艏艉中心线方向，指向船艏为正，称为纵向；y 轴垂直于艏艉中心线方向，以指向右舷为正；z 轴垂直于海平面，以向下为正，称为垂直方向。

假设在舰船水下部分布放 n 个 x 方向水平电偶极子，其坐标分别为 $(x_j',\,y_j',\,z_j')$，电偶矩分别为 P_{xj}，则每个水平电偶极子在海水中点 $S_i(x_i,\,y_i,\,z_i)$ 产生的电场为

$$\begin{cases} E_{xi} = a_{ij} P_{xj} \\ E_{yi} = b_{ij} P_{xj} \quad (i = 1, 2, \cdots, m;\ j = 1, 2, \cdots, n) \\ E_{zi} = c_{ij} P_{xj} \end{cases} \tag{6.18}$$

式中　m——测点个数；

$\quad a_{ij}$——单位电偶矩的第 j 个水平电偶极子在第 i 个测点 $S_i(x_i,\,y_i,\,z_i)$ 产生的电场纵向分量；

$\quad b_{ij}$——单位电偶矩的第 j 个水平电偶极子在第 i 个测点 $S_i(x_i,\,y_i,\,z_i)$ 产生的电场横向分量；

c_{ij}——单位电偶矩的第 j 个水平电偶极子在第 i 个测点 $S_i(x_i, y_i, z_i)$ 产生的电场垂直分量。

将线性方程组(6.18)写成矩阵形式:

$$d = Gm \tag{6.19}$$

$$d = \begin{bmatrix} E_{x1} & E_{y1} & E_{z1} & \cdots & E_{xm} & E_{ym} & E_{zm} \end{bmatrix}^T \tag{6.20}$$

$$m = \begin{bmatrix} P_{x1} & P_{x2} & P_{x3} & \cdots & P_{xn} \end{bmatrix}^T \tag{6.21}$$

$$G = \begin{bmatrix} a_{11} & a_{12} & a_{13} & \cdots & a_{1n} \\ b_{11} & b_{12} & b_{13} & \cdots & b_{1n} \\ c_{11} & c_{12} & c_{13} & \cdots & c_{1n} \\ a_{21} & a_{22} & a_{23} & \cdots & a_{2n} \\ b_{21} & b_{22} & b_{23} & \cdots & b_{2n} \\ c_{21} & c_{22} & c_{23} & \cdots & c_{2n} \\ \vdots & \vdots & \vdots & \vdots & \vdots \\ a_{m1} & a_{m2} & a_{m3} & \cdots & a_{mn} \\ b_{m1} & b_{m2} & b_{m3} & \cdots & b_{mn} \\ c_{m1} & c_{m2} & c_{m3} & \cdots & c_{mn} \end{bmatrix} \tag{6.22}$$

令 $M = 3m$，$N = n$，则 d 为 $M \times 1$ 维向量，称为观测数据向量；G 为 $M \times N$ 阶矩阵，称为数据核矩阵；m 为 $N \times 1$ 维向量，称为模型参数向量。

式(6.19)是舰船腐蚀相关电场电偶极子模型的矩阵方程，由矩阵代数便可求出式(6.19)的解。由于舰船腐蚀相关电场建模中，观测数据向量的长度通常大于模型向量长度，因此式(6.19)一般为超定方程，存在最小二乘解:

$$m = (G^T G)^{-1} G^T d \tag{6.23}$$

由式(6.23)计算偶极子电偶矩后，便可利用式(6.18)计算其他测点的舰船腐蚀相关电场值，实现测量数据的深度和距离换算。

6.3.1.2　静磁场表征模型

静磁场建模研究过程至今已经经过了几十年，其中出现了很多经典模型，包括拉普拉斯方程解算法、旋转椭球体阵列算法、偶极子阵列算法、椭球体和偶极子混合阵列算法，随着计算机的发展还出现了有限元法和边界元法。对比上述方法，每种方法均有各自的优点和缺点，从物理意义上来讲，任何一种模型只要给予它充分的外部条件，它都可以完美地对舰船的静磁场进行拟合。

下面给出的是椭球体和偶极子的数学公式。

假设旋转椭球体磁矩为 (M_{x1}, M_{y1}, M_{z1})，则它在测量点 (x_j, y_j, z_j) 所产生的磁场为

$$\begin{cases} H_{x1j} = M_{x1}a_{x1j} + M_{y1}a_{y1j} + M_{z1}a_{z1j} \\ H_{y1j} = M_{x1}b_{x1j} + M_{y1}b_{y1j} + M_{z1}b_{z1j} \\ H_{z1j} = M_{x1}c_{x1j} + M_{y1}c_{y1j} + M_{z1}c_{z1j} \end{cases} \tag{6.24}$$

其中，

$$a_{x1j} = \frac{1}{4\pi}\left[\frac{3A_j}{C^2 t_j} - \frac{\ln\left(\frac{A_j+C}{A_j-C}\right)}{2C^3}\right], \quad a_{y1j} = \frac{3x_j y_j}{4\pi A_j B_j^2 t_j} = b_{x1j}$$

$$a_{z1j} = \frac{3x_j z_j}{4\pi A_j B_j^2 t_j} = c_{x1j}, \quad b_{y1j} = \frac{1}{4\pi}\left[\frac{3A_j y_j^2}{B_j^4 t_j} - \frac{\ln\left(\frac{A_j+C}{A_j-C}\right)}{4C^3} - \frac{A_j}{2B_j C^2}\right]$$

$$b_{z1j} = \frac{3A_j y_j z_j}{4B_j^4 t_j} = c_{y1j}, \quad b_{y1j} = \frac{1}{4\pi}\left[\frac{3A_j z_j^2}{B_j^4 t_j} - \frac{\ln\left(\frac{A_j+C}{A_j-C}\right)}{4C^3} - \frac{A_j}{2B_j C^2}\right] = c_{z1j}$$

$$C = \sqrt{L_S^2 - W_S^2}$$

$$t_j = \sqrt{(x_j^2 + y_j^2 + z_j^2 + C^2)^2 - 4x_j^2 C^2}$$

$$A_j = \sqrt{\frac{1}{2}(x_j^2 + y_j^2 + z_j^2 + C^2 + t_j)}$$

$$B_j = \sqrt{A_j^2 - C^2}$$

在磁偶极子列中，设第 i 个磁偶极子坐标为 $(x_{oi}, 0, 0)$，则它在测量点 (x_j, y_j, z_j) 所产生的磁场为

$$\begin{cases} H_{xij} = M_{xi}a_{xij} + M_{yi}a_{yij} + M_{zi}a_{zij} \\ H_{yij} = M_{xi}b_{xij} + M_{yi}b_{yij} + M_{zi}b_{zij} \quad (i=2,3,\cdots,N) \\ H_{zij} = M_{xi}c_{xij} + M_{yi}c_{yij} + M_{zi}c_{zij} \end{cases} \tag{6.25}$$

其中，

$$a_{xij} = \frac{1}{4\pi}\left[\frac{3}{r_{ij}^5}(x_j-x_{oi})^2 - \frac{1}{r_{ij}^3}\right], \quad a_{yij} = \frac{3(x_j-x_{oi})(y_j-y_{oi})}{4\pi r_{ij}^5} = b_{xij}$$

$$a_{zij} = \frac{3(x_j-x_{oi})(z_j-z_{oi})}{4\pi r_{ij}^5} = c_{xij}, \quad b_{yij} = \frac{1}{4\pi}\left[\frac{3}{r_{ij}^5}(y_j-y_{oi})^2 - \frac{1}{r_{ij}^3}\right]$$

$$b_{zij} = \frac{3(y_j-y_{oi})(z_j-z_{oi})}{4\pi r_{ij}^5} = c_{yij}, \quad c_{zij} = \frac{1}{4\pi}\left[\frac{3}{r_{ij}^5}(z_j-z_{oi})^2 - \frac{1}{r_{ij}^3}\right]$$

$$r_{ij} = \sqrt{(x_j-x_{oi})^2 + (y_j-y_{oi})^2 + (z_j-z_{oi})^2}$$

目前,常用的建模方法是椭球体和偶极子混合阵列模型。无论是两种模型中的哪个,从公式来看,当偶极矩位置和大小确定后,其静磁场的大小也就确定了。模型中的椭球体数学公式中含有船长和船宽因子,模拟舰船的整体磁性,偶极子则模拟舰船的局部磁性。

腐蚀相关静电场也会产生腐蚀相关静磁场,但是很难直接测量腐蚀相关磁场。可以利用已经建立的精确计算各种牺牲阳极和 ICCP 电流组合的腐蚀相关磁场的模型。

6.3.1.3　交变电磁场表征模型

舰船的水下交变电磁场主要来源于螺旋桨及其轴系结构对防腐电流调制产生的轴频电磁场及船体泄漏电流产生的工频电磁场。舰船交变电磁场信号带有明显的基频及谐波特征,例如,螺旋桨对防腐电流调制产生轴频电磁场以螺旋桨转速率为基频,以转速率的倍数为倍频。目前常用于表征舰船水下交变电磁场的数学模型有电偶极子阵列模型与时谐偶极子模型。无论是哪种频率的交变电磁场,由于实际中接收点距离远大于偶极子长度,可以看作是一定频率的时谐偶极子。例如工频看作 50 Hz 及其谐波的时谐偶极子,轴频可以看作频率与螺旋桨转速相关的时谐偶极子。以轴频电磁场为例,可以将舰船轴频电磁场等效为源强度是 $M_s = \delta IL$ 电偶极子,频率为轴频及其谐波(转速/60),δ 为调制率,I 为流经主轴电流强度,L 一般近似为阳极到螺旋桨的水平距离。上述信息获得后就可应用偶极子公式进行数学求解,典型的浅海三层模型电偶极子产生的水下电场数学表达式见第 2 章有关公式。

6.3.2　基本特性

1)静电场

由于受到建造材料、防腐系统状态和环境界面影响,舰船的静电场分布呈现一定的空间分布特性。如图 6.3 所示,静电场纵向分量呈明显负峰特性,极值出现在螺旋桨与船壳体之间;静电场横向分量沿舰船艏艉中心线呈反对称分布,极值出现在沿龙骨两侧方向;垂直分量呈现典型的正负双峰特性,极值出现龙骨下方。

当舰船处于腐蚀防护系统工作状态时,静电场分布主要受系统辅助阳极输出电流影响,一般情况下,辅助阳极安装在距离螺旋桨一定距离的龙骨两侧,如图 6.4 所示。输出

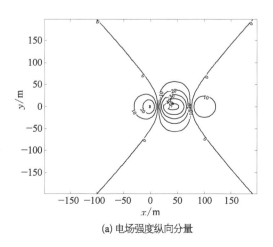

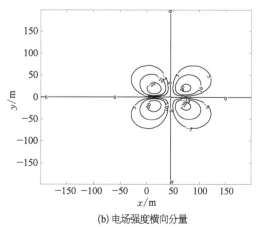

(a) 电场强度纵向分量　　　　　　　　　　(b) 电场强度横向分量

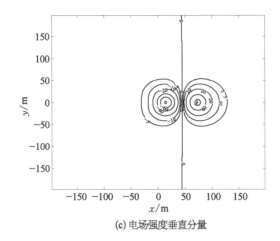

(c) 电场强度垂直分量

图 6.3　舰船下方一定深度平面上电场腐蚀电场分布

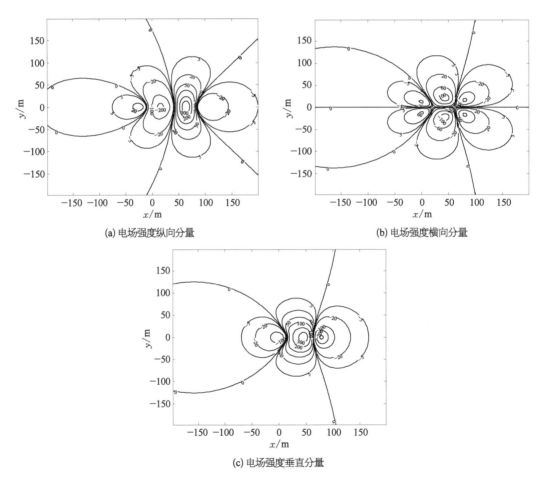

(a) 电场强度纵向分量　　　　　　　　(b) 电场强度横向分量

(c) 电场强度垂直分量

图 6.4　舰船下方一定深度平面上电场防腐电场分布

电流一部分通过海水流向船艉的螺旋桨,另一部分流到舰船壳体中前部需要保护的区域,导致了静电场纵向分量呈现较为明显正负峰双峰特征,正峰分布在舰船中前部,负峰出现在舰船艉部;横向分量则是沿舰船艏艉中心线方向呈现反对称分布;垂直分量分布更为复杂,呈现多峰分布,沿舰船艏艉中心线对称分布。

同时舰船在浅海条件下,还必须考虑海床介质影响,由于海床的高阻抗特性会导致电流一部分垂直分量受到排斥,沿水平方向流动,从而使得静电场水平分量增大,垂直分量减小。

表征舰船静电场的基本特性有舰船监测剖面的最大电位差、舰船的电偶极矩、电场强度峰峰值、梯度特征及极化特性等。

2)静磁场

舰船在航行过程中受到地磁场的磁化作用,会产生三个磁场矢量信号,分别为纵向分量、横向分量和垂直分量,如图 6.5 所示,其中纵向分量沿龙骨指向船艏方向,横向分量指向船右舷方向,垂直方向指向下方。

下面给出一艘科考船的磁场信号测量结果。从图 6.6 可以看出,舰船的静磁场纵向分量的能

图 6.5　舰船磁场坐标示意图

量大部分集中在 2～3 倍船长范围以内,且一般呈现对称分布形式。纵向分量能量大部分集中在 2～3 倍船宽范围以内,且随着 y 坐标较小时,舰船磁场横向分量也较小,当 y 坐标处于龙骨下方(即 $y=0$),磁场横向分量值为零,这说明舰船横向分量存在盲区,该盲区位于龙骨下方,舰船磁场横向分量一般呈现反对称分布特点。由于地磁场纵向和横向分量,舰船静磁场垂直分量的大小很大程度取决于地磁场垂直分量的大小,由于地磁场垂直分量一般较为稳定,因此舰船静磁场垂直分量相对于纵向和横向分量来说,呈现稳定分布的特点。

3)交变电磁场

轴频电磁场的频率范围通常为 0.5～7 Hz,这是通过螺旋桨的旋转对腐蚀和防腐电流的调制产生的,并且在频域中具有明显的线谱特征,易于与海洋环境电磁场(频率一般小于 0.5 Hz)相区分,因此一向是舰船电磁场探测应用的热点。图 6.7 为实验室获取的船模典型交变电磁场信号。

交变电磁场实测信号分布符合时谐偶极子分布特点,因此根据交变电磁场场源信息(频率、极距、深度等),再辅以环境参数(海水电导率、海底电导率等),就可以建立等效时谐偶极子模型,计算理想条件下的交变电磁场信号分布。图 6.8～图 6.11 为理想条件下,空气-海水-海床三层界面条件下,典型时谐偶极子模型数值计算的电磁场信号及空间分布特征。

通过水平时谐电偶极子模型的计算结果可知,纵向分量包络曲线呈现双峰对称分布特征,横向分量和垂直分量的包络曲线呈现单峰对称分布特征。轴频电磁场包络曲线的最大值一般出现在螺旋桨与防腐系统辅助阳极之间位置,该区域的轴频电场幅度变化较

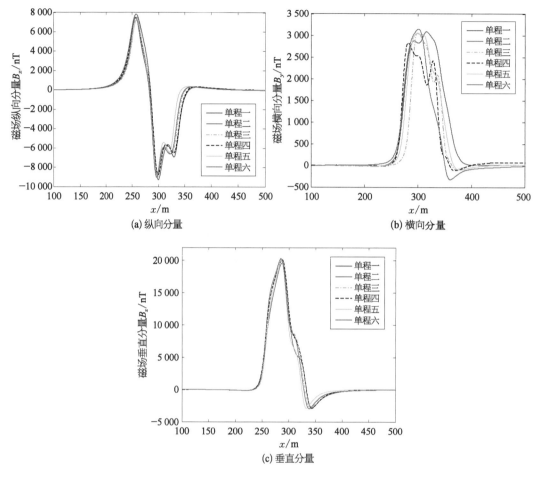

(a) 纵向分量

(b) 横向分量

(c) 垂直分量

图 6.6　科考船典型静磁场分布曲线

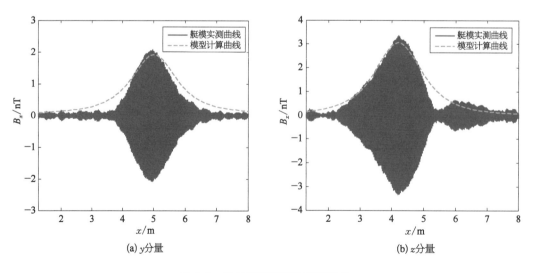

(a) y 分量

(b) z 分量

图 6.7　船模交变电磁场实测信号

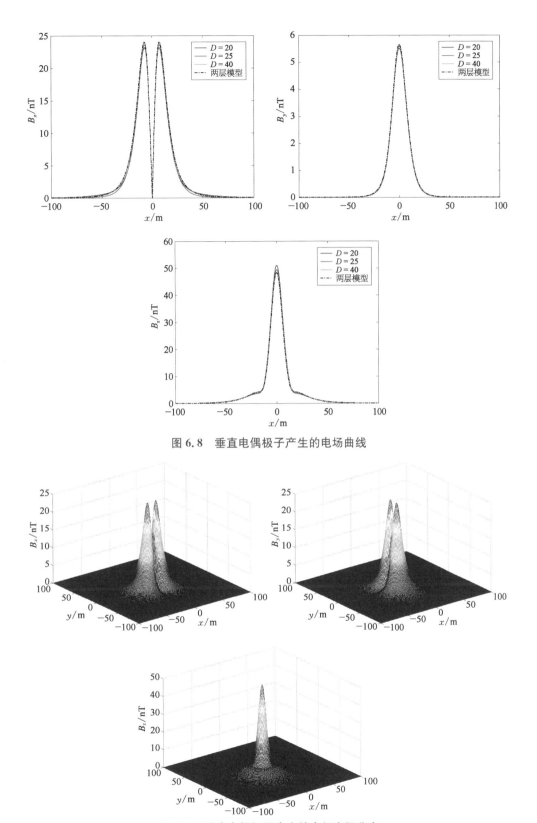

图 6.8 垂直电偶极子产生的电场曲线

图 6.9 垂直电偶极子产生的电场空间分布

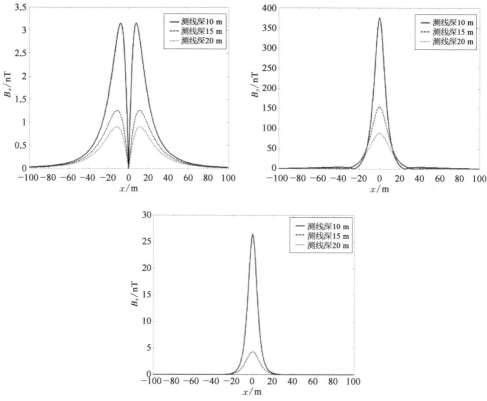

图 6.10　水平磁偶极子产生的电场曲线

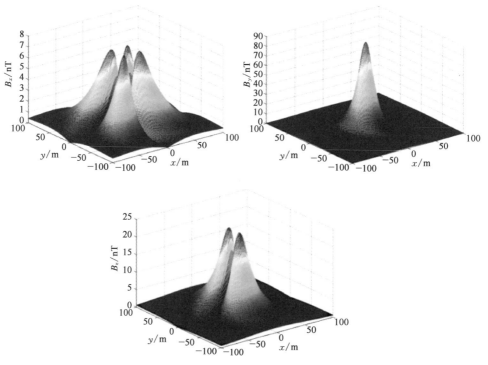

图 6.11　水平磁偶极子产生的电场空间分布

大,且快速衰减,该区域外轴频电磁场幅度较小,衰减相对较慢。

工频电场主要来源于船体接地产生的漏电流及舰船内部电磁泄漏,前者的表现为基频为 50/60 Hz 及其谐波信号,后者在采用单相全波整流时,表现为基频为 100/120 Hz 及其谐波信号,采用三相全波整流时,表现为基频为 300/360 Hz 及其谐波信号。工频电磁场信号包络与轴频电磁场相似,其极值出现的位置大多集中在舰船后部,受到船内大型电气设备影响,工频电磁场的分布有时会呈现多峰特性。

6.4　水中目标电磁场的模拟

6.4.1　模拟方法

在研究舰船水下电磁场特征的过程中,除了数值仿真方法外,还有一种必不可少的水池试验方法——物理相似模型试验方法。该方法是通过对实船进行物理缩比的方式进行简化,建造模型模拟舰船主要的水下电磁场源,在电场水池中参数可控的条件下进行测试,获取船模电磁场数据,更加直观地掌握舰船电磁场特性规律,为电磁场防护设计提供更加贴近实船的支撑数据。

1) 电磁场试验水池

目标电磁场的模拟一般在专用水池中进行。电磁场试验水池用来模拟电场产生的海洋环境,水池应用无磁水泥构建,水池底部用特殊的材料构造以模拟真实海底环境。水池相对于船模或信号源其尺度必须足够大,以免水池边界对电场分布产生过大影响。但是现实中考虑成本因素和施工难度,水池尺度不可能很大,应根据实际情况确定其具体尺度大小。这里以仿真数据说明水池池壁对测量结果的影响。

水池长度为 8 m,试验溶液电导率为 3.7 S/m,水池边界电导率为 0 S/m。场源采用一对异性直流点电流源组合,电流强度为 1 A,布放在水池中部,正负点源间距为 1.5 m,与模型长度一致。采用直流点电流源电场响应公式,对有无水池边界两种条件下水下电势分布进行可仿真计算。图 6.12 给出了池壁引起的水下电势误差。图中 x 坐标为测点距离中心点的区间,以模型长度为参考,$x=0$ 为水池中央。由图可知,在以水池中央为中心的 1 倍艇长范围内误差在

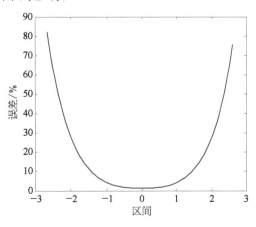

图 6.12　池壁引起的电场误差曲线

2%之内；2 倍艇长范围内误差在 5%之内；3 倍艇长范围内误差在 10%之内；当离池壁 1 m 范围内误差可达 30%以上，且距离池壁越近误差越大。

因此为了降低池壁影响，建议在以水池中央为中心的 3 倍模型长度范围内进行测量。对于 8 m 长度的水池、1.5 m 长模型，测量区域为水池中央左右各 2.25 m、长度为 4.5 m 的区间内。

另外，电磁场水池附近应无大的金属构件、磁性物体及大功率发电、送变电设施及电器设备，以减小环境对电场模拟、校准的干扰。电场水池还应配置行车系统、载重横梁、高精度标尺、给排水系统及温控装置等设备，用于试验过程中船模及信号源移动的精确控制、定位及水池外部温度、湿度参数监测和控制。

2）舰船电磁场相似模型试验

实验室模型试验的目的是参数可控的条件获取所需要的测试数据。根据目的不同，大致可分为三类试验：

（1）对水下电磁场基本理论规律的验证试验。

（2）对模型舰船的水下电磁场特性测试试验。

（3）对水下电磁防护参数的优化试验。

三种类型的试验所需要的场源也不尽相同。为了验证基本理论规律，场源结构一般都较为简单，通常根据需要可设计为水平电/磁偶极子，垂直电/磁偶极子或者它们的组合。

若要获取特定舰船模型的水下电磁特性数据，则需要研制专门的按比例制作的船模。

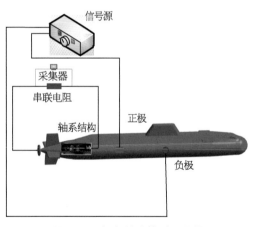

图 6.13　舰船缩比模型及结构

舰艇模型采用金属材料与实际目标保持一致，螺旋桨、指挥台围壳、水平翼、尾舵、稳定翼等主要部件按相同比例缩比；涂层材料也应与实际目标保持一致。为模拟内部机电设备产生的电磁场，可考虑在内部加装信号源，也可通过外部注入特定信号模拟被测目标场源。开展该类试验一定要注意盐水的电导率、含氧量、温度等分布和变化要准确获取，与舰船缩比模型的电磁场数据一一对应。船模试验时遵循的各参数之间的变化规律也称为相似准则，具体描述见 6.4.2 节。模型如图 6.13 所示。

对目标的水下电磁防护系统进行优化设计和性能验证也是实验室模拟测试的重要内容之一。此时需要严格按照防护系统设计图纸，配置舰艇模型。如需要对水下电场特征控制系统的设计进行优化与验证，需要依据 ICCP 原理，在船模上按照设计图纸在对应位置布设辅助阳极和参比电极，以电化学工作站或恒电位仪等外部设备模拟外加阴极保护电流。辅助阳极的安装必须与艇体绝缘，并保证水密性。模型配置如图 6.14 所示。

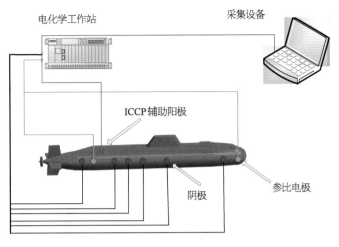

图 6.14　模型配置

6.4.2　相似准则

舰船静电场缩比模型设计是在几何外形上按比例进行缩比,电流和水池参数条件则按照一定的规律进行相应变化,最终将船模试验数据换算到实船数据。一般船模试验时遵循如下的相似准则:

（1）船体水下部分与实船在几何形状上相似,船体所用材料的电化学性质、涂层与实船相同。

（2）船模的防腐水平与实船相同,即保护电流密度与实船相同。

（3）若模拟海水电导率与实际海水电导率相同,则船模和实船电场强度之比与船模尺度和实船尺度之比相同。

根据以上条件可得:

船体电流密度:

$$j_2 = j_1 \tag{6.26}$$

海水电导率:

$$\sigma_2 = \sigma_1 \tag{6.27}$$

$$U_2 = U_1 \tag{6.28}$$

船体电位:

$$V_2 = V_1 \tag{6.29}$$

根据电场强度公式,有

$$E_l = \lim_{\Delta l \to 0} \frac{U_2 - U_1}{\Delta l} \approx \frac{\Delta U}{\Delta l} \tag{6.30}$$

假设实船和缩比模型尺度之比为 p,缩比模型尺寸 l_2 与实船 l_1 关系为

$$l_2 = \frac{l_1}{p} \tag{6.31}$$

则

$$E_2 = pE_1 \tag{6.32}$$

电流：

$$i = \iint j\,\mathrm{d}s \tag{6.33}$$

$$s_2 = \frac{1}{p^2}s_1 \tag{6.34}$$

由式(6.30)、式(6.31)、式(6.33)可以推导出

$$i_2 = \frac{1}{p^2}i_1 \tag{6.35}$$

式中　V_2——船模船体电位；

V_1——实船船体电位；

U_2——模拟海水中电势；

U_1——实际海水中电势；

E_2——模拟海水中电场强度；

E_1——实际海水中电场强度；

i_2——船模的保护电流；

i_1——实船的保护电流。

缩比模型需要将舰船几何尺寸和电性参数等按比例缩小,舰船原型和模型静电场相应的物理量关系见表 6.1。

表 6.1　舰船原型和模型电场相应的物理量关系

名　　称	原　型　参　数	船模型参数
长度	l_1	$l_2 = \dfrac{l_1}{p}$
海水电导率	σ_1	$\sigma_2 = \sigma_1$
船体电流密度	j_1	$j_2 = j_1$
实船电位	V_1	$V_2 = V_1$
海水电势	U_1	$U_2 = U_1$
船体保护电流面积	s_1	$s_2 = \dfrac{1}{p^2}s_1$
船体保护电流	i_1	$i_2 = \left(\dfrac{1}{p}\right)^2 i_1$
电场强度	E_1	$E_2 = pE_1$

6.5　海床基水下电磁场探测

众所周知,舰艇等水下目标采用钢铁材料制作,由于地球磁场磁化作用存在明显的磁场特征,利用该磁场信号可实现对潜艇的探测。对于 UUV 和蛙人等小目标,尽管其整体采用无磁材料制造,但是其电动机、电池组、气瓶等部件仍存在一定磁性,上述部件产生的电磁场也可通过高灵敏度传感器进行检测。海床基探测是水下目标探测主要方式之一,是通过将水下电场、磁场传感器布放在海底,通过检测舰艇、UUV等目标引起的水下电场、磁场异常进而实现对距离传感器一定范围内目标的探测。海床基探测根据系统工作模式可分为水下阵列探测、多节点分布式探测等,根据采用传感器可分为电场探测、磁场探测等,根据探测目标又可分为蛙人、UUV 等小目标探测及水下潜艇探测等。海床基探测装置采用的传感器一般坐沉海底或掩埋在海底,具有稳定性强、隐蔽性高的优点,且通过多节点阵列处理可大幅度抑制环境干扰,提高检测灵敏度。

6.5.1　回线式探测装置

所谓回线式探测,是一种把矩形或圆形的大型回线敷设在海底或地中,当舰船通过其上方时,由于船体产生的磁力线在回线上引起磁通量变化而在回线中产生电动势。把这个电动势接到检流计(磁通计)上放大记录,就可以探测舰艇通过。水中回线的构造通常以矩形形状两组邻接敷设,匝数一般使用多匝数。将两个回线用三引线接到陆上观测室。回线的长度和引线的长度要设计成使得从陆上一侧检测仪看来电阻值在某一数值下,如图 6.15 所示。

水中回线的构造依据使用目的和提高灵敏度也有采用多匝圆形线圈,如图 6.16所示。

1) 港口航道磁警戒系统

回线式海床基探测装置适用于对潜入港湾等狭窄入水道的军事目标进行昼夜连续不断监视,灵敏度高且探测无误。二战时期,英国、日本、苏联等国家就采用回线式探测装置对己方的港口和主要海域实现布防。例如,二战中用于敌方潜艇感知的探测系统就是其中典型的线圈式海床基电磁场探测系统。探测系统通常由一个或者多个大型感应线圈组成,常叫作指示线圈或者海港线圈,在海底水平布放。这些线圈通常几千米长并且一般宽度小于 0.5 km。当一艘铁磁性目标从线圈上方通过,穿过线圈的磁场变化率会成比例地感应一个电压值。这个信号被传输到海岸,在那里被放大,引起扩音喇叭的鸣叫,从而起到对敌方目标的警戒作用。

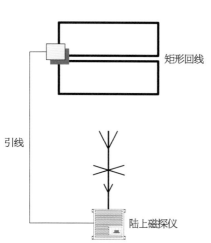 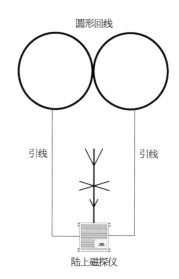

图 6.15　矩形线圈回线探测基本结构　　　图 6.16　圆形线圈回线探测基本结构

　　图 6.17 展示的是一个典型二战期间设计的回线式港口探测系统。该系统是利用一边相互相邻的两个线圈组成,两者相减得到输出电压,以得到非常小的背景噪声。电路中的电阻被用于平衡两个线圈,由桥接的方式组成。被平衡后的线圈电压输出是与磁场的变化率成比例的,信号在被记录前会被积分处理。针对慢速移动目标,积分器对于线圈内磁通量低变化率仍然能够维持系统的高灵敏度。

　　图 6.17 中差分的线圈电压输出即是目标源移动感应线圈中的电压,对运动的磁性目标而言,有

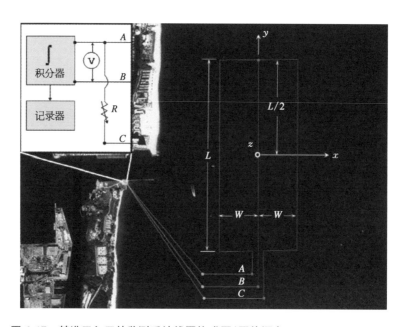

图 6.17　某港口入口的监测系统线圈构成图(图片源自 John J. Holmes,2006)

$$e = \int (\vec{v} \times \vec{B}) \cdot d\vec{l}$$

式中　$\vec{B}$ ——舰船产生的磁场信号;

　　　$d\vec{l}$ ——沿着线圈轮廓的微分长度。

利用港口线圈探测系统相对于其他栅栏系统具备几个优点:第一,该系统非常可靠,因为它没有水下电子设备,不需要因为水下电子设备的损坏而进行维修。第二,港口线圈被渔船或者游船损坏的概率将大大降低,这是因为电缆通常是被覆埋在海底。第三,这个系统具备一个连续监控边界,并不会在它覆盖的范围内留有漏洞。为了完成使命,目标被迫直接从线圈上方通过,系统具备很高的探测概率。

同时,该港口线圈探测系统也有一些不利的问题:第一,安装耗费较高,这是因为电缆覆埋海底或者固定在海底。同样,系统需要线圈与海面监测相关联,来减少系统的误报率。第二,系统对于线圈外的目标存在较低灵敏度。港口线圈对于港口监测和保护港口或者水道是非常理想的,它能够永久安装在水下连续监视。

2)典型区域磁警戒系统

为了更大范围的防范水下目标入侵,人们研制了区域栅栏式磁警戒系统。比如为了实现离岸 50 km 监视警戒,根据回线式探测的基本原理,大致应该每 1 km 布放一组回线线圈,不考虑近岸浅滩的因素,其大致布放如图 6.18 所示。

依据回线式探测的基本原理和特点,要实现长距离的布放监测需要解决如下几个重要技术问题:

(1)线圈的对称布放。每一组探测回线由两个形状、面积相等的回线组成。回线的形状多受电缆敷设技术左右。地磁补偿要使两个回线的感应电压大小/周期/波形相同;回线面积如产生显著不均衡,会形成补偿不尽的部分。面积之差越大,未被补偿的量也越大。

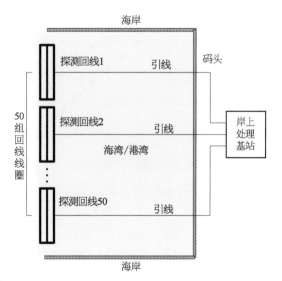

图 6.18　区域磁警戒系统构成示意图

(2)微弱信号的长线距离传输检测。根据已有文献资料,2 000 m×200 m 探测回线的探测灵敏度大约为 0.1~1 pT,弱信号在长距离传输中会受到各种干扰,造成接收端灵敏度的下降。因此回线式探测一般距离岸站较近,适合港湾狭窄入水道的监视。

6.5.2　基于传感器阵列的电磁栅栏

随着对入侵目标水下电磁特性认识的深入,基于水下电场的目标探测技术也得到发展。目标艇体和桨等都是由金属制作,腐蚀防腐电流、内部推进系统的转动和船的运动都会产生电磁场,当舰船通过探测线阵的上方时,电场传感器或者磁场传感器接收到舰船的电磁场信号这一电信号被送到岸上进行处理和显示后,可以对入侵潜艇给出报警信息。基于电场和低频电磁场的探测手段,可以对抗具有高效消磁能力的潜艇。

传感器阵列探测是利用一系列电磁场传感器以一定间隔布设在海底,当目标接近或者通过电磁场传感器时,传感器感应目标磁场或者电场通过特性,这一信号被送到岸上进行处理和显示,实现入侵目标的报警。水下传感器阵列沉底布放在警戒防御线,在水下形成一道柔性保护"栅栏",可形象地称为电磁栅栏系统。一般情况下,目标电磁场信号很弱,而所处环境的电磁场背景却很强,可以通过采用传感器间自参考相干滤波技术抵消环境电磁场影响,提高目标信号检测能力。

一种典型的电磁栅栏是苏联研制的 Anagram 系统,如图 6.19 所示。该系统的水下部分包括由两根电缆组成的屏障,每根长 50 km,相互平行间距 300 m。该系统可由海岸向外延伸 100 km。大约 240 个 AgCl 电极每隔 250 m 安放在电缆上,它们被用来作为电场的基本接收传感器。每三个电极被用特殊方法与信号通道相连,总通道数有 80 个;装有放大器和数据传输系统的水下密封容器与电缆相连,每隔 6 km 放置一个。信号频率范围 0.1～30 Hz。这个系统可测出经过的所有潜艇、船只,并识别出航向,同时给出潜艇所在的水深。

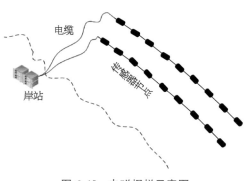

图 6.19　电磁栅栏示意图

水下电磁探测技术利用入侵目标引起的电磁探测异常进行探测,不受浅海复杂声环境条件的限制,而且采用传感器间自参考相干滤波技术后可以抵消环境影响,可靠探测性高。通过把电磁探测阵列布放到更远的距离处,也可扩展阵列长度以延长封锁范围,可以变相提高发现距离,弥补探测距离较近的不足。它既可以自成系统独立工作,也可以与声探测系统相结合(如声磁复合栅栏)或与探测声呐联动,通过数据融合提高声探测系统的探测和跟踪能力。

6.5.3　水下电磁探测网络

除了上述两种线性的布局外,水下电场传感器和磁场传感器还可以呈现网状布局,构成海底传感器网络。这些节点和水听器共同构成多物理场综合探测网络,如图 6.20 所示。联合声学和水下电场、磁场的多种传感器、多手段联合的分布式探测系统,可以获得比任何单传感器、单一手段更完全、更准确的判决,从而提升区域水下预警监视系统对水下目标的检测、定位、分类识别与跟踪性能,将为水下信息化作战提供更准确、更全面的信息支持,有效提升区域水下预警监视系统对复杂多变环境的适应能力和整体探测效能。

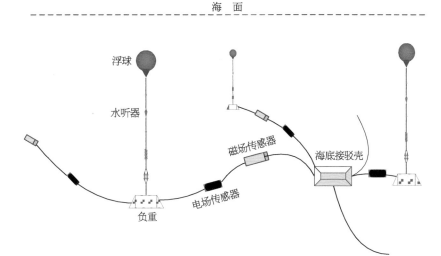

图 6.20　海底传感器网络

6.6　水下电磁场浮标

水下电磁场浮标是基于浮标平台,利用高灵敏度电场和磁场传感器探测舰艇水下电磁场信号的装备。水下电磁场浮标探测的信号主要来自舰艇水下稳恒电场、稳恒磁场和轴频电磁场等,其中由于轴频电磁场受海洋环境水下电磁场干扰量级小、衰减速度慢,是基于浮标平台实现舰艇水下电磁场远距离探测的主要手段。

6.6.1　应用场景

水下电磁场浮标应用场景主要包括两类:一为敏感海域舰艇航行轨迹预判监,二为重要海域长期值守监测。预判是基于情报信息和所测海域内海流变化,预判舰艇航行路线,并计算浮标在海水中的运动速度,提前空投至指定位置,浮标在入水后进入采集状态,获取经过附近舰艇的电磁目标特性。重要海域长期值守是将浮标布放在舰艇经常出没的海域,平常采用低功耗值守状态。当目标出现时,发现目标后启动数据获取装置,采集电磁特征数据,分析提取结果并及时将数据发送回指挥中心。

6.6.2　基本组成

为了适应未来海战场中对电磁场浮标的实际需求,电磁场浮标整体结构往往参考航空声呐浮标。电磁场浮标由水面部分和水下部分组成,其中水下部分包括高灵敏度

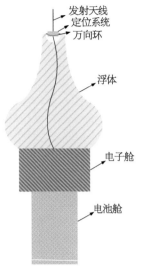

图 6.21　浮标水面部分结构示意图

电磁场传感器、姿态传感器、配重块、阻尼器和减振弹簧等；水面部分包括浮体、数据采集及处理模块、供电电池组、定位系统、发射天线等。

电磁场浮标水面部分主要包括发射天线、定位系统、浮体、电子舱等(图 6.21)。

电磁场浮标水下部分主要包括减振弹簧、阻尼器、姿态传感器、高灵敏度磁场传感器、配重铅块和电场传感器支架等(图 6.22)。

电磁场浮标整体结构如图 6.23 所示。水下电磁场浮标对于电场信号感知一般选用相互正交的两个水平分量作为探测方式。

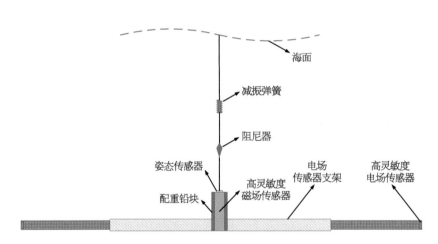

图 6.22　浮标水下部分结构示意图

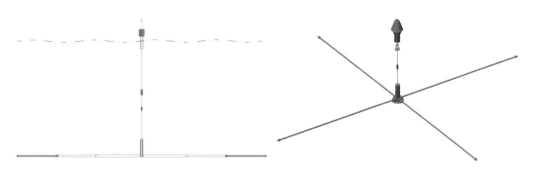

图 6.23　电磁场浮标整体结构图

6.6.3　工作原理

电磁场浮标通过水面和水下部分的相互协作共同完成舰艇水下微弱电磁场信号的探测,其中水下部分负责目标水下电磁场信号、传感器姿态信息感知,并且利用阻尼器、减振弹簧及配重块实现海水运动影响的抑制和抵消;水面部分负责数据采集、实时处理、系统供电及发送获取的目标数据和提取的典型特征,并保证水下部分的稳定性等。

电磁场浮标布放前,整体结构集中于圆柱筒中,根据实际布放水深设置绳缆释放长度。布放时传感器先入水,浮标整体入水后,浮标自动释放绳缆,传感器展开,如图 6.24 所示。

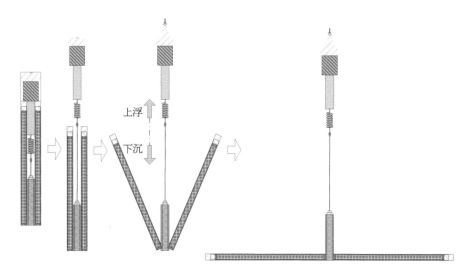

图 6.24　电磁场浮标布放效果图

电磁场浮标在线提取方法分为静电场在线检测、静磁场在线检测及轴频电磁场在线检测三部分。轴频电磁场信号检测主要根据信号线谱特征,由带通滤波、功率谱估计、线谱与连续谱分离、线谱判决及线谱提取等步骤组成。静电场和静磁场检测主要根据信号的时域特征,如模量、梯度等进行。

6.7　航空磁异常探测

作为一种传统的反潜方式,航空磁异常探测是在飞机平台上安装高灵敏度航空磁力仪,搜索海洋中的磁性目标引起的局部磁异常特征,实现水中目标磁异常探测。当探测区域存在磁性目标,磁探仪就会感知区域的地磁场变化,并通过显示终端呈现在技术人员面前,技术人员通过磁场特性分布特性判断周围有水中军事目标。在传统磁异常技术基础上,新型磁异常探测向多平台和低频磁异常发展,为磁异常技术带来了新的活力。

6.7.1 多平台组网探测

在冷战年代,磁异常探测(MAD)主要使命是对水下目标的确认和定位。随着冷战结束,海军感兴趣的区域从深水海域转向了更有挑战性的浅水海域,由于声呐在浅水区域性能大为降低,磁异常再次成为一项可行的快速探潜技术。尤其是 UAV 和 UUV 的发展对MAD 技术应用带来了快速发展的契机。

多个共同执行任务的无人平台,通常被叫作"蜂群",因为其成本低廉而具备重要的战术价值。30～40 个装备了 MAD 的无人机(UAV)平台,通过联合行为模式,能够覆盖 $2\,500\ km^2$ 的海域,并且具备高的探测能力和较低的虚警率。每个平台能够工作许多小时,并且如果价格低廉甚至并不需要回收。这样可利用无人机长续航、易于执行危险任务的特点,配合有人机反潜力量进行前出探潜,以明确敌潜艇方位位置,在特定海区、重要航道等实施封锁和警戒,以驱逐敌潜艇。

6.7.2 低频电磁场探测

磁探飞机平台在飞行过程中总是有各类旋转磁矩(例如旋转和盘旋),形成一个明显的涡旋场,这个场要比在此距离上测到的潜艇磁场大得多,形成了强烈的背景干扰,从而限制了传感器性能的发挥。研究发现潜艇水下腐蚀相关轴频电磁场呈现明显线谱特征,且其背景电磁场较为平稳,携带了潜艇螺旋桨转速、位置等信息,易于检测和目标识别。基于上述原因,越来越多的磁异常设备制造商在发展更大带宽的磁场传感器,探测频段由常规的准静态扩展到 120 Hz 交变范围,以探测水下目标发出的低频电磁场。把探测频段扩展到交变频段,也有效避开了平台本身磁干扰的影响,利于磁传感器性能的最佳发挥。

6.8　综合物理场引信

随着武器装备技术的不断发展,在现代武器体系中,虽然水雷的地位已远不如二战时期,但依然是海军武器序列中不可或缺的组成部分。越来越多的舰艇采取了全面、系统的特征管理措施,使得舰艇成为低可探目标,由于受到沿海工业噪声、浅海多途信号等影响,声引信的作用会受到限制,采用单一物理场作为引信越来越不满足水雷发展的要求。为了适应现代舰艇综合隐身发展带来的挑战,随着电磁场传感发展,电磁场特征也成为水雷引信的重要组成部分。目标的低频电磁场传播距离可以达到千米级别,同时交变电磁场由于直接关联舰艇的螺旋桨区域,通过采用多物理场组合引信方式,包括声、水压、磁、电、地震波等物理场组合而成,降低单一物理场引信的虚警、漏报率。同时,如果目标舰艇处于近浅海动作时,此时水压、电、磁场等其他物理场可以有效弥补声引信作用降低带来的损失,将会大大提升引信的可靠性和智能化水平。

6.9　海战场电磁环境

　　在海洋中作战的武器装备性能与其所在的海洋环境息息相关,因此海洋武器装备在设计、试验阶段必须充分考虑其作战海域的环境特征,由于水下电磁特性是武器装备设计的重要物理场,必须对海洋电磁环境也给予充分的重视。以水雷为例,由于水雷武器要长时间在海洋环境中工作,会遇到各种各样复杂的海洋电磁效应(如磁暴、海水流动等)干扰,造成水雷的自爆。为了保证有效发挥武器装备的战斗威力,必须对工作海洋电磁环境进行深入系统的研究,掌握其变化规律,研究建立武器性能与海洋水下电磁环境关系模型,提高装备对目标的识别能力和抗干扰能力。因此本书绪论部分对环境电磁场做了重点介绍。第8章结合测量对主要影响环境将做进一步说明,并介绍降低环境干扰的若干考虑。

参考文献

［1］ Decherchi S, Leoncini D, Gastaldo P, et al. Computational intelligence methods for underwater magnetic-based protection systems［C］. The 2011 International Joint Conference on Neural Networks. IEEE, 2011: 238 - 245.

［2］ Huang N E, Shen Z, Long S R, et al. The empirical mode decomposition and the Hilbert spectrum for nonlinear and non-stationary time series analysis［J］. Royal Society, 1998, 454 (1971): 903 - 995.

［3］ Huang N E, Shen Z, Long S R. A new view of nonlinear water waves: the Hilbert spectrum［J］. Annual Review of Fluid Mechanics, 1999, 31(1): 417 - 457.

［4］ Lucas C E, Otnes R. Noise removal using multi-channel coherence［R］. Canada: Defence Research and Development Atlantic Dartmouth, 2010.

［5］ Phillip C, Pardue A. A computer simulation of a MAD buoy field［R］. Monterey California: Naval Postgraduate School, 1990.

［6］ Rodrigo F J, María-Dolores B, Sánchez A. Underwater threats detection based on electric field influences［C］. Undersea Defence Technology Conference Europe. Hamburg, 2010.

［7］ Schluckebier D C. A comparison of three magnetic anomaly detection (MAD) models［R］. Naval Postgraduate School Monterey CA, 1984.

［8］ Tighe-Ford D J，Khambhaita P，Taylor S D H，et al. Dynamic characteristics of ship impressed current cathodic protection systems［J］. Journal of Applied Electrochemistry，2001，31（1）：105－113.

［9］ Young J L，Sullivan D，Olsen R G，et al. Investigation of ELF signals associated with mine warfare：a university of Idaho and acoustic research detachment collaboration：phase 1［R］. 2009.

［10］ 蔡鹍,陈焕杰,周升阳,等.水雷引信技术［M］.北京：国防工业出版社,2012.

［11］ 程锐,姜润翔,龚沈光.船舶轴频电场等效源强度计算方法［J］.国防科技大学学报,2016,38(2)：138－143.

［12］ 成建波,孙心毅.航空磁异常探潜技术发展综述［J］.声学与电子工程,2018,131(3)：46－49.

［13］ 戈鲁,褐茨若格鲁.电磁场与电磁波［M］.周克定,译.北京：机械工业出版社,2006.

［14］ 林春生,龚沈光.舰船物理场［M］.北京：兵器工业出版社,2007.

［15］ 刘光鼎,刘代志.试论军事地球物理学［J］.地球物理学进展,2003,18(4)：576－582.

［16］ 刘孟庵,连立民.水声工程［M］.杭州：浙江科学技术出版社,2003.

［17］ 毛伟,张宁,林春生.在三层介质中运动的时谐水平偶极子产生的电磁场［J］.电子学报,2009,37(9)：2077－2081.

［18］ 毛伟,周萌,余刃.两层介质中运动垂直时谐偶极子产生的电磁场［J］.武汉理工大学学报(交通科学与工程版),2011,35(5)：1081－1085.

［19］ 毛伟,林春生.两层介质中运动水平时谐偶极子产生的电磁场［J］.兵工学报,2009,30(5)：555－560.

［20］ 孙明太.航空反潜概论［M］.北京：国防工业出版社,1998.

［21］ 王菲.非声探测技术重新兴起［J］.舰船技术经济简报,1996,198(23)：1－4.

［22］ 义井胤景.磁工学［M］.北京：国防工业出版社,1977.

［23］ 岳瑞永,田作喜,吕俊军,等.基于时谐电偶极子模型的舰船轴频电场衰减规律研究［J］.舰船科学技术,2009,31(10)：21－25.

［24］ 周坚鑫,高维,舒晴,等.美国海军航空磁探潜技术概况［C］//国家安全地球物理丛书(七)——地球物理与核探测.2011.

第 7 章　海洋电磁法仪器

用于海底资源勘探的海洋电磁方法有众多分支，所涉及的仪器装备也种类繁多。本章以中国地质大学(北京)研制的海洋电磁法仪器为案例，重点讲解海底 MT 方法及海洋 CSEM 方法所涉及的海底电磁接收机、拖曳电磁发射机、拖曳电磁接收机等仪器，全面介绍其基本原理。

7.1　海底电磁接收机

7.1.1　简介

在海底采集电磁场信号，首先面临的问题是导电海水层对电磁波的衰减。海底的大地电磁场信号或可控源电磁信号要比陆地上微弱得多。为此要求海底仪器相比传统陆地仪器具有更高的灵敏度。为了适应海洋水下作业条件，这就需要解决仪器相关的高可靠、容错、承压、密封、低功耗、大容量存储、紧凑设计等一系列问题。

海底电磁接收机的核心功能就是实现海底电磁信号的高精度采集。实现这一目标需要解决接收机的高可靠投放与回收、深水耐压、低噪声大动态范围观测、多台接收机与发射机同时工作、导航系统的高精度时间同步、水下长时间连续作业、海上高效作业等一系列问题。因此接收机研制关键技术主要在于高可靠性、低噪声、低漂移、低功耗和高效作业。

海底电磁接收机与陆地电磁接收机的工作原理大致相同，均是借助电磁传感器对多分量电磁场信号进行自容式记录，实现高精度观测。区别主要体现在以下几方面：

(1) 海底电磁接收机需要实现在海洋环境下的投放和回收，需要解决水密耐压和可靠释放回收问题。

(2) 海底环境条件下的电磁场信号较陆地相比，频带更低、幅值微弱且动态范围大，对测量传感器及其通道的噪声、动态范围要求更高。

(3) 海底环境仪器的连续工作时间长，无人值守，对仪器的稳定可靠性、时钟漂移、连续工作时间(功耗)等技术指标提出了严格要求。

图 7.1a 为海底电磁接收机投放前的场景，投放接收机时借助船载折臂吊将接收机吊起，摆至舷外，下放至水面，水面脱钩释放后，接收机自由下沉至海底。图 7.1b 为接收机位于海底工作时，借助 ROV 观察并拍摄位于海底的接收机工作情况，水深约 1 400 m。

海底电磁接收机是一种机械电子高度集成化的海上装备，主要部件从功能上分为投放回收与信号采集两大功能模块。投放回收模块中，主要包括水泥块、玻璃浮球、声学释放器、电腐蚀释放装置、结构框架、水下定位信标、打捞回收信标和红旗。其中水泥块为仪器下沉时提供水下重量，同时防止仪器位于海底作业时受底流冲击而发生位移；玻璃浮球

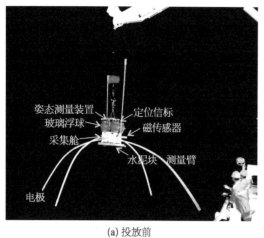 

(a) 投放前   (b) 位于海底

图 7.1　海底电磁接收机图

为仪器上浮时提供浮力;声学释放器完成水泥块脱钩释放;电腐蚀释放装置区别于机械声学释放器,借助电化学原理将不锈钢销钉熔断实现脱钩释放;结构框架将各部件合理分布、紧固;水下定位信标用于接收机的 USBL 水下声学定位;打捞回收信标和红旗用于接收机上浮至水面后指示目标方向,方便工作人员寻找水面目标。信号采集功能模块包括电场传感器、磁场传感器、水密电缆接插件、采集电路、压力舱、测量臂、姿态测量装置、甲板单元等。电场传感器为 Ag/AgCl 电极;磁场传感器为感应式磁传感器;水密电缆接插件实现深水条件下模块间信号及指令传输;采集电路完成传感器输出电压信号的放大、采集和存储;压力舱为采集电路及磁场传感器提供水密承压条件;测量臂将电极对间距固定为 10 m;姿态测量装置获取仪器位于海底工作时的方位角、俯仰角、横滚角;甲板单元为采集电路提供授时服务。

根据 4 000 m 工作水深设计要求,现有材料技术条件下,压力舱可采用铝合金或钛合金的棒材加工而成,铝合金相比钛合金具有密度低、成本低的优势,但需要在外表进行阳极氧化处理以防止铝合金腐蚀。

7.1.2　斩波放大器

海底电场信号具有幅值微弱、相对低频、大动态范围等特点,要求观测电路具有低漂移、低噪声、大动态范围等特性,尤其是低频段的低本底噪声特性。目前通用的低噪声集成放大器最佳工作频段多在 1 kHz 附近,低频 $1/f$ 噪声明显,转角频率也多在 1~100 Hz,并且功耗较大,单通道为 50~100 mW,难以满足海底测量电场的低噪声、低功耗要求。为实现低频信号的低噪声放大,斩波放大器原理框图如图 7.2 所示,先将低频微弱信号进行斩波,将其调制至几千赫兹,再对调制后的信号进行低噪声放大。因调制信号频段较高,可以忽略放大器自身 $1/f$ 噪声的影响,经放大的调制信号再经解调后还原成低频信号,此时信噪比大大改善。因此斩波放大器可以获得良好的低频噪声特性。

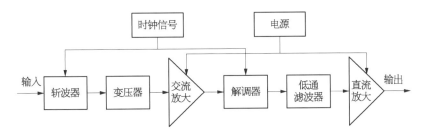

图 7.2　斩波放大器原理框图

斩波放大器包括时钟电路、斩波电路、变压器耦合电路、交流放大电路、同步解调电路、低通滤波电路和直流放大电路。其中时钟电路产生控制斩波电路和同步解调电路的时钟信号,频率为 2 kHz;斩波电路将电场传感器变送的微弱低频信号转换成交流信号;变压器耦合电路实现阻抗变换,同时对交流信号进行放大;交流放大电路对交流信号低噪声进行放大,通带增益约为 250 倍;同步解调电路实现交流放大信号的解调;低通滤波电路抑制带外噪声;直流放大电路与低通滤波器一起组成带通滤波器,带宽为 10 mHz～100 Hz。

根据以上原理设计的三通道斩波放大器(图 7.3)电路频率响应如图 7.4 所示,所实现的斩波放大器电压噪声典型指标为 0.6 nV/sqrt(Hz)@1 Hz,增益约为 60 dB,量程约为−5～5 mV。

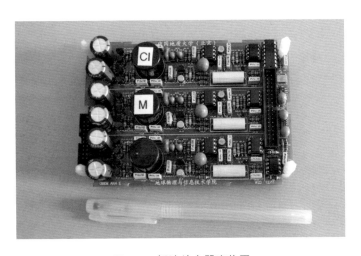

图 7.3　斩波放大器实物图

将放大器输入端短接,借助第三方数据采集单元对放大器的输出进行电压采集,采样率设置为 100 Hz,连续观测 10 h 以上。图 7.5 为斩波放大器的噪声测量结果。图 7.5a 展示的为 10 000 s 时间长度的噪声时域波形,噪声峰峰值约为 30 nV,失调电压为 250～255 nV;图 7.5b 为对 10 000 s 噪声时间序列进行直方图统计,噪声呈高斯分布,在 255 nV 附近概率密度最大;图 7.5c 为噪声功率谱密度统计图,对图 7.5a 中的 10 000 s 时间序列

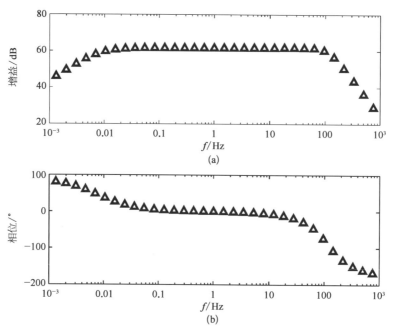

图 7.4 斩波放大器频率响应

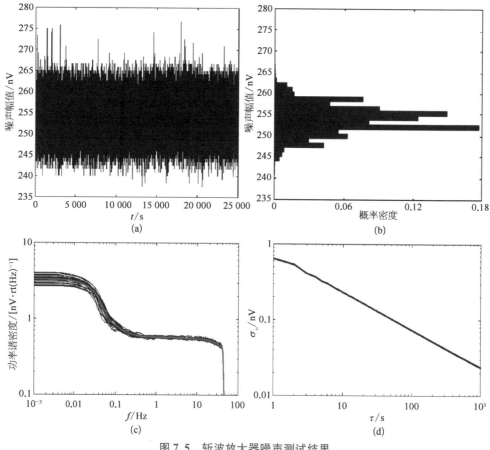

图 7.5 斩波放大器噪声测试结果

分为若干段进行功率谱密度计算,黑色细曲线为分次计算结果,红色粗曲线为各次计算结果的平均值,表明前放噪声约为 $0.6\,\mathrm{nV/rt(Hz)@1\,Hz}$,转角频率约为 $0.1\,\mathrm{Hz}$,低频段噪声增加至 $3\,\mathrm{nV/rt(Hz)@1\,mHz}$。

7.1.3　采集电路

采集电路主要实现信号采集与水声通信两大功能。信号采集完成五通道电磁场信号高精度数据采集、存储和高精度时间同步;水声通信实现与甲板遥控端的水声命令解析、状态信息回传、电腐蚀装置触发等。图 7.6 给出了采集电路的原理框图,图 7.7 为实物图。数据采集包括前述的三通道电场斩波放大器、五通道 ADC、FPGA、MCU、数字温度补偿晶体振荡器(digtal temperature compensate crystal oscillator,DTCXO)、SD 卡等;水声通信包括水声通信模块、MCU、恒流源、外部释放装置和水声换能器等;甲板单元为采集电路提供时间服务。

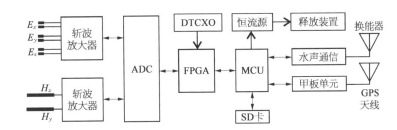

图 7.6　采集电路原理框图

图 7.7　采集电路实物图

ADC 为 TI 公司的 31 位大动态范围模数转换器 ADS1282,完成五通道电压信号的高精度同步转换;FPGA 完成五通道 ADC 数据流编排、时间标记、同步触发;DTCXO 为 FPGA 提供高稳定时钟,自身消耗电流约 $5\,\mathrm{mA}$;MCU 读取 FPGA 的数据流与时间标记,写入 SD 卡中;SD 卡为 64 GB 工业级存储卡;甲板单元为采集电路提供 GPS 时间信息,用于接收机投放前的系统对钟、参数设置等。

上述采集电路自身具备低噪声、大动态范围特征,ADS1282 内置斩波放大器及 FPGA,具有低噪声、低功耗的特点,低频噪声 PSD 平坦,无 $1/f$ 噪声。电场前置放大器与磁场传感器电压输出范围均为 $\pm5\,\mathrm{V}$,为保证通道动态范围,五通道 ADC 输入范围调整为对应的±5 V。在采样率为150 Hz时,通道动态范围可达126 dB以上。

低功耗方面,FPGA为Altera生产的低功耗器件,MCU为Atmel生产的32位ARM920T内核微控制器,均为低功耗器件;电源转换部件为高效率DC/DC。在接入五通道(三电道+两磁道)、采样率设置为150 Hz时,整机功耗为1 600 mW。所配备的三组大容量锂电池包集成108颗18650锂电池,单颗锂电池容量在低温条件下约12 W·h,采集电路持续工作时间理论上达36 d。经测试,于2016年2—3月在南海北部神狐海域700 m水深海底条件下连续工作达33 d。采集舱内预留了约200颗18650锂电池的安装空间及浮力配比,全部安装电池水下工作时间可达60 d以上。

时间同步方面,在实现低功耗高稳定晶振及借助GPS模块的高精度秒脉冲(pulse per second,PPS)的基础上,通过同步触发AD与时钟累加技术,实现AD数据流的高精度时间标记。AD触发信号依赖PPS产生,使得多通道AD之间、多台接收机的多通道之间同步触发采集;借助高稳晶振及PPS基准,产生一个用于计数的小时钟,为数据流提供相对时间计数。

7.1.4 姿态测量模块

由于接收机沉底时的方位随机性,同时海底可能存在斜坡,需要获取接收机位于海底工作时的三轴姿态,包括方位角、横滚角、俯仰角。以往的技术方案将姿态测量模块置于采集舱内,每间隔一段时间获取姿态方位角,该方案的问题在于姿态测量模块启动与关闭时产生阶跃电流,由于采集舱与磁传感器空间距离很小,阶跃电流进而"污染"了磁场信号。新的解决方案是将姿态测量模块从采集电路中拆分出,形成独立的姿态测量装置,安装于接收机顶部。姿态测量模块距离磁传感器较远,接收机到达海底后,每间隔10 min获取一次姿态信息,并存储至内置的存储器中,仅工作24 h后断电不再开启。待接收机回收后下载原始数据。姿态测量装置实物如图7.8所示。

图7.8 姿态测量装置实物图

7.1.5 释放回收系统

释放回收系统包括甲板遥控端、水下声学释放器、电腐蚀释放装置、水泥块、玻璃浮球。投放时,借助水泥块水中重量,整机入水后自由下沉,此时水下重量约50 kg;下沉时,可通过USBL定位信标实时跟踪接收机水下位置;接收机到达海底后开始工作,通过水声通信模块查询接收机的状态信息(包括采集进度、电池电压等);回收作业时,通过甲板遥控端发送声学释放器的释放命令或者水声通信模块的电腐蚀使能命令,声学释放器收到命令后触发释放装置,水声通信模块收到命令后接通恒流源,触发电腐蚀脱钩器。以上两种独立的释放机制确保水下仪器的正常回收上浮。上浮时,接收机借助 4 个 17 英寸的玻璃球浮力实现上浮,此时水中重量约为 $-50\,\mathrm{kg}$。水声通信电路独立供电,配备了 15 颗 18650 锂电池,水声通信静态功耗低于 $12\,\mathrm{mW}$,待机时间达一年以上。在采集电路电池耗尽的情况下也可以实现电腐蚀释放。释放回收系统实际工作时瞬态功耗约为 $36\,\mathrm{W}$,持续时间约 $10\,\mathrm{s}$。电池充满电后理论上可连续工作 900 次以上。

7.1.6　高可靠性设计

位于海底连续工作的海底电磁接收机,需要解决无人值守、深水耐压、释放回收等基本问题。设计遵循小型化、简化、集成化、模块化设计原则;同时在体积、功耗方面进行了降额设计,在采集电路的软硬件设计方面进行了冗余设计、容错设计。可靠性设计主要体现在以下几方面:

(1) 结构的可靠性。释放装置采用成熟的机械释放器方案、结构小型化设计、合理浮力配比及配平。

(2) 耐压的可靠性。压力舱均通过 $50\,\mathrm{MPa}$ 保压 $2\,\mathrm{h}$ 测试,玻璃球、释放器工作水深大于 $6\,000\,\mathrm{m}$。

(3) 冗余设计。声学释放器及电腐蚀释放两种释放机制并联。采集电路的电池连续工作 1 个月以上,磁盘存储空间可容纳接近 3 个月的数据。

(4) 集成化、模块化设计。针对故障率较高的时钟电路、前置放大器电路进行模块化设计,室内一致性测试过程中及时排除故障模块。

(5) 容错设计。在结构安装、电缆装配、软件配置方面充分采用容错设计,降低了对操作人员的要求,提高了海上作业效率。

7.1.7　主要技术指标

(1) 通道:6。

(2) 通道带宽。E:$0.01\sim100\,\mathrm{Hz}$。H:$2\,000\,\mathrm{s}\sim100\,\mathrm{Hz}$。

(3) 噪声水平。E:优于 $0.1\,\mathrm{nV/[m\cdot rt(Hz)^{-1}]}@1\,\mathrm{Hz}$。$H$:优于 $0.1\,\mathrm{pT/rt(Hz)}@1\,\mathrm{Hz}$。

(4) 采样率:$2\,400\,\mathrm{Hz}$、$150\,\mathrm{Hz}$。

(5) 动态范围。E:大于 $110\,\mathrm{dB}$。H:大于 $100\,\mathrm{dB}(@f_s=150\,\mathrm{Hz})$。

(6) 时间漂移:小于 $50\,\mu\mathrm{s/h}$。

(7) 功耗:$1\,600\,\mathrm{mW}(3E+2H$ 配置)。

(8) 内存空间:$64\,\mathrm{GB}$(最大支持 $128\,\mathrm{GB}$)。

(9) 数据下载速度:大于 $9\,\mathrm{MB/s}$。

(10) 数据输出格式:支持 Phoenix Geophysics 的 SSMT2000 软件。

(11) 最大工作水深:$4\,000\,\mathrm{m}$。

7.2 拖曳电磁发射机

7.2.1 简介

拖曳电磁发射机是海洋电磁勘探仪器的重要组成部分,实现在海底建立大功率时域和频域人工电磁场源,主要包括甲板控制终端、甲板电源、光电复合缆、水下拖体、水下变压器、控制舱、中性浮力电缆、发射电极等部件。甲板控制终端利用光电复合缆中的光纤实现船上计算机与海底发射机的远程数据通信;甲板电源可将船载大功率电能升为高压并通过光电复合缆输送至近海底的水下变压器;水下变压器可将深拖缆中的大功率高压 AC 转换为低压 AC;控制舱其内部的控制电路硬件和嵌入式驱动软件可将水下变压器输出的电能逆变为大功率矩形脉冲,并通过发射偶极将脉冲发送至海水介质中;借助水动力学设计的发射机拖体用于装载发射系统水下部件和保持拖曳过程中的平衡与稳定;中性浮力电缆向发射电极传输低压大电流,具有低阻抗、等浮的特征。

拖曳电磁发射机主要涉及大功率、热管理、电磁兼容、电流取样、状态监控等关键技术。其稳定可靠性、大功率电流、大源偶极矩、水下定位精度直接关系到方法对异常的探测能力。拖曳电磁发射系统原理框图如图 7.9 所示。该系统是由船载大功率发电机提供电力,通过甲板变压及监控单元和用于水下功率及信号传输的深拖缆,将电力和监控信号输送至海底的电磁发射机,再经过水下变压和整流单元,在发射机主控单元的控制下,通过功率波形逆变单元和发射偶极,把大功率电磁波发射到海底的介质里。甲板监测单元可与水下的发射机通信,通过信号电缆完成控制命令和数据交互,以查看和更改发射机的运行状态。

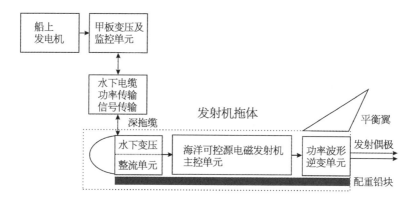

图 7.9 拖曳电磁发射机原理框图

图 7.10 为拖曳电磁发射机实物图。

如图 7.11 所示,发射系统由甲板电源、甲板控制终端、深拖缆、水下拖体、发射天线等组成。通过固定于甲板的升压变压器使船载发电机输出的 380 V/AC 提升至 2 800 V/AC,利用深拖缆进行长距离电力传输,将电能输送到水下拖体。甲板端上位机监控单元水下拖体工作状态,实现将大功率电流脉冲导入海底介质里。另外,借助 USBL 超短基线信标,对拖体和发射电极进行水下定位。

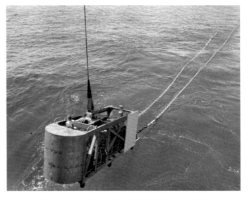

图 7.10　拖曳电磁发射机实物图

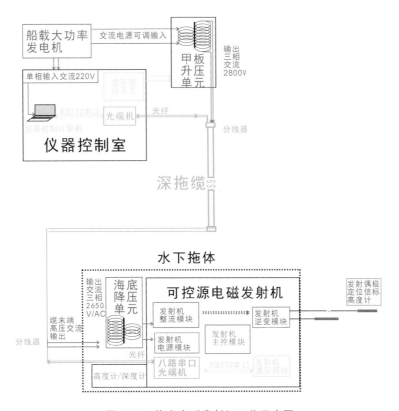

图 7.11　拖曳电磁发射机工作示意图

7.2.2　甲板监控单元

甲板监控单元是整个发射系统的显控端,实现甲板对水下拖体的工作参数设置、状态显示。甲板监控单元分为甲板监控硬件和甲板监控软件,主要完成对海洋可控源发射系统的水上和水下部分的监控任务,确保整个发射系统稳定可控。拖体一经被投放入水,操

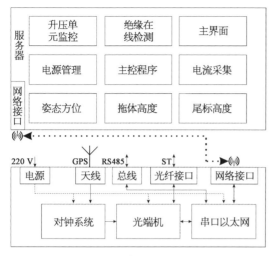

图 7.12　甲板监控单元框图

作人员只能通过监控单元和深拖缆对其进行实时监测和控制。监控软件可图形化地显示发射机的各种控制操作及实时运行状况。甲板端上位机可与水下发射机实时进行数据和命令交互，其交互协议包含了查询发射机运行状态、控制发射机复位与启停、改变供电频率和供电模式等命令。操作人员可根据海试作业要求更改发射机工作模式，或根据发射机的工作状态配合船上驾驶员调整船的航行方位。图 7.12 展示了甲板监控单元框图。

甲板监控硬件由对钟系统、光端机和串口以太网组成。其中对钟系统接收 GPS 信号后将时间信息通过光纤传输至海底设备，光端机完成电信号到光信号的转换，同时串口以太网模块主要是为了方便甲板监控硬件与计算机连接，能完成多个设备的组网。

甲板监控软件主要包括七个部分，分别为上位机主界面、电源管理、主控程序、电流采集、尾标拖体高度、姿态方位及绝缘在线监测，各部分独立工作，每个模块使用不同串口，各模块工作时均采用多线程工作，各个线程同时工作且互不干扰。图 7.13 展示了甲板监控软件的整体界面。

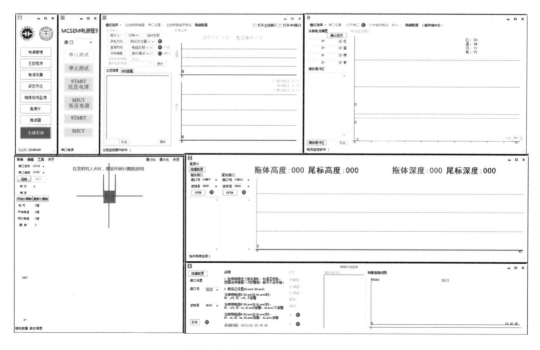

图 7.13　甲板监控软件整体界面

7.2.3　控制单元

控制单元分为四个模块,分别是接口模块、主控模块、电流采集模块和电源管理模块。其中接口模块是甲板通信系统和水下设备通信的中转站;主控模块完成发射机波形控制和基本状态采集;电流采集模块完成发射电流数据的实时存储;电源管理模块完成各模块的电源控制。

接口模块携带串口转光纤传输八路串口信息,包括 GPS 时间信息、秒脉冲信号、两路高度计信息、姿态方位信息、电流信息、电源控制信息和发射机状态信息,是甲板通信系统和水下设备通信的中转站,同时也是控制舱和发射舱电源供给和信息交换的中转站。其中 12 V 和 24 V 两路电源由接口单元引入电路控制部分,通过数据总线来连接控制舱内的各个模块,通过控制总线来连接发射舱的绝缘栅双极型晶体管(insulated gate bipolar transistor,IGBT)控制电路。图 7.14 为接口模块电路框图。

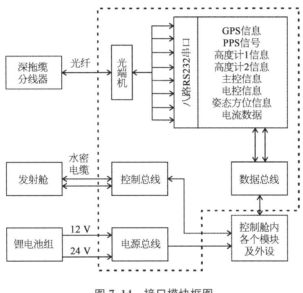

图 7.14　接口模块框图

主控模块实现发射波形控制和状态采集功能,主控模块主要是单片机通过串行外设接口(serial peripheral interface,SPI)控制复杂可编程逻辑器件(complex programmable logic device,CPLD)输出控制波形,进行时间同步,单片机通过 A/D 实现电池电压采集,通过 CAN 总线来实现发射舱本地温度和发射电压采集,同时通过串口与上位机进行交互。图 7.15 展示了主控模块框图。

图 7.16 为电流采集模块框图。ARM7 主控运行了嵌入式实时操作系统 UCOS Ⅱ,实现各种资源的分类和统一管理,分为两个任务,分别是命令处理任务和数据处理任务。当控制板对钟查询无误后,甲板通信系统发送文件创建命令,读取 U 盘中的文件数量,串口接收 GPS 时间信息,并在 U 盘中创建文件存储当前 GPS 时间,并开启文件存储,等待

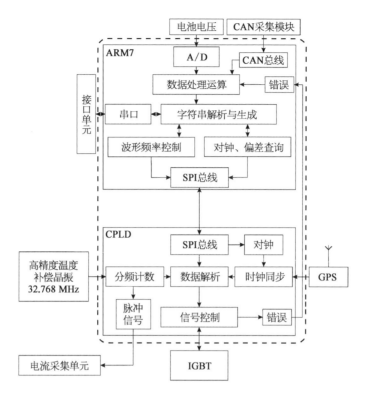

图 7.15　主控模块框图

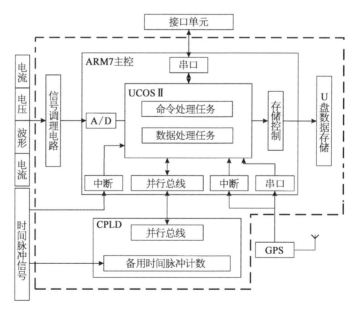

图 7.16　电流采集模块框图

GPS 中断。当 GPS 中断来到后开启对脉冲信号的计数。甲板通信系统再发送开始存储文件。当脉冲信号上升沿来到时,A/D 采集一次,并且计数加 1,A/D 采集的信号由发射舱中的信号采集电路提供,具体是由霍尔电流传感器采集发射的电流信息并输出电压信息,经调理电路处理后送至 A/D 口。同时 A/D 还采集发射电压信号和控制波形信号。此时 CPLD 同时计脉冲信号的上升沿个数,以防止当 ARM7 主控板发生故障时计数个数丢失或者暂停计数,对后期数据处理造成影响。当发射结束时,甲板通信系统发送停止命令,此时 ARM7 主控停止 A/D 采集,停止数据存储,同时创建文件,并存储当前 GPS 时间作为结束时间。

电源管理模块通过 AVR 单片机控制 PMOS 管来实现各路电压的关断,并完成电压转换,在仪器不工作时,关闭各路电压,降低功耗。其结构框图如图 7.17 所示。

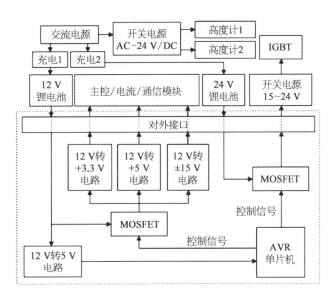

图 7.17　电源管理模块框图

7.2.4　发射天线

发射天线由中性浮力电缆与发射电极组成,总体布置如图 7.18 所示。中性浮力电缆由电缆本体与固定在其外部的浮子构成,浮子在满足 4 000 m 大深度工作条件下尽可能减小其密度,通过对浮子的精心设计使发射电缆达到中性浮力要求,水下拖曳时保持等浮状态。发射电极由多段圆筒铜电极串在一起构成。

图 7.18　发射天线总体布置示意图

中性浮力电缆内部导体由多根铝绞线同芯绞合而成,绞合并紧压后的有效截面约为 500 mm²,绝缘采用交联聚乙烯(XLPE),厚度 2.5 mm,绝缘外采用铝塑复合带和 PE 内护套组成径向防水层,电缆外护套采用聚氨酯(TPU),厚度为 4.0 mm。导体外绕包阻水带,阻水带是由高性能阻水材料和无纺布构成,阻水材料内含有大量的亲水基团,与水短时间接触就会吸收大量的水,且具有极好的保水性。在无挤压情况下,饱和吸水的材料在 20℃下要 200 h 左右才能脱去大部分的水,即使挤压也只能释放少量水。若有水分进入电缆,此材料就会遇水迅速膨胀阻止水分沿电缆纵向进一步扩散,实现电缆纵向防水。

导体绝缘采用交联聚乙烯材料,该材料具有优异的介电性能,电气参数优异,体积电阻率(20℃)不小于 10^{16} Ω·cm;内护套选用聚乙烯(PE)材料,PE 护套耐水性好,化学稳定性好,耐老化性能强,密度为 0.91~0.96 g/cm³,熔融指数较小的高密度 PE 的耐环境应力开裂性能较好,常应用于海底电缆的护层。

外护套选用聚氨酯热塑性弹性体材料,聚氨酯具有高强度、高耐磨、高弹性、耐油、耐低温、耐辐照和耐臭氧等极其宝贵的综合性能。TPU 材料机械性能优异,抗拉强度大于 25 N/mm²,断裂伸长率大于 300%,硬度可达邵氏 87。

低阻抗天线是整个发射系统的关键组成部分,其阻抗决定了整个发射系统的大功率发射。在实现大电流发射的目标指导下,应当尽量压缩电极的阻抗,以减轻甲板电源、深拖缆、逆变单元的功率要求。上述设计的等浮缆整个导体直流电阻(20℃)约为 21 mΩ,考虑接头部分的接触电阻,回路直流电阻小于 30 mΩ,电缆满足载流量 1 500 A 的要求。

发射电极由两组电极组成,单组电极包含四段电极。单段电极结构如图 7.19 所示,外表包有铜管,铜管内填充多段固体浮力材料,中心为不锈钢拉杆,起承力作用,铜管两端接线端子用于传输大电流。每个电极长度为 2 m,外径约 200 mm。

图 7.19　电极结构示意图

7.2.5　主要技术指标

(1) 发射信号波形:单频或多频矩形波,支持时域或频域波形发射。

(2) 发射频率带宽:0.01~100 Hz。

(3) 最大发射电流:1 500 A。

(4) 发射偶极距:300 m。

(5) 最大工作水深:4 000 m。

（6）发射电流采集：实时记录，精度优于±1%。

（7）时钟稳定性：优于$\pm 10 \times 10^{-9}$。

（8）状态监测：发射电流、发射电压、温度、离底高度、深度、运动姿态、水下 USBL 定位。

7.3　拖曳电磁接收机

7.3.1　简介

目前海洋电磁法在深水油气勘探的发展方向仍是大探测深度、高分辨率、高作业效率。双船深水拖曳电磁勘探系统的提出正是针对以上需求，双船深水拖曳电磁方法海上作业示意如图 7.20 所示。发射、接收由两条船各自执行，发射船将大功率电偶源置于近海底拖曳的同时，接收船增配若干拖曳多分量电磁接收机，发射源与观测点的距离、方位在平面上可以任意变化，时域、频域混合发射、接收，在海上探测深度、横向分辨率、作业效率方面均得以改善。

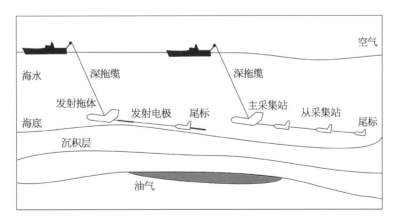

图 7.20　双船深水拖曳电磁方法海上作业示意图

拖曳电磁接收机完成深水近海底拖曳作业条件下的可控源电磁信号采集、传输、显控等功能。其关键技术在于运动状态下的低噪声观测、多节点实时数据传输、时钟同步技术。拖曳电磁接收机组成框图如图 7.21 所示，主要由船载甲板终端、深拖缆、主节点、从节点、尾标、等浮缆组成。从节点完成三分量正交电场观测与三轴正交磁场观测，实时上传数据至主节点。船载甲板终端用于向水下仪器提供电能、提供 GPS 时间信息、实现水下仪器与甲板端的实时通信、状态显示与控制。主节点与深拖缆相连,作为水下设备的电源转换、通信光电转换、时间信息转换,同时还作为前导负载,牵引后续的从节点实现水下拖曳。尾标用于装载 USBL 信标,和主节点的 USBL 一起用于水下设备定位。各节点之间用等浮缆连接,从节点间距 50～300 m 可调,从节点数量可配置,最大支持 5 个从节点。图 7.22 为各模块实物图。

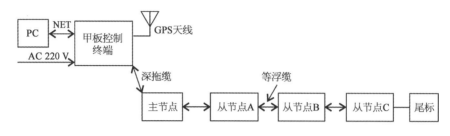

图 7.21　拖曳电磁接收机组成框图

(a) 甲板监控终端　　(b) 主节点

(c) 从节点　　(d) 尾标

图 7.22　拖曳电磁接收机实物图

7.3.2　甲板终端

甲板终端借助单路光纤转以太网与水下采集站通信,完成水下仪器的参数设置、数据实时传输、显示、状态查询等功能。最大支持 5 台从节点、单台六通道、2.4 kHz 采样率的数据通信、状态查询、参数设置、数据显示、存储功能。图 7.23 为甲板终端原理框图,由 GPS 模块、以太网交换机、光纤转以太网模块、AC/DC 模块组成。两条光纤分别完成通信和 PPS 下传。

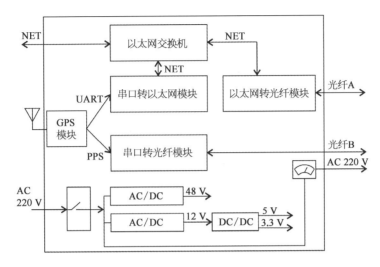

图 7.23　甲板终端原理框图

7.3.3　主节点

主节点主要完成水下拖体电源供电、时间同步分发、数据传输中继的功能,本身并不实现电磁信号的采集。主节点是整个拖曳接收系统的前端压载,水下重量约 1 t,后端的多个从节点在水中保持中性浮力。主节点组成框图如图 7.24 所示,完成深拖缆中 220 V/AC~48 V/DC 的电源变换,实现深拖缆中的光纤至以太网的转换,同时装配有 USBL 信标实现拖体水下定位,集成高度计用于获取拖体的离底高度信息,集成姿态传感器获取拖体的三轴姿态。各从节点将采集的多分量数据及姿态、高度计数据打包发送至主节点,再

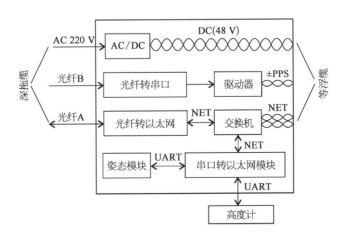

图 7.24　主节点组成框图

依次发送至船载甲板终端。

7.3.4 从节点

从节点由电极、磁通门传感器、采集舱、定位信标、拖体、浮体、等浮缆、高度计等组成，如图 7.25 所示。6 支电极组成三轴正交电极对实现三分量 E_x、E_y、E_z 电场测量；磁通门传感器完成三轴正交 B_x、B_y、B_z 三分量磁场测量；采集舱内置电子部件，实现各传感器信号的高精度采集、存储、传输；高度计用于获取拖体离底高度数据；定位信标实现拖体的水下定位，可获取拖体精确位置；拖体集成全部零部件，提供承载平台；浮体为采集站提供浮力，使得从节点浮力为中性；等浮缆将多台从节点连接，实现供电、通信、牵引。

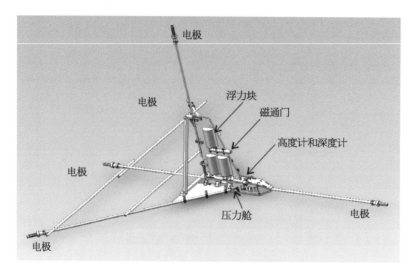

图 7.25　从节点组成框图

舱内电子部件由通信电路、电源管理电路、锂电池组、采集电路、前置放大器组成，结构框图如图 7.26 所示。通信电路实现前端采集站网络数据包分发，发送至采集电路及下一个从节点。电源管理电路实现链缆中的 48 V 直流电压向各模块所需的 24 V、12 V 转换，其中锂电池组与 24 V 电源为或的关系。前置放大器对三通道电场信号进行低噪声放大，再与三轴磁通门传感器一起送至采集电路。采集电路采集六分量信号，并接收高度数据，打包后通过通信电路发送至上一级采集站直至甲板监控端。采集电路转换好六通道电磁模拟信号后，本地存储至 SD 卡中。记录姿态模块信息及高度计信息，也一并存储至本地 SD 卡中。

数据采集电路和传感器原理简图如图 7.27 所示。观测 E_x、E_y、E_z、H_x、H_y、H_z 六通道电磁信号，电场三通道斩波放大器为前述低噪声斩波放大器，磁场三通道斩波放大器由单片集成斩波放大器搭建；ADC 电路由六通道 24 位 ADC 组成，动态范围优于 126 dB（$f_s = 150$ Hz），为适应电场斩波放大器输出信号范围，ADC 中电场通道输入有效值范围调整为 3 V～3 μV；控制电路由 32 位嵌入式 ARM 计算机 AT91SAM9G45 搭建组

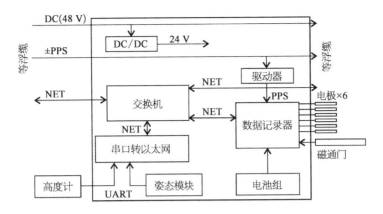

图 7.26　从节点电子部件框图

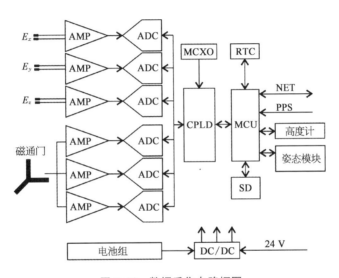

图 7.27　数据采集电路框图

成,运行 2.6.13 版本 Linux 操作系统,并扩展了 32 GB SD 存储卡,支持 FAT32 文件系统;MCXO 为时钟部件,为系统提供高稳时钟,典型的频率稳定度为 $\pm 10 \times 10^{-9}$。MCU 同时记录高度计输出的离底高度、深度数据、姿态模块数据。

7.3.5　主要技术指标

(1) 最大支持从节点数:5。

(2) 单节点通道数:6。

(3) 最大采样率:2 400 Hz。

(4) 噪声水平。E:0.1 nV/[m · rt(Hz)$^{-1}$]@1 Hz。B:6 pT/rt(Hz)@1 Hz。

(5) 时钟同步精度:$\pm 0.1\ \mu$s。

(6) 站间距:50~300 m 可调。

(7) 水下定位:USBL。

（8）导航参数：三轴姿态、高度计、深度计。

（9）最大工作水深：2 000 m。

参考文献

［1］ Chen K，Wei W B，Deng M，et al. A seafloor electromagnetic receiver for marine magnetotellurics and marine controlled-source electromagnetic sounding［J］. Applied Geophysics，2015，12(3)：317－326.

［2］ Chen K，Wei W B，Deng M，et al. A new marine controlled-source electromagnetic receiver with an acoustic telemetry modem and arm-folding mechanism［J］. Geophysical Prospecting，2015，63(6)：1420－1429.

［3］ Constable S C，Orange A S，Hoversten G M，et al. Marine magnetotellurics for petroleum exploration part I：a sea-floor equipment system［J］. Geophysics，1998，63(3)：816－825.

［4］ Constable S，Srnka L J. An introduction to marine controlled-source electromagnetic methods for hydrocarbon exploration［J］. Geophysics，2007，72(2)：WA3－WA12.

［5］ Cox C S，Constable S C，Chave A D，et al. Controlled-source electromagnetic sounding of the oceanic lithosphere［J］. Nature，1986，320(6057)：52－54.

［6］ Constable S. Review paper：instrumentation for marine magnetotelluric and controlled source electromagnetic sounding［J］. Geophysical Prospecting，2013，61(S1)：505－532.

［7］ Constable S，Kowalczyk P，Bloomer S. Measuring marine self-potential using an autonomous underwater vehicle［J］. Geophysical Journal International，2018，215(1)：49－60.

［8］ Davidson S J，Rawlins P G，Jones H. The choice of sensor type for electric field measurement applications［J］. Ultra Electronics，2006：105－121.

［9］ Edwards N. Marine controlled source electromagnetics：principles，methodologies，future commercial applications［J］. Surveys in Geophysics，2005，26(6)：675－700.

［10］ Filloux J H. An ocean bottom，D component magnetometer［J］. Geophysics，1967，32(6)：978－987.

［11］ Filloux J H. Electric field recording on the sea floor with short span instruments［J］. Journal of Geomagnetism and Geoelectricity，1974，26(2)：269－279.

［12］ Chen K，Deng M，Luo X H，et al. A micro ocean-bottom E-field receiver［J］. Geophysics，2017，82(5)：E233－E241.

［13］ Havsgård G B，Jensen H R，Kurrasch A，et al. Low noise Ag/AgCl electric field sensor system for marine CSEM and MT applications［J］. Geoservices ASA，2011.

［14］ Wang M，Deng M，Luo X H，et al. Research on control technology of hardware parallelism for marine controlled source electromagnetic transmitter［J］. Journal of Geophysics and Engineering，2018，15(1)：62－70.

［15］ Wang M，Deng M，Wu Z L，et al. The deep-tow marine controlled-source electromagnetic transmitter system for gas hydrate exploration［J］. Journal of Applied Geophysics，2017，137：138－144.

［16］ Wang M，Deng M，Zhao Q X，et al. Two types of marine controlled source electromagnetic transmitters[J]. Geophysical Prospecting，2015，63(6)：1403 - 1419.

[17] Mittet R，Aakervik O M，Jensen H R，et al. On the orientation and absolute phase of marine CSEM receivers[J]. Geophysics，2007，72(4)：F145 - F155.

[18] Mittet R，Schaug-Pettersen T. Shaping optimal transmitter waveforms for marine CSEM surveys [J]. Geophysics，2008，73(1)：F97 - F104.

[19] Ripka P. Review of fluxgate sensors[J]. Sensors and Actuators，1992，33(3)：129 - 141.

[20] Sainson S. Electromagnetic seabed logging：a new tool for geoscientists[M]. Springer，2017.

[21] Tumanski S. Induction coil sensors — a review[J]. Measurement Science and Technology，2007，18(1)：R31 - R46.

[22] Ogawa K，Matsuno T，Ichihara H，et al. A new miniaturized magnetometer system for long-term distributed observation on the seafloor[J]. Earth Planets Space，2018，70(3).

[23] Webb S C，Constable S C，Cox C S，et al. A seafloor electric field instrument[J]. Geomagnetism and Geoelectricity，1985，37(6)：1115 - 1129.

[24] 陈凯,景建恩,魏文博,等.海洋拖曳式水平电偶源数值模拟与电场接收机研制[J].地球物理学报,2013,56(11)：3718 - 3727.

[25] 陈凯,魏文博,邓明,等.海底可控源电磁接收机的电场低噪声观测技术[J].地球物理学进展,2015,30(4)：1864 - 1869.

[26] 陈凯,景建恩,赵庆献,等.海底可控源电磁接收机及其水合物勘查应用[J].地球物理学报,2017,60(11)：4262 - 4272.

[27] 邓明,杜刚,张启升,等.海洋大地电磁场的特征与测量技术[J].仪器仪表学报,2004,25(6)：742 - 746.

[28] 邓明,魏文博,谭捍东,等.海底大地电磁数据采集器[J].地球物理学报,2003,46(2)：217 - 223.

[29] 王猛,邓明,张启升,等.控制海底电磁激发脉冲发射的时间同步技术[J].地球物理学进展,2009,24(4)：1493 - 1498.

[30] 王猛,张汉泉,伍忠良,等.勘查天然气水合物资源的海洋可控源电磁发射系统[J].地球物理学报,2013,56(11)：3708 - 3717.

[31] 王猛,邓明,伍忠良,等.新型坐底式海洋可控源电磁发射系统及其海试应用[J].地球物理学报,2017,60(11)：4253 - 4261.

第 8 章　舰船水下电磁场的测量

舰船水下电磁场测量技术的发展最早开展于舰船消磁工作中,目的是对舰船的消磁过程和消磁效果进行测量和评估,也可以说是初期磁隐身工作中的一部分。随着技术发展,测量工作的重要性也从单一的磁场测量、消磁站测量发展到了如今的目标水下电磁场特性获取分析、物理场性能测量评估等领域。舰船水下电磁场测量的结果对于舰船水下电磁隐身评价有直接的意义,同时测量过程中获得的舰船水下电磁场特性对目标探测装置和系统设计也有重要价值。如前所述,目标水下电磁场与场源、环境等参数密切相关,准确、完整的特性只能够靠实际测量获得,因此实际海洋环境条件下的测量已经成为舰船隐身工程的重要组成部分,也是水下电磁场研究的核心工作内容之一。本章前一部分概述了测量体系的一般构成,后面重点讲述了舰船水下电磁场的测量方法。

8.1　舰船物理场性能测量体系

　　舰船物理场性能测量体系是一种指导性原则,用于指导进行舰船每种水下物理场的性能测量,一般包括以下几个方面:环境背景的干扰场特性;舰船的物理场特性;舰船物理场的应用与危害;测量传感器;测量条件与环境;测量系统;测量参数的规范化;测量数据的处理。

　　进行舰船物理场性能测量的目的是准确获得目标舰船的物理场量级和特性,这就要求测量具有相当高的稳定性和精度。然而实际情况是测量的稳定性和精度会受到很多方面因素的影响。稳定性主要包含传感器的稳定性、采集器的稳定性(也可认为是测量系统的稳定性)及事后信号处理的稳健性等。精度主要是指测量系统的精度、定位精度、环境影响的抵消等方面。此外稳定性和精度又是不可分割的,如海况、海洋环境温度分布特性等测量精度将同时影响舰船水下电磁场测量的稳定性与精度。

　　舰船物理场性能测量体系的各组成部分都是围绕准确获得目标舰船物理场量级和特性,但是作为基础技术,其涉及范围非常广泛,而且各部分之间的相互关系复杂,既相互制约又相互促进。为了能够构建一个相对简洁清晰的舰船物理场测量体系,真正对物理场性能测量起到有效的指导作用,本节对测量体系进行了适当的简化,描述了组成测量体系八个方面的最基本关系构成框架,如图 8.1 所示。

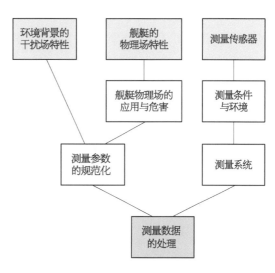

图 8.1　舰船物理场性能测量体系框架示意图

8.1.1 环境背景干扰场特性

在舰船物理场测量技术领域,海洋环境物理场是指当不存在舰船目标时,海洋环境本身具有的或某些外界因素影响产生的类似舰船物理场规律的物理场,它是作为一种干扰而存在的,称之为环境背景干扰场。

舰船物理场是存在于海洋环境中的,所有已知的舰船物理场物理量,在海洋环境中都存在,并呈现出比舰船本身物理场更复杂的变化特性。因此对舰船的物理场特性进行精确测量,首先必须要了解环境背景干扰场特性,掌握其变化规律,包括长期和短期的变化规律,尤其是与舰船物理场特性相同频段内的环境背景干扰场。在进行舰船物理场测量时,将环境背景的干扰场进行抑制和抵消,有助于舰船物理场信号和特性有效、准确地提取。

环境背景干扰场特性研究首先从产生机理分析开始,对产生环境背景干扰场的各种源进行分类。环境背景干扰场的机理分析一般是从物理学或化学的角度进行的,研究对象可能包括:海水这一组成成分复杂的媒质及风浪、潮汐、洋流等运动;海水与空气、海水与海底两个界面,甚至海水不同深度的压力、不均匀性等因素产生的内部分层界面;地球的地质构造、地质运动、宇宙天体的影响;人类行为和工业活动;海洋生物活动等。对具体干扰场源特点进行分类,目的是能够清楚描述干扰场源。干扰源进行分类的方法和标准有很多种,分类方法可能根据研究进展发生变化,在确定主要源后,可根据各主要源的特点进行重新分类,也可在深入研究后对某个主要源进行拆分,再重新分类。

其次分析各场源对海洋环境物理场的贡献大小,确定主要的源。产生环境背景干扰场的源可能有很多种,同时产生干扰场的量级是不同的,不可能也不必要对所有的源进行同等深入的研究。这就需要抓住问题的主要方面,将干扰场的主要源选取出来,进行深入的研究分析。一般方法是从理论上对主要源进行数学模拟或实验室的物理模拟,在适当假设的基础上建立数学模型,估算每种主要源的量级,分析其可能具有的特征。

再次就是对环境背景干扰场进行实际测量,统计分析场源的主要特征。实践是检验真理的唯一标准,同样适用于此。环境背景干扰场主要源的复杂性不是单纯依赖数学工具能够完全解决的,况且数学建模也是建立在以前的观测结果基础上。同时,数学建模往往是针对一种产生机理,对一种主要源进行估算,而在实际环境中,干扰场是所有源共同作用的结果,暂时无法用数学方法完全准确地表述。所以对环境背景干扰场进行实际的测量是必须的。干扰场的测量和舰船目标的测量同样是在测量传感器和测量系统的基础上才能进行,同样要对测量方法和测量参数进行规范。环境背景干扰场特征是在测量数据分析处理的结果上得出的,需要分析的不仅是环境自身普遍特征,更重要的是提取出那些能够区分开舰船目标和环境背景特征及能够严重影响测量性能的特征。这些特征有的可以比较容易提取,有的则需要通过长期的积累,得到其统计意义上的特征描述,这也是干扰很难建立数学模型的原因。体系框架示意图如图8.2所示。

环境背景干扰场研究是舰船物理场性能测量体系中不可缺少的一项基本内容,特别是舰船采取有效的隐身措施后,其物理场接近或低于环境背景时,对环境背景干扰场的掌

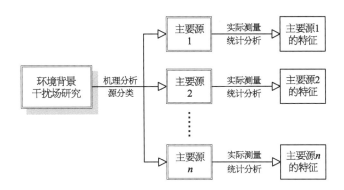

图 8.2　环境背景干扰场研究体系框架示意图

握程度显得更为重要。另外,对于探测而言,探测的距离是评价探测能力的一项决定性指标。舰船物理场经过长距离的衰减之后,已经变得相当微弱,若要判断有无舰船存在,进而对其进行定位和跟踪,必须了解舰船和环境背景干扰场特性的差异,将舰船的典型特征提取出来。评价探测装备性能的重要指标还有漏报概率和虚警概率,这需要对环境背景干扰场有相当的了解。漏报概率太大,会错过攻击目标的机会,贻误战机。虚警概率太大,对布设的水雷等装备来说,会经常启动引信电路,浪费能源,缩短有效使用期限,重则导致战略威慑策略失败;对攻击性装备来说,会导致盲目攻击,浪费资源,甚至是在战役中过早暴露自身目标,反遭到敌方的攻击。

　　环境背景干扰场研究是一项长期、艰巨的工作,这是由于海洋面积巨大、主要源复杂、影响因子众多等因素决定的。环境背景干扰场在不同的海域基本上是不同的,根据战略或战术目标的不同,还需要了解特定海域战场的环境背景场特征,这直接带来了工作量的激增。环境背景主要干扰源的多样性和相互关系的复杂性,往往使干扰场的特征看起来错综复杂,很难将其与舰船目标的特征区分开来。这意味着若要达到准确了解环境背景干扰场特性的目的,必须经过长期的数据和经验的不断积累。另外,环境背景干扰场某些特征是受宇宙天体运动的影响,其周期最长的是以年或多年为单位,最短的是瞬态变化,发生的概率却又很小,也决定了只有在长期观测的基础上才有可能了解其准确的特征。

8.1.2　舰船物理场特性

　　舰船物理场是指在舰船周围的空间出现的不同物理性质的场。舰船的物理场是其本身固有的性质,只能减弱,不能完全消除。有的物理场是不依赖于海洋环境就能呈现出来的,如舰船的静磁场,其产生的最基本原因是舰船建造所使用的钢铁等磁性物质。静磁场的分布不依赖于海水介质,其衰减只与距离有关,有的物理场则是在海洋环境条件下才能呈现出来,如舰船的电场,其产生的主要原因是舰船水下部分不同金属间的腐蚀和防腐电流。舰船物理场体系框架如图 8.3 所示。

　　舰船的物理场特性首先需要从机理上进行分析,找出舰船上的哪些因素是能够产生物理场的源。现代舰船大多是由钢铁等材料建造起来的庞然大物,航空母舰更是一个能

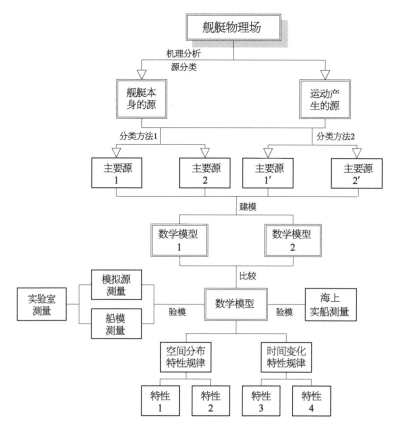

图 8.3 舰船物理场体系框架示意图

够移动的堡垒,搭载着各种武器装备和电子、机械设施。舰船物理场的源基本上是从舰船本身、舰船在海洋中运动两个方面进行分析。

从舰船本身出发,其组成的物质材料性质、船体结构、武器装备和设备布局、电源和动力供应、电力设备使用、机械设备使用等方面,都可能与某种物理场的产生有关。如钢铁的磁性可以产生磁场,船体材料能反射声波和雷达波,船体结构是可见光场的特征,烟囱是红外场的一个特征点,电力设备的漏电可以辐射出电磁场等。

舰船在海洋中的运动破坏了海洋原有的状态,而海水是组成成分复杂的媒质,其状态的改变就意味着某种物理场的变化,探测到这种变化,就可以判断舰船目标的存在。最明显的例子是舰船尾流,另外还有舰船的腐蚀、防腐电流经过螺旋桨的调制而产生轴频电场,舰船经过时刺激海洋中的微生物发光等。

舰船物理场主要源的分类原则与环境背景干扰场类似,可根据具体源的特点进行分类,分类的方法也会根据研究进展发生变化,在深入研究后对某个主要源进行拆分,再重新分类。

其次,分析各种源对舰船物理场的贡献大小,确定主要场源,建立舰船物理场的数学模型。在机理分析结果的基础上,将主要源做适当简化和假设,使之能够用比较简单的一个模型进行模拟,也可以由几个模型进行组合,并且能在数学上进行计算,计算量不会过于庞大。一种源可能有多种不同的模拟方法,在现有的技术水平条件下,对可能的模拟方法都要进行尝试和比较,根据计算量、应用目的、模型精度和稳定性,选择一种最合适的数学模型。

再者,研究舰船物理场的时空分布特性。舰船物理场都有一定的强度,都会在传播介质中随着测量距离的增加而衰减。评价不同舰船目标的同一种物理场的物理场性能高低,是在相同的测量条件下进行比较,其中较重要的两个条件是相同的环境和相同的评价距离(测量距离)。评价探测性能高低的准则是对相同量级的物理场能够探测到的最远距离。水雷引信主要是探测舰船目标运动通过时物理场的变化规律而动作的,既有量级大小,也有可持续探测时间。可见,对舰船的物理场进行物理场性能测量,首要的前提是在相同的距离下,测量舰船目标物理场的大小,根据现有探测和攻击武器水平对舰船的物理场性能进行评价。舰船物理场在空间中的分布规律和随着经过测量点的时间变化规律是水雷、尾流自导鱼雷等武器引信研制需要的,需通过此规律进行引信动作参数和工作机制设计。

最后,对舰船的物理场要进行实际测量,验证数学模型的准确性。测量分为两个步骤:实验室的模拟测量和海上的实船测量。

实验室的模拟测量对象分为模拟源和船模两种。模拟源是根据舰船物理场源特征,专门制作能够产生此特征的设备,发射同类型信号,测量其相关的特性。船模则是根据模拟的实船对象,按照缩比原则,尽量逼真再现小尺度的舰船源特性,在船模静止和/或运动的状态下进行特性测量。模拟源相对船模要简单,发射信号的形式和量级容易调节,对基本的理论可以进行很好的验证。船模要比模拟源复杂得多,但是测量的数据更接近实际,对数学模型准确性的验证更有效。实验室的模拟测量可以根据主要源特性物理模拟的难度和费用来选择是只做一种测量对象还是两种都做。

海上的实船测量数据对验证数学模型的准确性是最有说服力的,但是海上测量的难度最大,获取的有效数据量也受兵力和经费的客观制约。海上测量前要对测量系统进行调试,保证其工作在正常状态,要制定有效的测量方法和试验大纲,要协调测量人员和舰船操作人员明确实施的具体要求,考虑到各种可能出现的问题,预备应急预案。测量时要严格按照试验大纲的要求执行,但对突发的意外事件,立即启动应急预案,或者迅速召集决策者制定更改方案。

8.1.3　舰船物理场的应用与危害

舰船物理场的应用包括隐身设计、目标探测、目标识别、引信设计等方面。舰船物理场的危害则是舰船暴露自身的存在和位置,而被跟踪、探测和识别,使自身受到水中兵器的严重打击,如图 8.4 所示。

舰船物理场在隐身设计方面的应用是舰船物理场性能测量的直接用途。隐身设计的首要目的是降低舰船物理场量级,而物理场性能测量的结果其中重要的一项就是给出舰船物理场的量级。舰船物理场的研究内容包括了场源的分析和定位,在进行隐身设计时

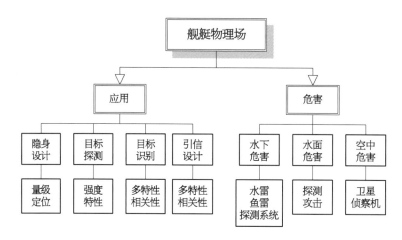

图 8.4　舰船物理场的应用与危害体系框图

就能够根据此结果,针对产生物理场的源采取有的放矢的隐身措施。

对舰船目标的探测原理是根据舰船物理场的强度和特性进行搜索。目标的物理场强度越大,就越容易被探测到。目标的物理场特性越明显区别于海洋背景干扰,就越容易被探测到。其中目标的物理场特性是探测比较关注的方面。

对舰船目标的识别是在探测到目标的存在后才进行的,其原理与探测基本相同,但是对舰船物理场特性的特殊性研究更深入,而且通常是对多种特性进行同时分析,只有在都符合某种目标应有的特性时,才能给出判断结果。对舰船目标识别的难度要远大于探测。

装备的引信设计是在充分了解舰船目标特性的基础上进行的,针对典型特性设计逻辑电路,控制装备的动作。在装备的引信日益智能化的趋势下,还对舰船目标多种特性之间的相关性进行了深入研究,发展联合引信,来对抗日益先进的诱饵等欺骗,提高对目标打击的准确性。

在现代战争"发现即摧毁"的理念下,舰船越晚被发现,越早发现敌方,就越具有生存能力,越能掌握战争的先机。舰船暴露自身存在和位置危害主要来源可以分为水下、水面或陆地、空中。

水下的危害主要是水雷、鱼雷等水中兵器和警戒探测系统。舰船对抗水中兵器的方法主要有:借助猎扫雷装备清除前进航道上布设的水雷,或根据现有水雷的引信水平,判断舰船的危险航速和安全距离,慢速通过雷区;释放诱饵欺骗鱼雷,以反鱼雷鱼雷等武器进行拦截,或采取机动进行规避;在经过海峡或狭窄航道等有可能布放探测系统时,采取充分的隐身措施降低自身的物理场,或故意施加人为干扰,改变自身的物理场特性。

水面危害主要来自敌方舰船的探测和攻击,陆地危害则是陆基的探测系统。舰船对抗水面危害的方法主要有:降低自身空中的物理场特性,增强物理场隐身性能;进行物理场特性伪装,欺骗敌方的探测;对来袭的导弹等武器进行拦截或释放诱饵进行欺骗。

空中的危害主要是卫星遥感探测、侦察机等。舰船对抗空中危害的方法主要有:降低雷达散射面积、红外辐射等物理场特性;增加下潜深度,降低反潜飞机的探测概率。

8.1.4　测量传感器

舰船隐身技术所研究的内容,总是相对应于目前或近期的探测器而言。物理场测量和探测都是测量舰船的物理场,信号的接收都是由传感器实现的,因此传感器最基本的要求就是能够感应到舰船的物理场信号,将其转换为电信号输出。一种物理场的传感器可以有多种,根据不同的原理感应物理场信号,其性能也会有所不同。传感器的性能主要表现在对输入信号的高灵敏度、高速响应、高选择性和低噪声等方面。传感器一个方面的高性能并不一定说明传感器的总体性能很高,应对各种传感器的性能进行综合比较,总体性能指标较高的传感器一般是优先选择的对象,但是有些情况下,需要根据不同的具体应用选择不同性能的传感器。测量传感器体系框图如图 8.5 所示。

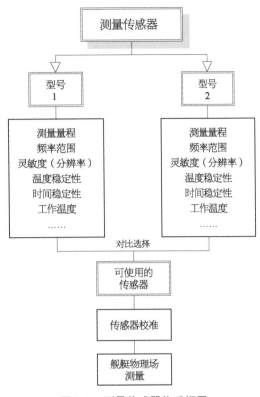

图 8.5　测量传感器体系框图

测量传感器的主要技术指标包括测量量程、灵敏度(或分辨率)、频率范围、自噪声、温度稳定性、时间稳定性、工作温度、耐压性等。

传感器是将静态输入转换为电输出,输出对输入的一次微分称为灵敏度,它表示传感器的转换能力,当输出-输入为理想的线性关系时,灵敏度为常数。当传感器的输入增大时,输出响应线性往往变坏,直至造成传感器破坏,这一容许的输入范围决定了传感器测量量程的上限。当传感器的输入变小,低于传感器的噪声,传感器的输出变得杂乱,而不是输入的函数,这就决定了传感器测量量程的下限。

当传感器的输入随时间变化时,希望输出的电信号也追随此变化而变化。若输入和输出的时间变化不一致时,就会造成较大的动态误差。因此传感器的响应足够快,在需要测量的信号频率范围内保持输出总是与输入成简单的正比关系。

传感器的灵敏度越高,越可以检测到微小的输入信号,但是若混入输入信号的噪声增加,即使灵敏度再高,传感器测量的下限也会增大。噪声包括传感器自身产生的和传感器外部发生或混入的,外部发生或混入的噪声不代表传感器本身的性能,传感器自身产生的噪声则是决定了传感器性能的主要指标,尤其对舰船物理场性能测量来说是更重要的。

有的传感器性能会受到外界环境影响,对长时间测量的传感器来说,还需要规定其输出随外界温度变化、测量时间延长的稳定性。对于在水下布设的传感器,还应该保证其在数十到数百米深度压力下保持工作能力。

测量传感器校准同样是非常重要的。测量传感器一般是属于精密的测量设备,为了保证其测量性能,对其储存、运输、使用都有相应的要求,且传感器的性能都有一定的有效期。当这些要求不能满足时,传感器的性能将会受到影响而改变,直接影响到测量的准确度。因此在满足测量传感器储存、运输、使用所有要求的条件下,最重要的一点是传感器必须经过校准才能使用,当超过校准的有效期后,在使用前也必须再次经过校准。

8.1.5 舰船测量条件与环境

舰船物理场存在着传播衰减,并且其特性受到环境的影响会发生变化,因此进行舰船物理场测量时必须对测量的条件和环境做出要求。同等条件和相同环境下的测量结果才具有可比性。

如图 8.6 所示,测量条件主要内容包括如下:

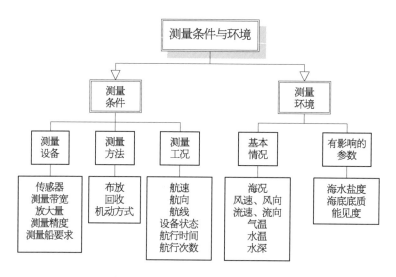

图 8.6 测量条件与环境体系框图

(1) 测量所用的设备:传感器(型号及主要技术指标)、测量带宽、放大量、测量精度、对测量船的要求等。

(2) 测量方法:测量设备如何布放回收、舰船目标相对测量设备如何机动等。

(3) 测量工况:舰船目标机动的具体要求,包括航速、航向、航线、舰船上设备的状态、航行时间或航次数量等。

环境的主要内容包括如下:

(1) 海洋基本情况:海况、风速、风向、海水流速、海水流向、气温、水温(梯度)、水深等。

(2) 影响物理场的参数:例如海水盐度(梯度)、海底底质、能见度等。

8.1.6 测量系统设计

测量系统是传感器和测量电路设备的硬件平台,设计水下系统时,一定要根据使命任务,先做方法设计,再做设备(图 8.7)。

1) 主要测量方法设计

根据所要测量的舰船物理场特点设计主要测量方法,目的是保证能够准确获取舰船物理场数据、了解舰船物理场特征、检验舰船物理场性能。测量方法不仅作为理论分析计算的验证和补充,而且还作为一门蓬勃发展的独立技术,受到了人们的广泛重视。

好的测量方法首先要考虑测量实施的可行性,根据测量任务的特点,对测量系统的主要功能和结构提出现有技术条件能够实现的要求。

对测量环境条件进行要求,测量系统设计要尽量适应不同的测量环境,但是不需要适应所有环境条件,特别是极端恶劣的环境。环境条件主要包括测量海域水深、海浪、风、海流和潮汐、海底底质、航道等因素。

设计具体的测量技术方案,包括测量系统的布放和回收技术。技术方案需要考虑非常详细、具体的操作步骤,被忽视的环节往往是决定测量成败的关键因素。

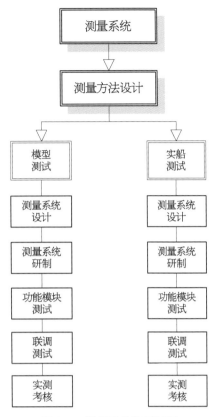

图 8.7 测量系统体系框图

2) 测量系统的基本要求

测量系统可分为模型测量和实船测量两种目的。

模型测量是舰船总体设计中的重要一环。经过理论方法估算,对舰船的参数大致有了一定的了解。原则上应当严格按照缩比理论测量整舰的参数。如果受到仪器仪表性能限制,则可采用其他行之有效的办法来代替。在测量中要根据要求,采用合适比例的船模,并采用相适应的数据处理方法。

实船测量是舰船经过设计、计算、完成施工建造以后进行的,作为交船前的实际数据检验、大中修后的性能检验、执行重要任务前的性能确认、在役期间的性能变化监测等,实船测量是必不可少的一个环节。

测量系统的设计是依据主要测量方法进行的,能够实现测量目的,且在物理上可实现。在进行设计时,应对关键技术和功能模块进行测量验证,尽量减少测量系统研制过程中的设计更改。

测量系统的研制是对设计的物理实现,应严格按照设计要求进行,质量是测量系统成败的重要保证。测量系统的研制最好以功能模块为单位进行,各模块的功能和接口经单独测量验证为满足设计要求后,再进行各模块间的联调,直至整机的联调测量。联调测量可以分为功能测量和性能测量两个步骤。先进行的功能测量是检验模块和整机是否能够正常完成主要的设计功能,此时并不需要对测量性能做过多要求。性能测量则是对模块和整机的设计性能进行严格测量,使其满足各项技术指标,这是评价测量系统水平的关键因素。最后,测量系统必须经过实测验证,在实际测量的条件下考核测量系统的工作稳定性和可靠性。

测量系统设计和研制的基本要求包括应用的传感器类型及主要技术指标、测量系统的外形结构、测量系统的制作材料、测量电路的频带和放大量、测量电路的自噪声、测量电路的 A/D 转换性能、测量系统的数据采集、存储性能、测量系统的工作时间、测量系统性能的校准等。

8.1.7 测量参数的规范化

评估舰船物理场性能,应该建立一个统一的标准,而这个标准就包括了测量参数的规范化。

测量参数的规范化主要是明确舰船物理场测量所需要的物理量,以及这些物理量的测量频段、测量条件、测量参数、测量传感器和设备要求等(图8.8)。

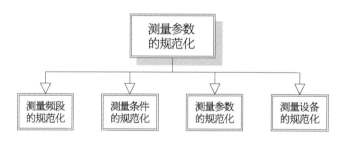

图 8.8   测量参数规范化体系框图

舰船物理场都有相对固定的频段,测量时必须覆盖全部的舰船物理场信号频段,可以在一个通道内覆盖全部频段,也可以根据物理场的多个特性分频段测量,但是各个分频段的总和必须大于至少等于舰船物理场的全部频段。

舰船的物理场测量条件在 8.1.5 节中进行了叙述。每次测量的条件应尽量保持一致,在对舰船物理场有重要影响的条件不能满足时,应视为测量无效;当对舰船物理场影响不大的条件不能满足时,必须进行准确的说明。

进行测量过程中,必须明确规定测量哪些与舰船物理场有关的参数项,使用符合哪些条件的设备进行测量,在何时、如何进行测量。对舰船物理场有重要影响且参数值的变化是随机参数,没有测量或没有达到测量要求时,测量应视为无效;对舰船物理场的影响不大,或参数值相对历史值变化不大的参数,没有测量或测量要求不能满足时,可以使用历史值,但必须进行准确说明。

测量舰船物理场的传感器和测量设备应符合测量要求,分别在 8.1.4 节和 8.1.6 节中进行了叙述。在测量前,传感器和测量设备必须进行校准,或在校准的有效期内才可使用。

8.1.8　测量数据的处理

数据处理的主要任务是将原始数据有机地结合起来,形成一套各种参数完善的数据集,能够方便、清晰地进行舰船物理场性能评估。

测量过程中获得的原始数据包括舰船的物理场信号数据、航行轨迹数据、航行姿态数据、相对测量传感器的距离数据,还包括海洋环境背景干扰信号数据、海洋环境的基本参数数据、与物理场有关的环境参数数据等。这些数据都是评估舰船物理场性能所需的,但是在获取时它们之间是相互独立的,不能直接判断舰船物理场性能的好坏,数据处理就是将这些数据融合在一起,使其彼此相关,再通过处理方法得到一个明确的性能评估结果(图 8.9)。

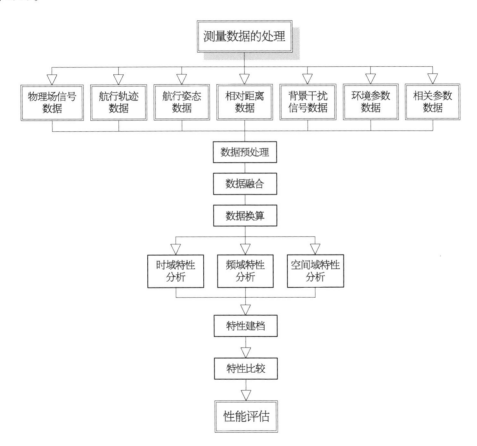

图 8.9　测量数据的处理体系框图

数据处理过程一般包括数据预处理、数据融合、数据换算、时域特性分析、频域特性分析、空间域特性分析、特性建档、特性比较、性能评估等几方面。

从数学分析上讲,舰船被发现概率的大小主要决定于其信噪比。测量系统本身就具有提高信噪比的功能,但是在舰船物理场信号非常微弱而环境背景干扰较高的情况下,还需要数据处理来进一步提高信噪比。

8.2 海洋环境电磁场

本节主要分析影响电磁场测量的近岸海域电磁场特性。环境电磁场根据产生机理和传播特性,需要考虑由于地磁场变化在海水中感应的电磁场、由于海水在地磁场中运动所感应的电磁场及海-陆交界处的地磁异常等(图 8.10)。

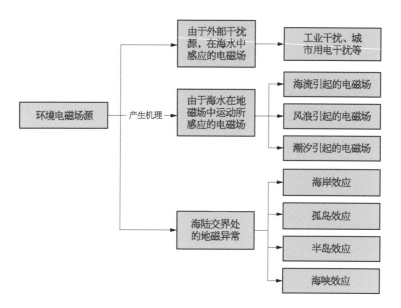

图 8.10 环境电磁场环境背景干扰框图

8.2.1 地磁场的异变特性

1) 稳定磁场

(1) 基本特性。随时间缓慢变化,变化值一般以年为基本单位。通常用某一年的长期变化率来表示该年地磁要素的变化。t_0 年的地磁变化率(年变率)定义为

$$\frac{\Delta B_e}{\Delta t} = \frac{B_{e2} - B_{e1}}{t_2 - t_1}$$

式中　B_{e2}、B_{e1}——t_2 年与 t_1 年某地磁要素的年均值,$t_0 = t_1 + \frac{\Delta t}{2}$。

(2) 实际测量。该场的观测一般都是由地磁台站进行连续观测才能得到地磁年变

率。例如我国某地地磁 Z 值年变率为 -29 nT/年。

（3）对舰船磁场测量的影响。在测量过程中，测量数据是舰船磁场和地磁场叠加的结果，因为稳定磁场的变化十分缓慢，可以根据测量数据环境磁场部分的均值作为一个固定常数从测量结果中减掉，从而得到舰船的磁场数据。

2）变化磁场的平静变化

（1）基本特性。变化磁场中的平静变化是连续出现的，一直存在着周期变化，起源于电离层中比较稳定的电流体系。平静变化一般分为太阳静日变化 S_q 和太阴日变化 L。太阳静日变化是依赖于地方太阳时并以一个太阳日为周期的变化，简称静日变化。地方太阳日是以各个地球子午线正背着太阳的时刻为零时来计时的，常称为地方时。一个太阳日是地球相对于太阳自转一周所经历的时间 24 h。

S_q 的变化特点如下：

① 变化依赖于地方太阳时，白天变化强，夜间变化弱，白天又可以分为中午变化最剧烈。

② 以年为周期的季节性变化和约以 11 年为周期的太阳周变化，即太阳活动强，地磁日变化大；太阳活动弱，地磁日变化小。

③ 随纬度的不同而变化不同，其特征是在中午前有一个明显的极值。

L 的变化特点是变化非常微弱，一般不考虑。

（2）实际测量。日变化可以利用磁场采集设备进行测量；而季节性变化和周期性变化则需要地磁台站的长时间观察。日变化幅值一般在几十纳特到几百纳特。

（3）对舰船磁场测量的影响。虽然日变化对于短周期的海上动态测量数据不会产生影响，但中午磁场的活跃还是会给测量精度带来一定影响，因此建议测量时间选择在早晨或者傍晚。

3）磁暴时变化

（1）基本特性。磁暴一般是指磁情指数超过 5（即 3 h 时段内变化幅值超过 40 nT）的强大磁扰。每年的磁暴产生数目与太阳活动关系密切相关，具有 11 年为周期的太阳周变化，太阳活动极大年有 20～40 个磁暴，极小年只有 5～20 个磁暴。

每个月发生的磁暴数目具有明显的季节性。一般来说，春秋两季磁暴多，冬夏两季磁暴少；同时，磁暴在傍晚至半夜发生的次数多。

（2）实际测量。磁暴的变化一般都是由地磁观测台进行监测和获取的。在舰船磁场测量过程中可利用地磁监测单元进行监测。

（3）对舰船磁场测量的影响。磁暴虽然每年发生的次数不是很多，但如果测量期间出现磁暴现象，则会导致测量结果出现偏差，无法反映舰船磁场的真实数值。因此建议在测量系统中增加地磁监测单元，对测量过程中的地磁信号进行监视。

4）地磁脉动

（1）基本特性。地磁脉动是具有各种不同形态、周期和振幅的短周期地磁变化。周期一般为 0.2～1 000 s，振幅一般在 0.01～10 nT 量级，最大振幅可达到 100 nT，甚至 500 nT 以上。

（2）实际测量。地磁脉动一般都是由地磁观测台进行监测的。在舰船磁场测量过程中可利用地磁监测单元进行监测。

（3）对舰船磁场测量的影响。会对海上测量的精度带来一定的误差。建议利用地磁监测单元对测量过程中的地磁信号进行监测。

5）地磁钩扰

（1）基本特性。地磁钩扰是一种只在白天发生的持续时间约为几十分钟的短促而光滑的磁扰。地磁钩扰并不常见，只在静扰日或微扰日的白天出现。

（2）实际测量。地磁脉动一般都是由地磁观测台进行监测的。在舰船磁场测量过程中可利用地磁监测单元进行监测。

（3）对舰船磁场测量的影响。会对海上测量精度带来一定的误差。建议利用地磁监测单元对测量过程中的地磁信号进行监测。

8.2.2　海浪磁场特性

1）基本特性

计算海浪产生磁场可以采用 Weaver 提出的空气-海水-海床三层媒质模型。

取相对于地球静止的坐标系。z 轴垂直向下，$z = 0$ 取在未受扰动的海平面上，x 轴沿波传播的方向，y 轴垂直于波阵面，x、y、z 构成右手正交系。地磁场向量 B_E 在坐标系中的分量由三个参数决定：地磁场的大小 F，磁倾角 I 和 x 轴与磁北向的夹角 γ。

$$B_E = F(\cos I \cos \gamma \boldsymbol{i} - \cos I \sin \gamma \boldsymbol{j} + \sin I \boldsymbol{k})$$

模型假定海水是无旋的，且具有不可压缩的性质，此时海浪速度向量可表示为

$$\boldsymbol{q} = -a\omega(\mathrm{i}\boldsymbol{i} + \boldsymbol{k})\mathrm{e}^{\mathrm{i}\omega t - \mathrm{i}mx - mz}$$

由于感应电流产生的变化场相比于地磁场很小，海水中感应电场 $\boldsymbol{q} \times (\mu\boldsymbol{H} + \boldsymbol{B}_E)$，可以近似写为 $q \times \boldsymbol{B}_E$。

利用麦克斯韦方程组解得由海浪产生的磁场应为

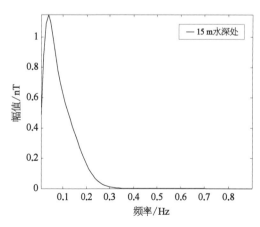

$$\boldsymbol{H}_x = \frac{1}{\mathrm{i}\mu\omega} \frac{\partial \boldsymbol{e}_y}{\partial z} \mathrm{e}^{\mathrm{i}\omega t - \mathrm{i}mx}$$

$$\boldsymbol{H}_y = -\frac{1}{\mathrm{i}\mu\omega} \left(\mathrm{i}m e_z + \frac{\partial \boldsymbol{e}_x}{\partial z} \right) \mathrm{e}^{\mathrm{i}\omega t - \mathrm{i}mx}$$

$$\boldsymbol{H}_z = \frac{1}{\mathrm{i}\mu\omega} \mathrm{i}m e_y \mathrm{e}^{\mathrm{i}\omega t - \mathrm{i}mx}$$

设某地区地磁场总量为 52 828 nT，磁倾角为 56.4°，磁偏角为 −7.3°。假定海况小于 3 级，海浪高度取为 0.5 m，重力加速度为 9.8 m/s² 可以得到如图 8.11 所示的海浪引起的磁异常。

图 8.11　海浪引起磁异常计算结果

（图中）— 15 m水深处

纵轴：幅值/nT
横轴：频率/Hz

从计算结果可以分析海浪产生的电磁场所具有如下特点：

（1）海浪产生的电磁场能量集中在很低的频率范围上，一般海浪频率在 0.3 Hz 以下，这与海浪谱所表述的海浪能量集中的频带基本相当。

（2）随着产生海浪的风速增加，海浪中所携带的能量也有所增加，但主要能量则向更低的频率靠近，这主要是因为更低的频率海浪可携带更大的能量，海浪产生的电磁场也有这样的特点。

（3）海浪谱和电磁场频谱基本一致的特点，为观察海浪产生电磁场的主要能量频率提供了一种依据。

2）实际测量

对于舰船低频磁场测量海域的选择由于受到了水深的限制，一般的测量地点需要选择靠近岸的浅水区域，研究海浪时需要对近岸的海浪进行研究。图 8.12 给出了两种海况下海浪电磁场功率谱密度图。

从图中可以看出，高海况下和低海况下的各分量功率谱密度有着明显的差别。高海况情况下功率谱存在两个峰值，第一个峰值频段处于 0.05～0.3 Hz，高低海况下该处的

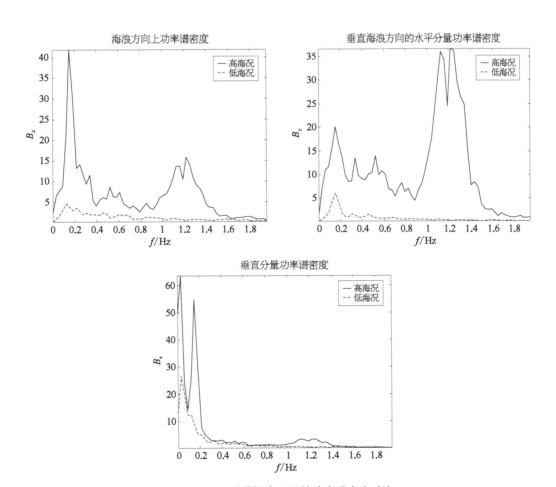

图 8.12　两种不同海况下的功率谱密度对比

磁场具有很大的差别。频率、幅度及曲线趋势都与纽曼谱和 P - M 谱的理论值具有很高的近似程度,也就是说该区域内的磁场主要是由海浪所产生;第二个峰值频段处于 $1\sim$ 1.4 Hz,该频段内低海况几乎没有什么能量存在,但是在高海况的情况下,该频段内明显出现了能量带。海浪波动记录显示,频率中心为 1.26 Hz 左右,证明了该频段磁场是由海中的波浪产生的。

　　3) 对舰船磁场测量的影响

　　会对海上低频磁场测量的精度带来一定的误差。建议在测量过程中同步监测和记录目标前后环境磁场数据和海浪谱数据。

8.2.3　静电场环境背景的干扰特性

　　图 8.13 给出了三个不同海域的水下环境电场功率谱密度图。可见三个海域环境噪声差异较大,会给测量带来不同程度的影响,因此在测量前需要对测量海区的环境背景电场进行调查,选择满足测量要求的海域。

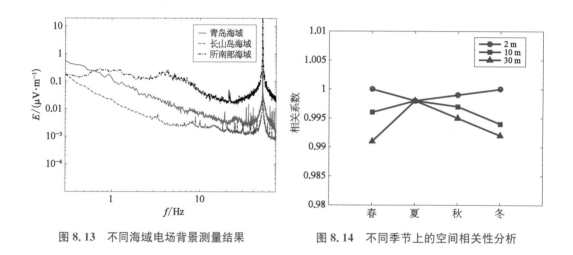

图 8.13　不同海域电场背景测量结果　　　　图 8.14　不同季节上的空间相关性分析

　　图 8.14 给出了 DC-1 Hz 频段内,在 2 m、10 m、30 m 测量孔径的情况下,测量点之间环境电场数据的空间相关性分析结果。分析结果说明,在不同时段海洋环境电场都有很好的相关性,基于此可以设计水下电场测量阵列,确定合理的节点间距和测量孔径,良好的空间相关性也是数据处理中噪声抑制的基础。

　　除此之外,不同季节由于太阳照射、海水流动、内波等因素的存在,海水温度、电导率等特性存在一定的不均匀性,会给舰船电场测量带来较大影响。图 8.15 给出了某海域海水电导率和温度参数深度剖面。

8.2.4　低频电磁场环境背景的干扰特性

　　低频电磁场环境背景干扰场产生较为复杂,这里介绍三种主要干扰源:

　　(1) 工业干扰源。工业干扰源主要是海岸附近的工业和居民用电产生的电磁辐射在

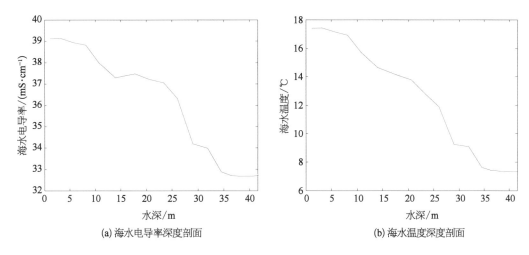

(a) 海水电导率深度剖面　　　　　(b) 海水温度深度剖面

图 8.15　某海域海洋环境参数随深度变化情况

海水中产生的,频率主要集中在 50 Hz 及其倍频,一般在离岸 30 km 范围内都会影响测量结果。

（2）由于海水运动所感应的电磁场。海水运动是低频电磁场的又一个干扰源,如上节所述主要集中在 1 Hz 以下,在高海况下会产生更高频率的交变成分,也是测量中需要注意的干扰源。

（3）偶发干扰。磁暴、雷电、地磁钩扰等偶发干扰也会在海水中引发低频电磁场,虽不经常存在,但在测量过程中仍需注意这类干扰产生的影响。

8.2.5　背景场的抵消

1）日变校正和海域选择

日变校正主要用于高精度测磁,例如地面磁测量、航空磁测量中,会利用专用仪器进行地磁日变的观测。相较而言,海上磁测量过程由于获取的是相对值测量,地磁日变的一般周期较长,在短时间内不会对测量结果产生影响。因此海上磁测量过程更关注海域选择,尽量避免测量海域存在较大铁磁异常情况,一般要求在测量海域内磁异常值小于 200 nT。

2）减小传感器的轴线在空间的变动

利用机械减震装置将传感器固定在一定重量的基座上,布放在海底,增强传感器抗水流冲击能力,减小传感器的轴线在空间的变动引起的干扰,提高测量的稳定性。

3）抑制工业干扰

来自工业干扰或电网干扰的磁感应场是由大功率的电气设备及电网传输电缆的散射场造成的。为了抑制工业干扰或电网干扰,不能利用频率滤波,例如在测量通道中接入带阻滤波器,以免信号产生畸变。其理由是被测目标自身的供电系统散射交变电磁场,而且其频率有可能与工作干扰或被测目标动力系统的干扰频率相重合。同时被测目标的供电系统散射的交变电磁场也是测量对象。可以用被微调好参数的专门合成信号抵消器作为干扰信号的适配补偿来实现。这样能够实现降低工业干扰或来自载体动力系统的干扰 $40\sim60$ dB,测量通道的频率特性不产生畸变。

4)海洋环境电场补偿技术

(1)消除海洋环境局部干扰。局部干扰消除装置如图8.16所示。测量电场传感器阵列基线和激励电极沿外部电磁干扰最小方向排列,控制模块通过激励电极在海水中产生一局部外加电场,通过调整滑动变阻器电阻的大小使外加电场去补偿外部干扰电场。值得注意的是,该装置只能补偿局部范围的干扰,对于空间尺度较大的外部干扰效果并不理想。

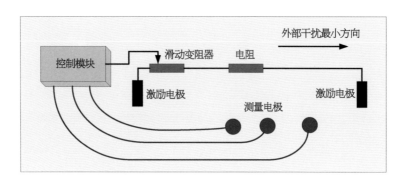

图8.16 局部环境电场干扰消除装置

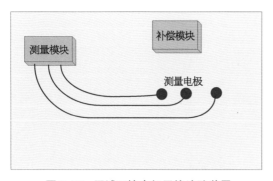

图8.17 区域环境电场干扰消除装置

(2)消除海洋环境区域干扰。区域干扰消除装置(图8.17)可以消除大尺度的外部电场干扰,利用一大线圈覆盖测量电极所在海域,控制模块通过该线圈产生一区域外加电场来补偿外部干扰。该装置去干扰效果明显,但是成本较高,一般很少采用。

5)海水-海床电导率界面影响消除措施

第3章对此做了专门阐述,这里不再赘述。

6)测量海域和测量季节的选择

舰船电磁场测量对测量场地具有严格要求,测量场地附近环境电磁场干扰应足够小,尽量远离岸上的工业电网和海底电缆,水深在 $20\sim30$ m,且海流、海水电导率的变化应尽量小,海水的水质要好,测量海域附近无沉船等大型金属物体。舰船电磁场测量工作尽量在夏季开展,该季节海水均匀性较好,海水电导率可视为常数。

7)测量系统优化设计

为减小海流冲击引起的测量误差可采用以下两种方式:第一种是在海底布设具有一

定重量的水泥基座,然后将电极固定在基座上,增加传感器抗水流冲击能力,提高测量的稳定性。另外一种减小流速影响的措施是在电极外面加一带孔罩体,对海水流速而言,由于有带孔罩体的阻挡,带孔罩体内流速远低于罩外流速,从而降低海水对电极表面的直接冲击,在其周围维持稳定的海水环境,保证电极测量稳定性。但是罩体的设计需要反复试验验证,并对罩体的形状和尺寸、开孔位置、数量和直径等参数进行优化,从而保证海水流动对电场测量产生的影响最小。该措施较为复杂,而且增加外罩还可能会引发湍流现象,因此一般不用这种方法来降低海流影响。

8) 信号预处理

数据处理中如果将传感器的方向转换,会造成幅值串扰。由于干扰来自不同方向,如果指向性不同将导致角度转换之后误差较大。理论上干扰中的电场不影响磁场,磁场不影响电场干扰,所以两者之间可以相互消除。

这里给出了一个较为典型的环境抵消案例,环境数据来自一次海上实际测量。依据空间相关性分析结果,对环境数据进行频域抵消。从图 8.18 可见,在 0.1 Hz 频点以下频段信号效果明显,但是 0.1 Hz 以上频段这种方法作用效果还不理想。

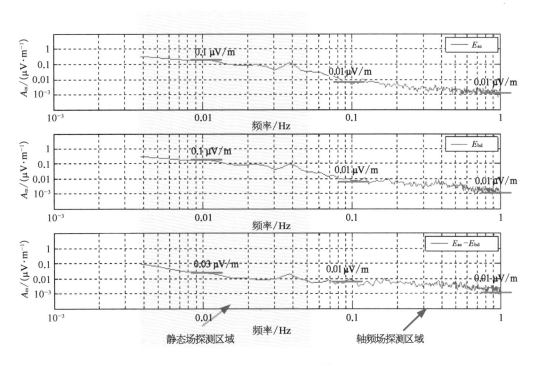

图 8.18　频域抵消效果

进一步对两个测点的环境电场数据采取频率分集时域差分和数据重构处理,0.1 Hz 以上频段的干扰平滑效果明显,如图 8.19 所示。时域曲线的峰峰值从 1 μV/m 降低到 0.08 μV/m,降低了 13 倍,而梯度抑制率超过了 4 倍。

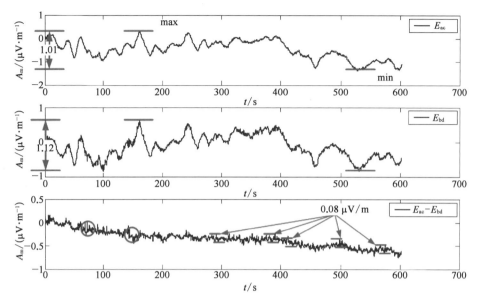

图 8.19　时域差分分析结果

8.3　测量传感器

8.3.1　磁场传感器

根据第 4 章所述,舰船磁隐身测量的传感器一般选择磁通门磁场传感器,该类型传感器具有体积小、功耗小、便于携带等优点,并且具备三分量矢量磁场测量能力,适合舰船磁场的海上测量。

8.3.2　电场传感器

电场传感器的介绍见第 4 章有关章节。舰船电场隐身测试传感器根据需要可以选择电势传感器和电场强度传感器。

在电势测量中,通常采用三电极测量系统:补偿电极、测量电极(可以采用多个)和基准电极。补偿电极和基准电极应在距离为 100～200 m 的直线上以测量电极为中心对称放置。如果采用多个测量电极,则电极间的间距为 1～2 m(取决于测量深度)。采用这种测量系统要受到一定的限制,即在选择的专用海区不可能进行电极放置直线与干扰电流同一等势线的校准。在测量设备中安装补偿电极及其相应系统可以把干扰参数降低到正常水平。其结构如图 8.20 所示。

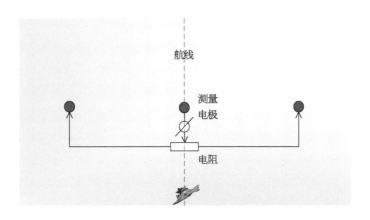

图 8.20　电势测量结构示意图

测量值 $\varphi = \varphi_{n} \pm \varphi_{0}$，其中 φ_{n} 是观测值，φ_{0} 是测量误差。在测量电场时，目标船远场可以看成偶极子。由于两边测量电极距离中间测量电极一样，因此偶极子对两边测量电极影响一样。假设干扰场是均匀场，中间测量电极测量目标船近场，两边测量电极测量目标船远场，则测量误差可以抵消掉，即 $\varphi_{0} = 0$。干扰场交变部分被补偿掉后，干扰场数值降低一个量级。三电极测量方式中舰船航行路线必须垂直三电极排列，且过中间测量电极正上方。

在电场强度测量中，一般采用六电极系统：测量电极两两配对，组成 x、y、z 三轴正交测量体。三分量水下电场传感器一般采用球形结构，将壳体分为上半球、下半球两个壳体，以球心为中心向外加工在三个方向上相互正交的六个孔用来固定、安装测量电极，采用真空紧固法，通过 O 形圈进行密封，装配成球形。还有一种支架式结构，由测量电极、支架体和信号放大调理电子舱组成。测量电极是水下电场信号的感知单元；支架体是测量电极的固定单元，通过塑料卡扣及尼龙螺钉对三对相互正交的测量电极进行固定。两种结构外形如图 8.21 所示。

图 8.21　球形结构的三分量水下电场传感器

无论是电势传感器还是电场强度传感器，如前所述，Ag/AgCl 电极是理想的不极化电极，电位能够保持相对稳定，频率范围宽，本底噪声低，一般都选择 Ag/AgCl 电极作为敏感元件。

8.4 测量条件与环境

8.4.1 测量环境要求

舰船物理场测量的测量条件和环境条件主要考虑以下几点。

1) 测量水深的选择

对舰船测量时,无论使用何种测量方式首先要考虑的就是测量水深。由于电磁场在海水中具有较大的衰减系数,测量水深过大则无法测得舰船真实的电磁场特性;相反,测量水深过小则因局部场源的影响对舰船电磁场性能评估出现偏差。

建议测量水深一般选择 $1B < h < 3B$,B 为被测船型宽,具体测量深度需根据测量需求而定。

2) 测量海域的选择

舰船在测量过程中,对机动的区域有较高要求。

建议在测量水深确定后,选择一个开阔面积超过 $2\,000\,\text{m} \times 2\,000\,\text{m}$ 的海域进行测量;若作为监测则根据测量区域(港口、航道)的实际情况,以水深最优考虑进行布放测量。

3) 测量海域地磁情况

对于精确磁测量,测量传感器附近出现较强的干扰磁体会使测量结果产生较大误差,因此建议在测量海域首先需要进行地磁环境场的摸底测量(在长时间内已测量过的海域无须再度测量),选择无地磁异常的区域进行测量。

4) 测量海区海情

要求不大于 3 级海况。

5) 测量时气候状况

(1) 风力。一般要求风力不大于 5 级,主要考虑风速对舰船航行轨迹的影响,该项指标主要以现场航行轨迹测量结果来确定风力是否满足测量要求。

(2) 天气状况。建议避开降水天气,并且无海雾,海上可视范围大于 $500\,\text{m}$。

8.4.2 测量船要求

测量船应尽可能由非金属材料(如玻璃钢)制造,以保证自身不产生附加电场和磁场,影响测量精度。如果不能满足以上要求,则测量船应尽可能远离测量区域,保证其自身电磁场衰减充分,不会对测量产生影响。另外,测量期间测量船上应关闭一切无用的电子设备,减小对外电磁辐射。

8.4.3　被测船要求

被测舰船应在试验前确认一切设备处于良好状态,运转正常;并且要求测量期间电气和机械设备保持稳定的工作状态,停止影响测量的非必需机电运行及人为活动,特别是电焊等强干扰工作的开展。

在动态测量期间,被测舰船航行轨迹的有效性会直接影响测量结果,被测舰船应定转速、定向从测量阵上方通过,航向偏差小于 $3°$。

8.5　水下电磁场测量系统

舰船水下电磁场海上实测应从方法的有效性、完备性、可靠性及工程实用性等几方面综合考虑,并保证测量数据的真实性和完整性。另外,舰船电磁场测量对象不仅仅局限于舰船本身,还要考虑海洋环境因素对测量结果的影响。在舰船水下电磁场测量时,实测数据是舰船自身电磁场信号与环境电磁场信号的叠加。测量过程应考虑有效抑制和消除环境电磁场干扰的手段,使实测数据更能真实反映舰船自身电磁场。

水下电磁场测量系统的演化是随着舰船隐身技术发展需求而来的,从一战的磁隐身,再到水下电场隐身,以及发展到现阶段的综合隐身。舰船水下电磁场测量也跟随着从消磁测量、水下电场测量发展到水下电磁场综合测量。测量系统的测量能力由单一物理场、静态测量发展到多物理场动态测量。

8.5.1　测量方式

根据测量系统的使用方式可以划分为可移动便携式舰船电磁场测量系统和固定式舰船电磁场测量系统。

而根据被测目标的运动方式可以分成静态舰船电磁场测量系统和动态舰船电磁场测量系统,或者说成是舰船停泊式测量系统和舰船行进式测量系统。

几种不同分类的测量系统之间互有重叠。比如舰船停泊式测量系统可以有临时便携式测量平台和固定式舰船测量平台,而舰船行进式测量系统又存在固定式测量平台和移动式便携测量平台两种。

静态和动态测量是指开展测量时被测舰船是处于停泊不动状态还是处于航行运动状态。一般来说,静态测量时间较长,对舰船船艏向、水平姿态、作业时间有严格要求,而动态测量就要方便得多,只需要让被测舰船按照一定路线以规定的工况通过布设的测量系统水域。

下面分别从静态和动态两个角度对测量方法进行说明,读者可根据不同测量要求和应用场合选择相应的方式。

8.5.1.1 静态测量

1) 磁场静态测量

舰船磁场静态测量首先采用的就是舰船停泊在固定地点,然后把装有磁场传感器的电缆挂在船舷两侧,通过移动所悬挂的传感器而得到舰船周围空间各点的磁场,优点是原理简单、容易实行,缺点是不容易兼顾到所有的空间关键测点。图8.22是带有磁场传感器定位信息的测量方法示意图,其中1♯、2♯、3♯传感器是水声接收传感器,4♯传感器是带水声发射装置的磁场传感器。通过1♯、2♯、3♯三个传感器就可以给4♯传感器的位置进行定位,这样一来在进行舰船磁场测量的过程中,就可以随着磁场测量传感器的移动而知道移动后所选择的下一个测点的准确位置。这种测量方法是最早的传统静态测量方法。

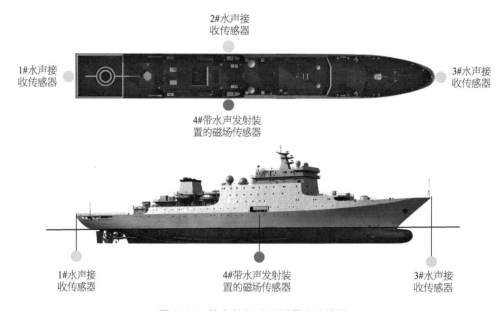

图 8.22　静态舰船磁场测量方法简图

还有一种传统的静态测量方式是传感器采用大平面布阵,被测舰船停泊在大平面上方,从而获取舰船下方一定深度上的磁场结果(图8.23)。

随着舰船磁隐身的蓬勃发展,出现了专门针对舰船磁场测量的静态磁场测量平台系统,待测舰船被非金属绳索固定在测量平台的测量区域内,然后通过先进的可移动式磁测量传感器阵列对其进行详细测量,获取有效数据,指导舰船的消磁和磁隐身工作(图8.24)。

2) 电场静态测量

电场静态测量包括两种测量方式,即电势测量(图8.25)和电场强度测量(图8.26)。电势测量稳定性较高,但是电场强度测量方式更能准确地对舰船电场源进行定位。

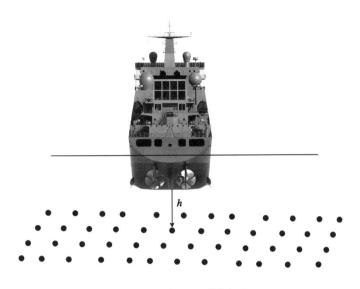

图 8.23　大平面测量方式

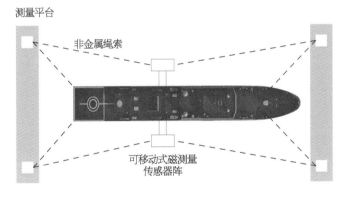

图 8.24　静态舰船磁场测量平台

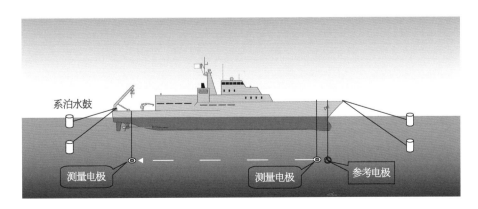

图 8.25　舷侧静态测量电势测量示意图

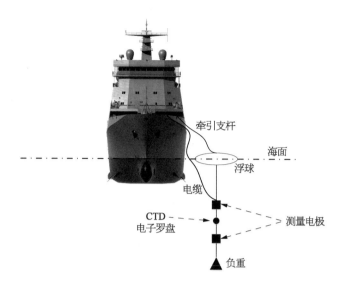

图 8.26　舷侧静态测量电场强度测量示意图

电势测量具体过程如下：令目标船在试验海区以系舷方式处于漂泊状态下，测量系统包括两个电极，其中一个为参考电极，另一个为测量电极。将参考电极布放到零点位处（离开被测目标足够远的距离），将测量电极吊放在船舶水下固定深度（一般为船宽）处，在海水中稳定一段时间，当电极极差电位稳定后，记录该电位 Φ_1。开始测量时，参考电极位置保持不变，测量电极在同一深度移向船艏，每隔一定距离测量一次该点电势，如电势变化较为剧烈，在该点附近增加测量点。到达船尾后，将测量电极移回船舶，待电极重新稳定后，再次记录电极极差电位，记作 Φ_2。比较 Φ_1 和 Φ_2，如果两者相对偏差小于 10%，则测量结束，否则重新进行测量。

电场强度测量具体过程如下：令目标船在试验海区以系舷方式处于漂泊状态下，在舷侧将测量电极吊放在水下固定深度处，电极对间距为 1 m，测量电极下部与非金属配重相连，使电极对保持垂直姿态。待测量电极在海水环境中达到稳定状态后，沿着船舷将测量电极对从船艏移动到船艉（或由船艉到船艏），测量目标船电场的垂直分量，该深度测量完成后，改变测量电极的吊放深度，重复以上步骤，获得目标船电场在不同深度的分布情况。传感器吊放深度根据目标船的吃水深度和当时水深设定，测量的同时还需测量海水的电导率。

8.5.1.2　动态测量

1）磁场动态测量

磁场动态测量既可以采用固定式也可以采用便携式，两种方法各有利弊。一般来说，可移动便携式磁场测量系统结构简单、重量较轻，便于临时搭建和布放，磁场传感器根据测量要求能够任意布放、调整位置，实现移动式测量。该磁场测量系统平台具备使用时迅速安装、不用时可快速拆除回收，然后装载到运输工具上运走的特点，缺点在于前期准备工作较为复杂，布放回收作业受海况影响（图 8.27）。固定式磁场测量系统主要布放于消磁站或者军港进出港航道上,以预置海底基础为平台,磁测量系统长期布放于海底,对日常或者检测过程中的船只进行磁场测量,该方式的测量系统具备测量精度相对较高,缺点在于投资较大、后期维护费用高(图 8.28)。

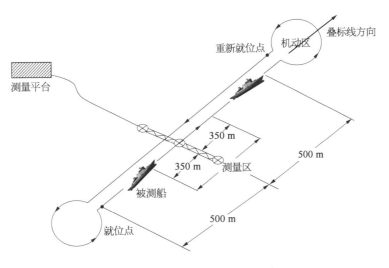

图 8.27　便携式舰船磁场测量示意图

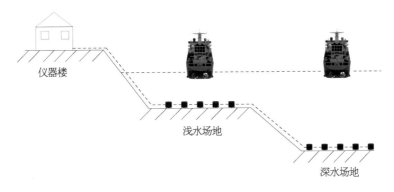

图 8.28　固定式舰船磁场测量示意图

2) 电场动态测量

电场动态测量包括两种方式,一是水下电势标量测量,二是电场强度矢量测量。水下电势测量采用长基线方式(图 8.29),水下测量阵列由一个参比电极和若干个测量电极组成。

假定存在一个无穷远点,该点电势为零,则某一测量点的电势是与零电势的差值。该种方法优点如下:传感器由单电极组成,体积较小,便于布放;利用少量电极便可实现多点测量;电势标量测量,不需要姿态控制、方位测量等辅助设备,降低了系统的成本。其缺点是只适用舰船静电场测量,环境电场干扰较大,同时海上试验操作困难,测量精度低。

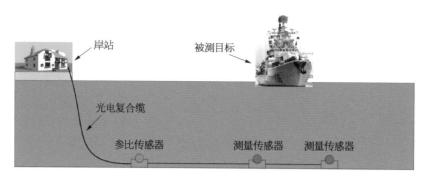

图 8.29　电势动态测量示意图

　　电场强度矢量测量采用短基线方式(图 8.30),水下测量体包含三对电极,分别测量电场强度三个正交分量,系统由多节点组成阵列。为了保证测量的准确性和布放回收的简易性,测量电极极距应不大于 1 m。该方式可以测量舰船静电场和交变电场,能够获取较丰富的信息。其缺点是水下测量体研制成本较高。

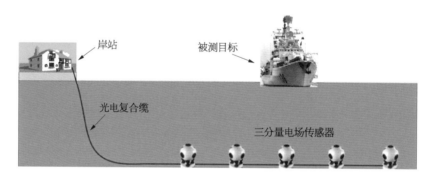

图 8.30　电场强度动态测量示意图

3) 水下综合物理场动态测量系统

　　上几节分别介绍了电场和磁场的测量方法,在实际操作中还可将水下电场传感器和磁场传感器集成在同一测量系统中,以同时获得电磁的六个分量,便于进行下一步的信号分析处理。此外还可将声、地震波、压力等传感器与电磁测量系统进一步集成,形成包含多个物理量的水下综合物理场动态测量系统。这类系统可实现水下多节点、同时基、同点水下多物理场的数据获取。这种系统的好处就是可以在舰船一个航次测量过程中,同步获取多个物理场测量结果,大大缩短了测量时间,同时也大大缩减了目标舰船在测量方面的人力和物力的耗费。图 8.31 为英国超级电子公司浅海近岸水下多场舰艇特性测量系统。

8.5.2　水下电磁场测量系统组成

　　舰船水下电磁场测量系统由五个模块组成,主要包括舰船电磁场测量模块、测控模块、导航定位模块、环境参数获取模块和辅助模块(表 8.1 和图 8.32)。

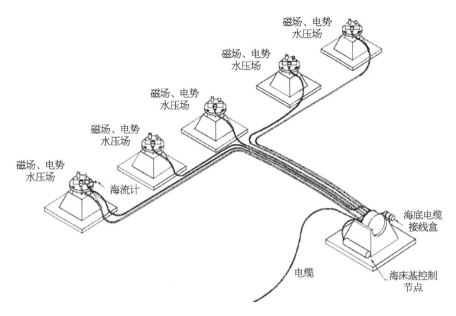

图 8.31　英国超级电子公司浅海近岸水下多场舰艇特性测量系统

表 8.1　舰船电磁场测量系统组成单元

模　块	部　件	功　能
舰船电磁场测量模块	水下测量体	测量电场强度(或电势)、磁感应强度及传感器方位、姿态信息
	综合电子舱	信号调理及供电管理
	光电复合缆	传输控制指令、信号、供电
测控模块	主控计算机	系统控制
	数据存储设备	数据存储载体
导航定位模块	卫星定位系统	获取舰船航迹坐标与航行姿态信息
	激光定位仪	获取舰船航行轨迹坐标
	水声导航定位仪	用于目标水下航行导航定位
环境参数获取模块	CTD 测量仪	测量海水电导率、深度和温度参数
	海流计	测量海水流速、流向参数
	海底电导率计	测量海床等效电导率
辅助模块	定位设备	用于水下传感器阵列定位
	发电机	供电
	电缆绞车	布放和回收电缆
	布放回收装置	用于水下测量体的布放和回收

1）舰船电磁场测量模块

舰船电磁场测量模块由水下测量体、综合电子舱和光电复合缆三部分组成。水下测

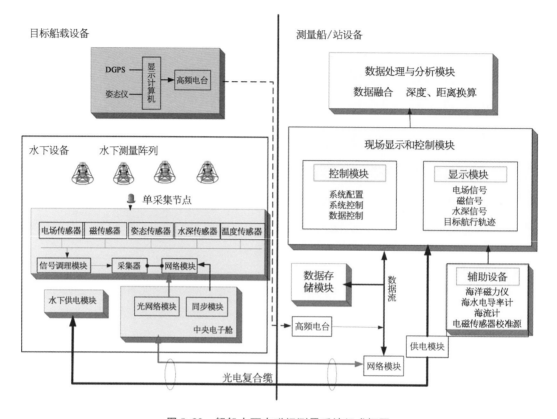

图 8.32   舰船水下电磁场测量系统组成框图

量体包括测量传感器、姿态仪、深度传感器、水声定位装置及仪器搭载平台等，用于水下电场、磁场信号及姿态、水深等信息的实时获取。综合电子舱主要用于信号调理及供电管理。光电复合缆主要用于传输控制指令、数据信号和供电。

2）测控模块

测控模块主要包括主控计算机和数据存储设备。主控计算机与光电网络相连，对水下电磁场测量阵列进行控制、采集和数据实时显示。数据存储设备主要用于对获取的数据进行实时存储和备份。

3）导航定位模块

导航定位模块主要包括三种方式，分别为卫星定位、激光测距和水声导航定位。其中卫星定位方式更适合于便携式测量系统，激光测距方式则更适合于固定式测量系统，水声导航定位主要用于目标在水下航行场合。

4）环境参数获取模块

环境参数获取模块主要包括海水温盐深仪（CTD）、海底电导率测量仪和海流计。CTD 主要用于测量海域的海水电导率和温度参数。海底电导率测量仪主要用于测量海床等效电导率。海流计主要用于海水流速和流向参数的测量。

5）辅助模块

辅助模块主要包括定位设备、发电机、电缆绞车和布放回收装置。定位设备主要用于水下测量节点的定位。发电机主要用于给测量系统供电。电缆绞车主要用于测量系统光电复合缆的收放和存储。布放回收装置主要用于水下测量体的布放和回收。

8.6　电磁场测量参数的规范化

舰船的电磁场一般有两个特征矢量 E 和 H，以及这两个矢量的六个分量——电的三个分量（E_x、E_y、E_z）和磁的三个分量（H_x、H_y、H_z）。虽然电磁场的电分量和磁分量自身之间存在关系，但是这些关系的特征随着测量外部条件的改变一起发生着变化。对于导体和半导体（海水、岩石、土壤、各种底质结构等），这些条件先验未知。所以在一般情况下要求记录电磁场的六个分量。

（1）舰船电磁场物理量。磁感应强度：磁传感器输出的电压、电流值转化为磁感应强度值。电场强度：电场传感器输出的电压，测量数据应归算到 1 m 极距上。电势：测量数据应具有相同参考电势。

（2）水深。舰船航行过程中，传感器到水面的距离。

（3）采样率。测量系统采集数据的频率。

（4）航向。舰船航行方向，规定角度为以正北为 0°，顺时针方向。

（5）阵方位。水下测量阵列方向与地理北方向的夹角，规定角度为以正北为 0°，顺时针方向。

（6）航速。舰船航行速度。

（7）正横距离。舰船通过阵列上方时航迹在地平面的投影与阵中心的距离。

（8）纵倾和横摇角度。舰船航行过程中的姿态角。

（9）环境监测数据。地磁监测单元采集的数据，包括海水电导率、温度、流速、流向及海底电导率等参数。

（10）舰船航行工况。舰船上设备的开启情况，包括舰载消磁设备、防腐装置、电机、大型转轴等电气设备的运行情况。

（11）海况。天气状况、海浪级别等。

为规范测量工作，推荐上述各物理量使用表 8.2 所列单位。值得指出的是，消磁领域一般采用磁场强度单位 mOe，测量采用的磁场传感器分辨率一般为 0.1 nT 左右，相比而言 mOe 用于记录测量值显得过大，因而海上测量一般采用磁场感应强度单位 nT，两者之间的换算关系为 1 mOe 约等效于 100 nT。其他测量参数单位均采用国际制。

表 8.2　电磁场测量参数及单位

序 号	物 理 量	单 位
1	电场强度	$\mu V/m$
2	磁感应强度	nT
3	电势	μV
4	水深	m
5	航向	°
6	阵方位	°
7	航速	m/s
8	正横距离	m
9	纵倾和横摇角度	°
10	海水电导率	S/m
11	水温	℃
12	流向	°
13	海底电导率	S/m
14	螺旋桨转速	r/min

8.7　测量系统校准

水下电场传感器校准的目的主要包括三个方面：一是对传感器前端感知单元测量电极自身性能测试,保证其工作正常性;二是修正传感器后端信号调理、采集模块等电路等引起的测量偏差;三是消除水下电场传感器密封壳体存在引起的水下电场畸变。前两个原因在第 4 章已经做了详细说明,这里对水下电场传感器密封壳体存在引起的水下电场畸变做进一步解释。测量系统尽量控制金属材料的使用,结构对磁场测量的影响可忽略不计,仅对磁场传感器计量校准即可。而水下电场传感器承压舱一般采用高强度工程塑料制作而成,外形通常采用球形结构。当水下传感器在海水环境中进行测量时,由于水下测量体电阻率要远高于周围海水电阻率,因此会对外部电流产生排斥作用,从而使传感器附近电场发生畸变(图 8.33),即便是电极进行了校准,传感器测量值与电场真实值仍然存在一定差别,影响到舰船电场测试的精度和准确度。实践中,电场传感器的基座和支撑体会采取各种各样的形式结构,一般很难用解析式得

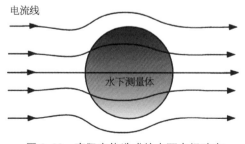

图 8.33　高阻壳体造成的水下电场畸变

到,因此对测量系统校准是保证测量准确性的重要环节。

8.7.1 壳体引起的电场畸变

电场传感器的电极可以采取平面或者柱形、棱柱、球体、椭球体等各种形状来实现。一般为了降低水动力流体运动对电极的干扰,都采取一定的隔离缓冲措施,降低电极由于运动的不稳定性,从而能够保障传感器的灵敏度和垂直于电解液电流方向的电场测量的准确性。但同时这些介电材料的存在会使水下电场产生一定程度的畸变现象。下面将介绍球形水下测量体校准系数 k 的求取。令球形测量体直径为 1 m,即 $r_0 = 0.5$ m。两个测量电极 A、B 沿 x 方向(图8.34),分别位于测量体两端,即 $r_A = r_0$,$\theta_A = 0$,$r_B = r_0$,$\theta_B = \pi$。无水下测量体时,测量电极对电势差用 U_{AB}^0 表示;存在水下测量体时,测量电极对电势差用 U_{AB}^1 表示。利用式(8.1),得到校准系数 k:

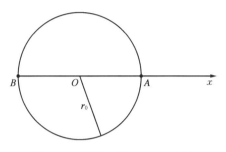

图 8.34 测量电极对 A、B 坐标设置示意图

$$k = \frac{U_{AB}^1}{U_{AB}^0} = 1 + \frac{\rho_2 - \rho_1}{2\rho_2 + \rho_1} = 1 + \frac{u-1}{2u+1} \tag{8.1}$$

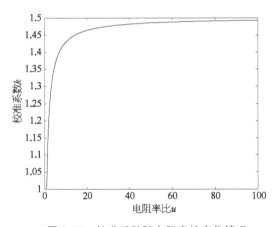

图 8.35 校准系数随电阻率的变化情况

图 8.35 是校准系数 k 随电阻率比 u 的变化曲线。由图可发现,校准系数首先随着电阻率比增大而急剧增大,当电阻率比大于 40 后,增大趋势逐渐平稳。鉴于水下测量体一般采用为非金属材料制造,其电阻率趋于无穷大,因此校准系数理论值为 1.5。

对于规则的结构,可以通过解析式得到,而对于不规则的结构体,则需要通过有限元数值计算等方法得到。由于实际电场传感器系统除了规则结构,还有基座等非规则结构,更常用的方法则是在水池实际测量得到校准系统系数。

8.7.2 水下测量体系数校准

由上节可知,水下测量体由于自身材料与海水媒质存在一定的电性差异,其存在会使舰船水下电场产生一定程度的畸变。为了使测试结果更能真实反映舰船自身电场水平,需要对实测数据进行修正。

水下电场传感器校准系统由试验水池、激励单元及测控单元三部分组成。激励单元用于在试验水池海水中产生频率、幅值可控的电场,包括供电电极、稳流电源和连接电缆等。测控单元用于控制稳流电源的输出及回路电流、水池介质电导率等参数的测量,包括测控计算机、电流表、频谱分析仪、海水电导率计、多通道数据采集器、低噪声放大器及数字万用表等。测量仪器均通过相关端口与测控计算机相连,将电流强度、频率及海水电导率参数实时传输给计算机,实现校准系数的快速计算。

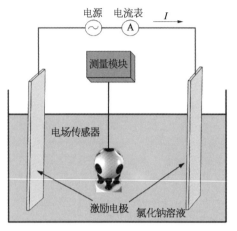

图 8.36　水下电场传感器实验室校准示意图

电场传感器实验室校准示意图如图 8.36 所示。利用板状金属电极在试验水池中激发均匀电场,水下电场传感器置于水池中央进行测量。水池中电场值可以通过理论计算得到,将测量值与理论值进行对比,便可以获取传感器校准系数。水下电场传感器标校试验应定期进行,来检验传感器性能是否发生变化。

图 8.37、图 8.38 为校准系统在水池产生的水下电场分布水平切片图和垂直切片图。由图可发现,项目研制的校准系统在水池中部存在非常明显的电场均匀区,可作为水下电场传感器校准工作区。

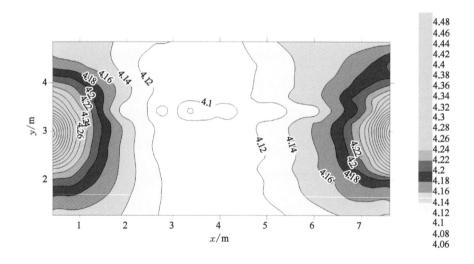

图 8.37　校准系统试验水池水下电场平面分布图(信号 1 Hz,距池底 0.775 m 高度)

8.7.3　海上动态校准

1) 海上校准的必要性

如前所述,传感器的不一致性、海床界面、水下测量体密封壳体及海底基阵水下基础引起的电场畸变会引入不可忽视的水下电场测量误差,极大影响到测量的准确性。舰船水下电场测试系统校准技术是实现舰船水下电场准确测量和量值统一的重要手段。

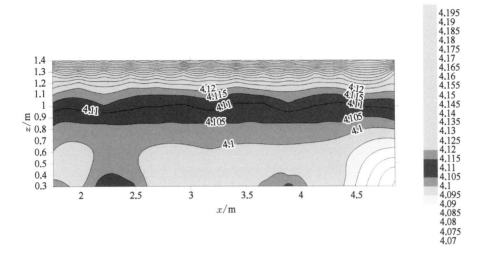

图 8.38　校准系统试验水池中央水下电场垂直切面图(信号 1 Hz)

海上现场校准是水下电场测试系统校准体系的重要组成部分。海上现场校准是在实验室校准的基础上消除真实海洋因素引起的测量误差,海上现场校准目的主要有以下两点:一是对测试系统在真实海洋环境下对航行目标水下电场的测量性能进行测试,保证其工作正常性;二是消除海床界面、系统密封壳体及支架、水下基础、传感器相互干扰等因素引起的电场畸变。

2) 海上现场校准方法

舰船水下电场测试系统海上现场校准采用标准场校准方式,通过海上校准源在海水中产生幅值、频率可控的电场信号,该电场信号可准确计算得到,利用该电场信号作为标准信号与水下电场测试系统实测信号进行比对,获得校准系数,实现对水下电场测试系统的海上校准,如图 8.39 所示。

水下电场测试系统海上校准方法如下:

海上校准源选用水平电偶极子源,即由水平布置、间距一定的一对供电电极组成水平电偶极子在海水中激励正弦电场信号。由于海上现场校准的主要目的是消除海床界面、系统密封壳体、水下基础等因素引起的电场畸变,将电场测量值修正到仅存在空气和海水的半无限大空间海洋环境,因此标准电场信号计算应建立在空气-海水两层模型基础上。将海洋环境等效为空气-海水两层水平导电媒质模型,该模型下时谐水平电偶极子电场响应存在解析解。当电偶极子源偶极矩、信号频率、偶极子源位置坐标、测量系统位置坐标、海水深度、海水电导率等参数已知,其在测量系统所在位置处激励的水下电场解析公式在第 2 章中已经给出。可以准确计算得到,该电场值可作为电场标准值。

海上校准过程是将水下测量系统布放在海底后,对测量系统水下位置坐标进行标定,待测量系统工作稳定后,试验船拖曳处于工作状态的校准源按照设定航线匀速直线通过水下测量系统上方,试验人员采集测试系统测量数据,同时记录校准源坐标、入水深度、偶

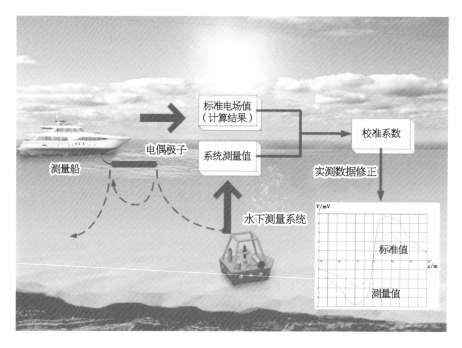

图 8.39　舰船水下电场测试系统海上现场校准示意图

极矩、输出频率、海水深度及海水介质电导率等辅助参数。该单程结束后,改变校准源信号输出频率,重复上述过程,完成整个测量频带的系统校准。校准结束后,将校准源偶极矩等参数输入电场解析公式,计算出电场标准值 E_{1i},将不同频点的系统测量值 E_{2i} 与标准值进行比对,可得到各频点的校准系数:

$$\lambda_i = \frac{E_{2i}}{E_{1i}} \ (i=1, \cdots, n)$$

海上现场校准装置以海上校准源为主体,主要由船上电场信号发射机、水下拖体、拖体上的发射电偶极(一对供电电极)、拖曳缆、定位单元和参数测量单元等部分组成。试验船拖曳海上校准源水下拖体在距海面以下一定深度位置前进,试验船上电场信号发射机输出可控幅度、可控频率的交变电流,通过拖曳缆传输到水下拖体的发射电偶极,在海水中激励用于测试系统校准的低频电场信号,如图 8.40 所示。参数测量单元主要包括高精度电流表、多通道数据采集器、运动三维姿态仪、水声测距模块、GPS、深度传感器及海水电导率计等,用于发射回路电流、水下拖体姿态和位置坐标、海水深度、海水电导率等参数测量,上述参数用于校准源标准电场信号的计算,如图 8.41 所示。

由于海上校准源激励电场是一个空间分布信号,即在一定信噪比情况下,水下传感器阵列均可接收到校准信号,因此采用一个校准源可实现传感器阵列的海上校准。如果传感器阵列覆盖宽度较大,单一校准源产生的电场信号不能保证每个传感器测量信号具有高信噪比,可规划多个校准源航行路线,每次校准覆盖一定区域传感器,采用分区、多次校准的方式实现整个阵列的海上校准。

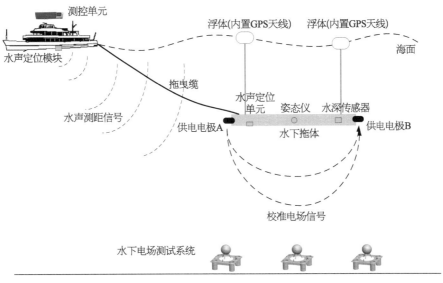

图 8.40　海上校准源工作示意图

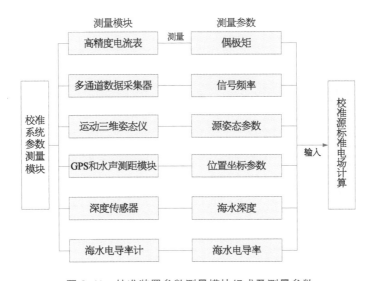

图 8.41　校准装置参数测量模块组成及测量参数

8.8　系统测量误差分析

舰船水下电磁场误差由舰船电磁场测量误差和换算误差两部分组成。测量误差主要包括测量系统自身测量误差及测距定位引起的误差两部分。测量系统自身测量误差是静态测量误差;而定位误差是以某航次测线为基准,定位引起的测量误差,被测量舰船电磁场具有时空性,在测量过程中是一个时变值,是由测量系统本身的动态特性造成的,属于动态测量误差。

水下电磁场整体测量误差为该过程各个环节误差的综合,根据误差理论,按概率统计方法,可用各环节误差的均方根作为系统整体误差:

$$\sigma = \sqrt{\sigma_1^2 + \sigma_2^2} \tag{8.2}$$

式中　σ——系统整体测量误差;

　　　σ_1——测量系统自身测量误差;

　　　σ_2——定位误差。

定位引起的误差是以某航次测线为基准,被测量是一个时变值,为了表征整条测线的测量误差,用均方根误差来表示:

$$\mathrm{RMS}_i = \sqrt{\frac{\sum\limits_{j}^{N}(\hat{E}_{ij} - E_{ij})^2}{N}} \quad (i = x, y, z) \tag{8.3}$$

式中　i——测量分量;

　　　j——测量点;

　　　$\hat{E}$——偏差测线上某点测量值;

　　　E——真实测线上某点测量值;

　　　N——测线上测点数。

为了比较客观地反映测量的准确性,采用相对测量误差(整体误差)来表示:

$$e_i^1 = \frac{\mathrm{RMS}_i}{\sqrt{\dfrac{\sum\limits_{j}^{N}(E_{ij})^2}{N}}} \times 100\% \quad (i = x, y, z) \tag{8.4}$$

由式(8.4)可得

$$e_i^1 = \sqrt{\frac{\sum\limits_{j=1}^{n}(\hat{E}_{ij} - E_{ij})^2}{\sum\limits_{j=1}^{n}(E_{ij})^2}} \tag{8.5}$$

8.8.1　系统测量误差

系统测量误差主要来自系统噪声和水下测量体外壳引起的电场畸变。系统噪声则主要来自电极自身及采集设备。电极噪声主要包括随机电化学反应噪声、热噪声、电极之间海水温度和盐度变化产生的噪声及电极振动产生的噪声。采集设备噪声是放大电路中各元器件(包括三极管、电阻等)内部载流子运动的不规则所造成的,主要是由电路中的电阻热噪声和三极管内部噪声所形成。水下电场测量系统承压舱一般采用高强度工程塑料制作而成。当水下传感器在海水环境中进行测量时,水下测量体电阻率要远高于周围海水电阻率,因此会对外部电流产生排斥作用,从而使传感器附近电场发生畸变,传感器测量值与电场真实值存在一定的差别,影响到舰船电场测试的精度和准确度。海水流动产生的磁场及工频磁场等环境磁场会对舰船自身磁场信号产生扰动,给测量引入误差。

8.8.2　定位误差

水下电场测量系统测量舰船水下电场的时域通过特性曲线,反映了舰船电场信号与测量相对时间的关系。而舰船水下电场评估需要精确获取舰船与测量传感器之间的相对位置,因此被测目标船与水下测量体精确定位显得尤为重要,测距定位误差的大小会对后期数据处理、特征分析及数学建模等过程产生直接的影响。

测距定位误差由目标轨迹定位误差、水声测距误差、水深测量误差及传感器阵的姿态误差四部分组成。其中目标轨迹定位误差和水深定位误差体现了测距定位水平误差,水深测量误差则反映了测距定位垂直误差,传感器阵的姿态误差则反映了方位误差。利用边界元理论和等效源模型可对由测距定位引起的舰船测量误差进行定量分析。

8.8.3　深度偏差

深度偏差是在其他参数不变的情况下,水深相差不同距离引起的误差。表 8.3 是在测线正横 0 m、5 m、10 m、15 m、20 m、30 m、40 m、50 m、60 m 时,在水深 30.1～31.0 m 范围内间隔 0.1 m 的距离与 30 m 水深之间电场三分量相对误差模拟分析结果。从中可以看出,深度差 1 m 时测量误差约是深度差 0.1 m 时测量误差的 10 倍。

表 8.3　水深 30 m,水深相差 0.1 m 和 1.0 m 引起的电场测量误差

| 测线正横/m | 水深偏差引起的电场测量误差/% | | | | | |
| | 0.1 m | | | 1.0 m | | |
	x 分量	y 分量	z 分量	x 分量	y 分量	z 分量
0	0.57	0.91	0.56	5.53	8.59	5.44
5	0.56	0.79	0.55	5.45	7.58	5.32
10	0.54	0.76	0.51	5.21	7.27	4.98
15	0.50	0.71	0.45	4.80	6.85	4.37
20	0.44	0.64	0.36	4.27	6.22	3.53
30	0.32	0.48	0.18	3.12	4.67	1.79
40	0.23	0.34	0.08	2.24	3.39	0.82
50	0.16	0.25	0.11	1.65	2.53	1.00
60	0.13	0.19	0.15	1.26	1.94	1.45

8.8.4 正横偏差

正横偏差是在其他参数不变的情况下,测线正横相差不同距离引起的误差。表 8.4 给出了在测线正横 0 m、5 m、10 m、15 m、20 m、30 m、40 m、50 m、60 m 时,水深 30 m 正横相差 0.1 m、0.2 m、0.5 m、1.0 m、1.2 m、1.5 m、2.0 m 的距离电场三分量相对误差模拟仿真结果。从中可以看出,正横偏差 1 m 时测量误差约是正横偏差 0.1 m 时测量误差的 10 倍。

表 8.4　水深 30 m,正横相差 0.1 m 和 1.0 m 引起的电场测量误差

测线正横 /m	正横偏差引起的电场测量误差/%					
	0.1 m			1.0 m		
	x 分量	y 分量	z 分量	x 分量	y 分量	z 分量
0	0.01	7.92	0.04	0.17	78.90	0.43
5	0.09	1.67	0.14	0.93	16.38	1.49
10	0.16	0.74	0.25	1.66	7.14	2.59
15	0.23	0.34	0.36	2.28	3.18	3.58
20	0.27	0.12	0.43	2.73	1.04	4.29
30	0.31	0.16	0.49	3.07	1.65	4.76
40	0.30	0.23	0.47	2.96	2.27	4.55
50	0.28	0.24	0.43	2.72	2.38	4.19
60	0.25	0.24	0.39	2.50	2.33	3.85

8.8.5 水下传感器姿态引起的误差

根据测量仪器姿态仪的水平方位角和倾角的精度计算其引起的测量误差。表 8.5 是在水深 30 m 时传感器水平方位角和倾角偏差引起的测量误差模拟仿真结果。

表 8.5　水深 30 m,传感器水平方位角偏 1° 和倾角偏 0.3° 引起的电场测量误差

测线正横 /m	水下传感器姿态引起的电场误差/%					
	水平方位角偏 1°			倾角偏 0.3°		
	x 分量	y 分量	z 分量	x 分量	y 分量	z 分量
0	0.11	29.29	0.00	0.80	0.00	0.34
5	0.46	6.68	0.00	0.78	0.00	0.35
10	0.84	3.65	0.00	0.76	0.00	0.36
15	1.18	2.59	0.00	0.71	0.00	0.39
20	1.46	2.08	0.00	0.66	0.00	0.42

(续表)

| 测线正横/m | 水下传感器姿态引起的电场误差/% | | | | | |
| | 水平方位角偏1° | | | 倾角偏0.3° | | |
	x 分量	y 分量	z 分量	x 分量	y 分量	z 分量
30	1.85	1.65	0.00	0.55	0.00	0.50
40	2.05	1.48	0.00	0.45	0.00	0.61
50	2.14	1.42	0.00	0.38	0.00	0.72
60	2.20	1.39	0.00	0.32	0.00	0.85

8.8.6　降低误差的方法

在实际测量中,无论采用何种测量方法,无论多么仔细,由于测量方法、仪器、环境和测量人员的水平等诸多因素的限制,使得测量结果与被测量的真值之间总是存在差别,测量试验中误差是不可能完全消除的,但是可以尽量降低。降低测量误差的方法如下:

(1) 选择环境干扰较小的测量海域。

(2) 提高试验设备精度,从固定测量站和机动测量站定位引起的测量误差对比可以看出,固定测量站测量精度较高,其原因在于水下定位精度较高,因此为了降低测量误差,可以采取措施提高水下传感器的定位精度。

(3) 进行测量系统标定,减小壳体引起的信号畸变。

(4) 完善试验方法,进行多个航次测量。

参考文献

[1] Chave A D, Luther D S, Meinen C S. Correction of motional electric field measurements for galvanic distortion[J]. Journal of Atmospheric and Oceanic Technology, 2004, 21(2): 317 - 330.

[2] Demilier L, Durand C, Rannou C, et al. Corrosion related electromagnetic signatures measurements and modelling on a 1∶40th scaled model[J]. Simulation of Electrochemical Processes Ⅱ: Engineering Sciences, 2007, 54: 271 - 280.

[3] Holt R. Detection and measurement of electric fields in the marine environment[C]. Conference Proceedings, Undersea Defense Technology, 1996, 96(2 - 4): 474.

[4] Jeffrey I, Brooking B. A survey of new electromagnetic stealth technologies[C]. ASNE 21st Century Combatant Technology Symposium, 1998: 27 - 30.

[5] Kay J S. Equipment development for the measurement of underwater multi-influence fields[J]. Transactions of the Institution of Professional Engineers New Zealand: General Section, 1997, 24 (1): 48 - 61.

[6] Lucas C E, Otnes R. Noise removal using multi-channel coherence[R]. Canada: Defence Research and Development Atlantic Dartmouth, 2010.

［7］ Nain H，Isa M C，Muhammad M M，et al. Management of naval vessels' electromagnetic signatures：a review of sources and countermeasures[J]. Defence S&T Technical Bulletin，2013，6(2)：93－110.

［8］ Rawlins P G，Davidson S J，Webb G J. Management of multi-influence signatures in littoral waters[Z]. Ultra Electronics Ltd (Magnetics Division)，Cannock，Staffordshire，UK，1999.

［9］ Schäfer D，Doose J，Pichlmaier M，et al. Comparability of UEP signatures measured under varying environmental conditions［C］. 8th International Marine Electromagnetics Conference (MARELEC 2013)，2013：16－19.

［10］ Zolotarevskii Y M，Bulygin F V，Ponomarev A N，et al. Methods of measuring the low-frequency electric and magnetic fields of ships[J]. Measurement Techniques，2005，48(11)：1140－1144.

［11］ 黄杏,张奇贤.浅海中电偶极子极低频磁场衰减特性研究[J].国外电子测量技术,2013,32(7)：31－33.

［12］ 中国人民解放军总装备部.舰艇磁场动态测试方法：GJB 7362—2011[S].北京：总装备部军标出版发行部,2011.

［13］ 刘永志.舰船电场特性测试方法研究[D].哈尔滨：哈尔滨工程大学,2009.

［14］ 孙明,龚沈光,周骏.基于混合阵列模型的运动舰船感应电场[J].武汉理工大学学报(交通科学与工程版),2002,26(3)：334－336.

［15］ 王瑾.舰船水下电场测量[J].中国舰船研究,2007,2(5)：45－49.

［16］ 徐燕,唐春梅.海水运动感应电磁场的理论研究[J].科技创新与应用,2014(31)：32.

［17］ 杨国义.舰船水下电磁场国外研究现状[J].舰船科学技术,2011,33(12)：138－143.

第9章　海洋电磁场应用展望

得益于海洋传感器技术的进步和计算技术的发展,海洋电磁场与多学科的交叉融合也更加紧密,逐渐开辟出前所未有的领域。

9.1　海洋电磁传感器的进展

由于科研、经济、医疗、环保、地矿及军事等方面的需要,人们研发了不同种类的电场、磁场传感器,传感器的低噪声特性一直是电场、磁场传感器研制追求的目标,目前如原子磁场传感器、磁电型磁场传感器及光纤磁场传感器都具有达到飞特级噪声的潜力,极低噪声是传感器发展的必然趋势,有关资料显示已经出现了埃特级磁场传感器。而水下电场传感器方面,最好的噪声指标在纳伏级附近徘徊,再获得数量级的提高需要原理上的创新与突破。

1) 基于光纤技术的水下电场、磁场传感器

光纤传感器具有很多优异的性能:第一,光纤通常由绝缘材料制成,具有抗拉、抗电磁干扰、抗热膨胀和抗腐蚀等特点;第二,光纤传感器相比于传统传感器具有精度高、可靠性好、结构紧凑等优点;此外,光纤传感器特别适用于长距离传输时的信号检测。因此自美国海军实验室(NRL)研制出了第一个基于磁致伸缩材料的光纤磁场传感器后,光纤电磁传感器一直是发展重点方向之一。基于磁致伸缩材料的光纤磁场传感器主要包括双光束干涉仪结构与多光束干涉仪结构两类,而后者由于结构紧凑,易于实现无源器件与矢量探测器件而逐渐成为研究热点。同时通过感知电流或者相位差可以更为灵敏地检测出电场的存在,因此可以利用单模光纤干涉方法检测电场。

2) 仿生传感器是重大突破方向

人们早已发现,某些鱼类具有利用电场信号搜索捕捉猎物的能力。如锯鳐有数千个灵敏的电子接收器,可以探测到其他鱼类产生的微弱电场。进一步研究发现,当多个物体同时出现在弱电鱼的电场范围内时,弱电鱼接收信息的不是简单的电场幅度叠加,而是相互影响的更为复杂的电流场信息。这就给人们发展新原理的海洋电场传感器提供了新的思路。美国加州大学的学者研究鱼类电磁场传感器长达70年,并发现某些鱼类电磁场传感器由于其特殊构造,具有只放大信号而不放大噪声的特殊性能,可以用于水下电场的探测。由此引申出的主动电流场探测与定位技术也得到了充分的研究和应用。已经研发了基于主动电流场探测与定位技术的传感器系统来检测和分析充满液体的管道。由于该类仿生传感器系统对如热、压力、浑浊等外界环境干扰不敏感,可以广泛应用于电解质液体中各种管材,包括基于导管传感器检查血管、尿道或人体类似的管道。

3) 新原理传感器不断出现,技术创新踊跃

人们在大力发掘已有传感器潜力的同时还积极研发利用新物理现象、物理原理的新

型电磁场传感器,并指出由于新型电磁场传感器的出现,未来利用低频电磁场大范围探测潜艇可能是唯一有效的手段。其中以磁电型磁场传感器和原子磁场传感器为突出代表。

磁电材料是一种新型信息功能材料,能够实现电能和磁能直接的相互转化。基于磁电材料为磁场敏感元件,可以用来研制具有高灵敏度、小型化、低功耗、低成本等优势的磁电型磁场传感器。

原子磁力仪是通过测量碱金属极化演变来测量外部磁场的。该技术被美国麻省理工学院《技术评论》杂志评为未来几年对生活和社会产生重大影响的十大新兴技术。原子磁力仪结合 MEMS 技术和碱金属原子特性,完全利用光学方法测量磁场,具有高精度、高分辨率的特性,理论灵敏度可以达到 0.54 fT。

9.2 海洋电磁场的拓展应用

9.2.1 水下通信

水下无线通信是研制海洋观测系统的关键技术,水下无线通信在军事中也起到至关重要的作用。水下通信技术在民用、科研及军事领域中应用前景广阔。

由于水下复杂的时空环境,通信系统的有效信息传输率往往成为瓶颈,与不断增长的水下通信需求形成矛盾。寻找更快速的无线通信技术成为水下通信研究领域的核心目标之一。陆地对海通信天线阵列往往达数千米,由于在海洋中,波长较空气中小得多,因此天线尺寸可以很小,从而在海洋中实现高速通信或者水下 Wi-Fi。目前已经实现了兆赫级的通信,海洋电磁场通信传播速度快,延迟显著降低,响应速度更快,在不可预测的水下环境中具有很好的稳健性,相较于水声通信优势明显。电磁场还可以穿过空气海水界面,实现无障碍跨界通信。

另外,海洋电磁场水下磁感应通信是人们不断探索发掘出的新型水下通信技术,具有更优良的性能潜质。磁感应通信是采用磁场为载体,由带有强电场或强磁场的特殊材料因机械振动产生电磁波,比如利用磁棒或驻极体按特定速率反复移动产生 ULF/VLF 射频信号。这种方法显著减小长波通信设备的尺寸、重量和功耗等,有隐蔽性强和传输速率高等特性优势。在几百到上千米距离上,可实现每秒几十千字节的数据率。该技术目前处于研发初期阶段,实现工程化有待时日。

9.2.2 目标跟踪定位

在医疗领域,电磁导航设备广泛使用在无创检测和微创手术中。人体组织的磁导率接近于空气的磁导率,生理活动不影响磁场在身体中的分布,同时弱磁场对人体是无损伤的,所以电磁定位技术应用于医学领域具有无创无损伤的独特优势。

在心血管手术中,电磁导航系统应用于介入式微创手术,主要用于静脉导管放置导航、心脏手术导航等方面。消化系统、泌尿系统和呼吸系统中,经常使用的内窥镜和探头也可以通过电磁定位进行跟踪。电磁定位技术除了应用在临床诊疗之外,在医疗康复、关节运动检测和虚拟现实中也有广泛应用。

9.2.3　海洋地震海啸预报

在人类历史上频繁的地震和海啸让科学家们发现地磁和地电流在地震前会发生变化,日本从 20 世纪 60 年代测到了地磁和大地电流的数据并测得了地震前兆电磁波,其频段分布在几十千赫兹到上百千赫兹。一方面,地壳主要由各种结晶的岩石构成,这些岩石中含有各种离子成分,有些是导电金属离子,有些具备压电效应,当地震发生之前,岩石的挤压和破裂会导致大地电流发生变化,某些具备磁性的岩石也会发生磁性的改变,这些都导致地震带附近的电磁场会发生改变,可以作为地震前兆进行观测。另一方面,由于地震、海啸会引发大规模的水体运动,也会产生表面波动和海洋内波,如第 1 章所述,这些波动会引发电磁波的产生和传播。对于海啸而言,即便是当海啸发生时由于其产生的水体运动引发的电磁波快速传播,也可以在海啸到达前实施预警,争取宝贵时间。

当前利用海洋电磁场进行海底地震预报和观测受到场所和规模的限制,并且预报日期较短,但被看成是最佳的短期、震前预报手段。进一步理清海洋中电流变化和磁场变化之间错综复杂的关系,通过在海域底部布设电磁场观测系统对地震和海啸前的电磁场变化情况进行观测,有望提高地震发生时间和位置的预报精度。由于地表的电磁噪声和人工电磁场噪声大部分被海水衰减掉,几乎到达不了海底,因此海底接收是最有效的海底地震监测方式。

9.2.4　海洋污染监测

海洋污染在全世界都在时时发生,特别是由人类生活、生产产生的石油排放,以及油轮运输、石油管道泄漏导致的海洋石油污染造成的危害最为巨大。石油进入海洋之后会漂浮在水面之上,抑制水中植物的光合作用并阻碍氧气进入水中,使得鱼虾及浮游生物死亡,最终影响海洋生态环境并危害人类自身。

当海水受到石油污染时,海洋水体的电磁特性会发生变化,特别是与周边未污染水体差别明显,可以根据污染水域表面的电磁波谱特征来确定污染范围、污染量和污染类型。同时如果对某一海域的水面电磁特征进行长期观测,当其受到污染时,电磁特征也与以往不同,可以作为海洋污染检测的一种手段。电磁法监测海洋污染具有快速、经济、无二次污染等特点。

9.2.5　船舶腐蚀监测

海水中的电化学腐蚀过程给经济和生态方面带来了巨大损失。对于超级油船、现代舰船及用于钻取天然气和石油的固定平台等成品来说,其制作成本高于金属自身成本

10～10 000 倍。但是这些造价高昂的海洋装备却面临时时刻刻腐蚀的侵蚀。海洋中不仅是舰船处于水中的部分,还有船体外壳、龙骨、螺旋桨、船艉的突出部分,以及吃水线上部常被海水打湿的部分和舰船的上部建筑,尤其是货仓底部和双层底等其他或多或少被海水打湿的地方都是受腐蚀程度大的部分。而海洋中电磁场的产生与腐蚀行为密切相关,比如当船体涂漆全部或部分脱落时,舰船水下部分接触腐蚀过程电流可能达到 50 A,通过监测船舶周围电磁场的变化,可以对船舶的腐蚀损伤点定位,进一步可以实现腐蚀行为历程预测。所以民用船队的船只也需要定期监控,根据电磁场参数来监控其受腐蚀情况,从而延长其使用期限。

9.2.6 陆地油、水勘探

地下含流体的孔隙介质中,由于存在固-液双相边界,在电化学的作用下会形成双电层,当震源激发的声波场在含流体的孔隙介质中传播时,引起流-固相对运动,使得存在于孔隙内的流体溶液中的离子浓度发生变化,从而产生局部微电流,同时在孔隙介质中的不连续边界处激发出向外辐射的电磁场,这种现象称为震电效应。这种效应类似于海洋中海水运动产生的电磁场,也可用海洋电磁理论来研究与解释。由于流体孔隙介质中的震电效应产生的信号相对较强,具有可探测性,对准确获取地下储层物性信息具有重要意义,以震电效应理论为基础的勘探仪器在油气勘探、水资源勘察等领域中也会有广泛的应用前景。

参考文献

[1] Johnston M J S. Electromagnetic fields generated by earthquakes[J]. International Geophysics Series,2002,81(2):621-636.

[2] Rhodes M. Underwater electromagnetic propagation:re-evaluating wireless capabilities[J]. Hydro International,2006,10(10):28-31.

[3] 丁宁.电磁定位方法研究与系统设计[D].上海:复旦大学,2014.

[4] 李军辉,李琪,孙盼盼,等.淮南地震台电磁扰动异常分析[J].地震地磁观测与研究,2011,32(3):83-87.

[5] 刘艳,王绪本,张振宇.生物电磁效应及其在生命搜索中的应用[J].大众科技,2009(1):19-20.

[6] 宋涛,霍小林,吴石增.生物电磁特性及其应用[M].北京:北京工业大学出版社,2008.

[7] 王毅,曹群生,袁肖.地震期间的超低频电磁波传播异常研究[J].南京航空航天大学学报,2013,45(4):479-484.

[8] 徐坚定,倪大权.海洋动物与电磁场[J].航海,1989(5):48.

[9] 赵育飞,袁洁浩,詹志佳,等.20世纪中国地震地磁观测与研究回顾[J].地震研究,2017,40(3):422-430.

[10] 郑晓波,胡恒山,关威,等.随钻动电测井中声诱导电场的理论模拟[J].地球物理学报,2014,57(1):320-330.